Adrian Segura
Gerardo Botasso
María Positieri

Utilización de asfalto modificado con NFU

AF535597

Adrian Segura
Gerardo Botasso
María Positieri

Utilización de asfalto modificado con NFU

Elaboración de un microconcreto discontinuo en caliente

PUBLICIA

Imprint
Any brand names and product names mentioned in this book are subject to trademark, brand or patent protection and are trademarks or registered trademarks of their respective holders. The use of brand names, product names, common names, trade names, product descriptions etc. even without a particular marking in this work is in no way to be construed to mean that such names may be regarded as unrestricted in respect of trademark and brand protection legislation and could thus be used by anyone.

Cover image: www.ingimage.com

Publisher:
PUBLICIA
is a trademark of
Dodo Books Indian Ocean Ltd., member of the OmniScriptum S.R.L Publishing group
str. A.Russo 15, of. 61, Chisinau-2068, Republic of Moldova Europe
Printed at: see last page
ISBN: 978-620-2-43179-8

Copyright © Adrian Segura, Gerardo Botasso, María Positieri
Copyright © 2018 Dodo Books Indian Ocean Ltd., member of the OmniScriptum S.R.L Publishing group

Estructura de la investigación

El presente construye su marco referencial teórico en los capítulos II al IV. En estos tres capítulos se recorren desde lo general a lo específico los conceptos de polímeros, cauchos, asfaltos y sus afinidades y formas de dispersión.

Luego, en los capítulos V al IX, se desarrolla la metodología práctica. Se trata en forma específica el caso de la dispersión del reciclado de neumáticos en el asfalto, los microconcretos discontinuos en caliente y su método de diseño, mediante un modelo propuesto, con estos asfaltos obtenidos en la dispersión.

Más precisamente la estructura se desarrolla de la siguiente manera:

En el capítulo II "Materiales Poliméricos": Se introduce al estudio de los materiales poliméricos intervinientes en la temática estudiada. Se desarrolla un análisis de los diferentes tipos de polímeros y se realiza un detalle del avance histórico y su incidencia en las actividades humanas. Se presenta una clasificación de los mismos y se describe la relación existente entre las diferentes cadenas poliméricas y sus propiedades químicas y físico mecánicas; y las técnicas de polimerización. Se hace un análisis particular del estireno y del butadieno, polímeros afines con los ligantes asfálticos argentinos. Se presentan los principales procesos de deterioro de los mismos.

En el Capítulo III "El Caucho: Orígenes, Los Neumáticos, Ambiente y Métodos de Recuperación y Tratamientos": Se realiza un análisis detallado de los cauchos naturales y sintéticos. Se analiza en forma particular el caucho estireno butadieno goma, SBR, principal polímero constituyente de los neumáticos. Se observa el proceso de fabricación de los neumáticos y sus componentes característicos y clasificación a los fines de poder compararlo con los modificadores convencionales como el SBS. Luego se describe la generación de residuos a partir del desecho de los neumáticos usados que han llegado a terminar su vida útil. Además se mencionan los efectos sobre el medioambiente generados por la utilización de energía obtenida a partir de los combustibles fósiles, y su vinculación con el petróleo, del cual se obtiene el asfalto, y los polímeros vírgenes. También se mencionan los perjuicios ocasionados al medioambiente por los neumáticos fuera de uso y se observan las principales recomendaciones de la Comunidad Europea en materia de utilización de los mismos. Se describen los métodos de trituración posibles.

En el capítulo IV "Ligantes asfálticos y su compatibilidad con adiciones poliméricas": Se presenta en detalle el proceso de obtención de los ligantes asfálticos, y los cambios tecnológicos registrados en las refinerías, a fin de obtener una mayor calidad de los mismos. Además, la forma en que se caracteriza el ligante virgen y la valoración en el ligante asfáltico desde el punto de vista químico, físico mecánico y reológico. Se detalla la metodología de caracterización elegida basada en ensayos mediante equipos de laboratorio donde se ha realizado la presente investigación, y de otros disponibles en laboratorios asociados en donde se ha complementado el desarrollo del mismo, dichos ensayos permiten determinar el comportamiento reológico de los ligantes. Se presentan las normas vigentes en la Argentina de estos ensayos, como las Normas IRAM y las de la Dirección Nacional de Vialidad.

En el capítulo V "Diseño de la tecnología de la dispersión utilizada": Se ha podido desarrollar, un nuevo tipo de asfalto denominado Asfalto-Caucho, el cual fue desarrollado a escala de laboratorio en el LEMaC, Centro de Investigaciones Viales de la Universidad Tecnológica Facultad Regional La Plata.

Para la dispersión de los polímeros en el asfalto, se utiliza el dispersor. Se presenta la tecnología del equipo y el proceso de dispersión (aditivación) en detalle y sus variables (temperatura y tiempo de mezclado), siendo esta etapa, el centro de la estabilidad de la dispersión en el tiempo.

Se desarrollan dos asfaltos modificados uno con NFU y el otro con un polímero virgen SBS, ambos asfaltos son utilizados en la elaboración de microconcretos. Este último se utiliza para elaborar el microconcreto usado como blanco de comparación en las valoración de los parámetros en amabas mezclas.

En el capítulo VI "Diseño de un microconcreto discontinuo en caliente y su rol en las condiciones superficiales de un pavimento": Se presenta una clasificación del universo de mezclas asfálticas, criterios de diseño, sus propiedades mecánicas.

Introducidos en el mundo de las mezclas se continúa con los pavimentos de bajos espesores; estando el enfoque principalmente en los microconcretos discontinuos en caliente. Se presenta la clasificación de las texturas siendo estas características las más relevantes para este último tipo de mezcla y las estudiadas en la presente investigación. También la historia y evolución de los microconcretos pasando por los de granulometría continúa hasta llegar a los discontinuos y la descripción general y los diferentes tipos de mezclas de bajo espesor.

Las mezclas asfálticas que pueden brindar características superficiales son aquellas que poseen ciertas propiedades como los microconcretos discontinuos en caliente. De estos últimos se enuncia su definición y los requisitos de todos los materiales intervinientes y de la mezcla de ellos, según las Especificaciones Técnicas de Mezclas Asfálticas en Caliente de bajo espesor de la Comisión Permanente del Asfalto de Argentina Versión 01, año 2006.

Se propone una metodología y criterios de diseño que consta de dos etapas, la de la de laboratorio para valorar la estructura interna y la de obra para evaluar la textura superficial. En la primera se evalúan relaciones volumétricas y mecánicas mediante el método Marshall. En la segunda los parámetros a medir en obra (fenómenos de superficie) mediante la determinación de las características de superficie, la macrotextura y microtextura.

En el capítulo VII "Diseño del modelo de deterioro para valorar la pérdida de textura de un microconcreto": Se describen del modelo las tres partes que lo conforman: las probetas, el equipo de compactación y el simulador de tránsito, dando las características de cada uno de ellos.

En el capítulo VIII "Diseño del Microconcreto discontinuo en caliente tipo F10 con NFU. MAC F10": Se presenta la caracterización de los materiales intervinientes en la elaboración de los microconcretos discontinuos en caliente, partiendo de los ligantes, el caucho utilizado en la dispersión para elaborar el asfalto - caucho y el asfalto tipo AM3 utilizado como blanco de comparación. Continuando con las características de los agregados, las curvas granulométricas de cada uno de ellos, la conformación de la curva de la mezcla con sus correspondientes curvas límites.

Se presentan los resultados obtenidos en la valoración de la estructura interna mediante el método Marshall y Test de Lottman y en la de obra la determinación de las características de superficie, la macrotextura y microtextura, antes y después del modelos de deterioro.

En el capítulo IX "Discusión de resultados y conclusiones": se analizan y comparan los resultados obtenidos en los ensayos de caracterización de los ligantes asfálticos y de los microconcretos elaborados con dichos asfaltos, y su marco referencial de las especificaciones Técnicas de la comisión Permanente del Asfalto.

Se enuncian las conclusiones observadas y se expresan propuestas para futuras investigaciones.

Metodología del trabajo

La metodología se construye partiendo de la descripción de los materiales intervinientes como los polímeros y el asfalto, el comportamiento de cada uno de ellos y en conjunto una vez realizada la mezcla mediante la dispersión.

La clasificación de los polímeros, sus comportamientos y fabricación de éstos, posibilita comprender la relación existente entre las diferentes cadenas poliméricas y sus propiedades químicas y físico mecánicas. Como resultado se ha clasificado a los dos tipos de polímeros utilizados el SBS, como un copolímero elastómerico y del mismo modo al SBR utilizado en la fabricación de los neumáticos.

El proceso de fabricación de los neumáticos y sus componentes característicos permite poder compararlo con los modificadores convencionales como el SBS y cómo influirá en el comportamiento reológico del ligante asfáltico luego de la dispersión.

El polímero reciclado utilizado se obtiene de la molienda de NFU a temperatura ambiente, a partir del triturado mecánico de neumático, y se ha incorporado por vía húmeda al ligante asfáltico al igual que el polímero virgen SBS.

Dicha incorporación por vía húmeda, se logra mediante el dispersor que consta de un sistema de rotor-estator, que permite alcanzar un esfuerzo de corte proporcional a 7000 rpm y su correspondiente sistema de calefacción.

Antes de incorporar los polímeros, debe garantizarse una correcta dispersión evitando procesos de envejecimiento en el ligante asfáltico base utilizado, definiendo la posición del rotor-estador, temperatura, velocidad y tiempo de mezclado. Dicha evaluación se realiza, comparando las diferencias observadas antes y después del mezclado en los ensayos de penetración y punto de ablandamiento en dicho asfalto base.

El sistema micro dispersa el caucho en las fracciones aromáticas del asfalto, logrando una humectación parcial del mismo, como situación más óptima, debido a la presencia del azufre producto del proceso de vulcanización del SBR en la fabricación de los neumáticos. El equipo opera de igual manera al dispersar el SBS. Así se obtienen los asfaltos modificados. Esto es, obtener un nuevo ligante a partir de la mezcla del asfalto base con el polímero tanto virgen como reciclado (NFU), mediante la utilización del equipo dispersor que ha sido desarrollado para tales dispersiones.

Luego realizada la dispersión del polímero, el microscopio muestra la interacción del caucho con las fracciones resinosas del asfalto y su humectación con aromáticos, aceites y resinas, colaborando en evaluación de la dosificaciones realizadas.

Ambos asfaltos son utilizados en la elaboración de microconcretos, de iguales características solo variando el ligante asfáltico modificado, es decir uno con NFU y otro con polímero virgen.

La valoración en los ligante asfáltico desde el punto de vista químico, físico - mecánico y reológico se realiza mediante los ensayos de punto de ablandamiento, penetración, recuperación elástica lineal y torsional, viscosidad, módulo de corte y ángulo de fase. Estos ensayos permiten evaluar el comportamiento reológico de los asfaltos modificados obtenidos y su variación, comparando estos mismos parámetros con los obtenidos en el asfalto base; es decir se evidencia la mayor o menor magnitud de la modificación del asfalto base al incorporar los polímeros. Además, clasificar al asfalto base y a los modificados en función de la normativa IRAM vigente. Es así que se obtiene un ligante modificado con SBS tipo AM3 y con NFU un tipo AC2, esta última según la norma IRAM que se encuentra actualmente en discusión pública.

El asfalto modificado tipo AM3, es uno de los que las especificaciones técnicas de la comisión permanente del asfalto solicitan para la elaboración de las mezclas tipo microconcretos, con el cual se elabora el utilizado como blanco de comparación. El asfalto tipo AC2 es también utilizado en la elaboración de un microconcreto y su valoración se realiza mediante la comparación de ciertos parámetros respecto del primero; y así poder determinar la factibilidad de sustituir el primer polímero por el segundo.

Otro de los materiales intervinientes son los agregados de los cuales se realiza su caracterización, granulometría y determinación de las proporciones de la mezcla de ellos, para la obtención de la curva granulométrica dentro de los entornos fijados en las especificaciones técnicas de la comisión permanente del asfalto.

Obtenida la curva granulométrica, se continua con la dosificación, valoración y caracterización de estos microconcretos, para ello se propone una metodología que consta de dos etapas, la de laboratorio para valorar su estructura interna y la de obra para evaluar su textura superficial.

En muchas ocasiones, el proyecto de una mezcla asfáltica se reduce a determinar su contenido de ligante; sin embargo, ésa es sólo una fase de un proceso más amplio. Las mezclas asfálticas de superficie, como los microconcretos, trascienden el diseño de laboratorio convencional. Vale decir no alcanza con tener valores de laboratorio como estabilidad, fluencia, vacíos, etc., sino que se necesita considerar la prestación en obra una vez colocada en el tramo, a fin de valorar su desempeño como es el caso de pavimento mojado frente a un frenado de emergencia.

En lo que respecta a la etapa de laboratorio, la dosificación por el método Marshall tiene por objeto determinar las proporciones más adecuadas en las que deben formar parte de la mezcla los agregados, el polvo mineral y el asfalto; basados en la realización de ensayos mecánicos, de base empírica. Para ello se fabrican series de probetas, con la granulometría seleccionada y los asfaltos obtenidos, en las que se varía el porcentaje de ligante. Realizado los ensayo del método y siguiendo la normativa correspondiente, se determinan las relaciones entre dicho porcentaje y la resistencia, deformación, contenido de vacíos, etc. evaluándose el porcentaje óptimo de ligante.

Todas estas determinaciones son relaciones volumétricas y mecánicas, pero en esta etapa también se determina la pérdida de adherencia de los agregados de la mezcla por agresividad del agua mediante el Test de Lottman, cuyas probetas de ensayo son iguales que las confeccionadas para el método Marshall.

La valoración de las prestaciones de estos microconcretos en obra implica la construcción de tramos experimentales cuyos costos escapan al alcance de la presente investigación, y es por esto que se ha propuesto y desarrollado una modelización, que utiliza el equipamiento del ensayo Wheel Tracking Test (WTT), y sin la necesidad de hacer un tramo experimental, permite lograr una idea de performance de la mezcla en estudio.

El modelo de deterioro propuesto consiste en la construcción de probetas y su compactación, que se asemejan a las condiciones en las que se colocan y encuentran en servicio estas mezclas; así mismo el equipo WTT simula el tránsito. Es decir, con los dos tipos de microconcretos elaborados (con AM3 y con NUF), se conforman las probetas con sus bases rígidas y espesores en función de las especificaciones. Posteriormente se miden la macrotextura y microtextura en forma puntual, realizando las mismas mediciones luego de someter las probetas a la simulación del tránsito.

La interpretación de estos valores obtenidos, permite evaluar el impacto producido en el desempeño de un microconcreto discontinuo en caliente cuando se utiliza un asfalto modificado con caucho proveniente de los neumáticos fuera de uso; evidenciándose una menor densidad Marshall, dando una menor macrotextura pero con valores satisfactorios antes y después de la simulación de tránsito. En la microtextura las mezclas con NFU presentan una mejor performance que el elaborado con AM3. El modelo de solicitación propuesto ha evidenciado cambios de significación en las propiedades, permitiendo la comparación entre las dos mezclas.

Capítulo I. INTRODUCCION

I.1. INTRODUCCIÓN: PROBLEMÁTICA

Se plantean dos problemáticas, en primer lugar lo referido al NFU (neumático fuera de uso) como un residuo y sus dificultades para la disposición final; y en segundo lugar la necesidad de contar con pavimentos con mejores prestaciones, mayor vida útil, etc. Esto último, será factible con la utilización de aditivos en el cemento asfáltico como lo son los polímeros tanto vírgenes como reciclados; siendo el triturado de NFU un polímero reciclado y por tanto se analiza la factibilidad de utilizarlo como aditivo.

La masiva fabricación de neumáticos y las dificultades para hacerlos desaparecer una vez usados, constituye uno de los más graves problemas medioambientales de los últimos años en todo el mundo. Un neumático necesita grandes cantidades de energía para ser fabricado y también provoca, si no es convenientemente reciclado, contaminación ambiental al formar parte, generalmente, de basureros incontrolados (INTI 2006).

Una vez que el neumático llega a agotar su vida útil, el caucho se puede reciclar para diferentes usos, como pueden ser como elementos cortados directamente del mismo, como energía en hornos de cemento o también como adición en el proceso de modificación de los asfaltos, para la elaboración de mezclas asfálticas. Este elastómero no es virgen, habiendo experimentado un cambio en su respuesta frente a estados de solicitación, con deformaciones menos flexibles. El azufre y los materiales de relleno tal como, el negro de carbón, aumentan la resistencia a la abrasión. El proceso de vulcanización que sufre el caucho para la fabricación de los neumáticos, genera menor afinidad del caucho con las fracciones aromáticas de otros derivados del petróleo, como lo es el asfalto (H Placher Proceedings San Antonio Texas. 2003).

El incremento del costo de los asfaltos trajo como consecuencia el encarecimiento de las construcciones viales, lo que ha motivado el estudio de alternativas para proveer a los pavimentos de propiedades que permitan incrementar su vida útil asumiendo las mayores exigencias impuestas sobre los mismos como consecuencia del incremento de cargas y de los volúmenes de tránsito producto de una alta comercialización a nivel nacional e internacional.

Para el logro de estos objetivos han aparecido como alternativas viables, la modificación de las características de los asfaltos mediante la incorporación de aditivos que les confieren mejores propiedades mecánicas y reológicas, el aumento de la adherencia con los agregados pétreos a fin de resistir la acción deteriorante del agua, la disminución de la susceptibilidad térmica con el objeto de prevenir problemas de ahuellamiento y el aumento de la resistencia al envejecimiento para acrecentar la vida útil.

Está plenamente probado que los asfaltos convencionales poseen propiedades satisfactorias tanto mecánicas como de adherencia en una amplia gama de aplicaciones y bajo distintas condiciones climáticas y de tránsito. (BACHETTA, GUSTAVO. 2001)

Sin embargo, el creciente aumento de volumen del tránsito, el incremento de la magnitud de las cargas transportadas y las velocidades de operación actual de vías donde es permitido transitar hasta 130 km/h, hacen que las capas de rodaduras necesiten contar con niveles de prestación cada vez más elevados.

Las cualidades funcionales del camino residen fundamentalmente en su superficie. De su acabado y de los materiales que se hayan empleado en su construcción dependen aspectos inherentes a los usuarios tales como (PADILLA RODRIGUEZ 2002):

- La adherencia del neumático a la calzada.
- Las proyecciones de agua en tiempo de lluvia.
- El desgaste de los neumáticos.
- El ruido en el exterior y en el interior del vehículo.
- La comodidad y estabilidad en marcha.
- Las cargas dinámicas del tránsito.
- La resistencia a la rodadura (consumo de combustible).
- El envejecimiento de los vehículos.
- Las propiedades ópticas.

Las significativas variaciones registradas en las propiedades viscoelásticas de los cementos asfálticos, frente a los cambios de temperatura y el intemperismo, se fueron reduciendo con la incorporación de agentes modificadores tales como polímeros (por ejemplo caucho), inhibidores de escurrimiento, fillers, etc., dando lugar a asfaltos con menor susceptibilidad térmica y a carreteras con elevado nivel de prestación durante más tiempo. Los concretos asfálticos, confeccionados con los citados asfaltos, se han adaptado a los cambios tecnológicos y a los nuevos umbrales de exigencias que hacen a la seguridad vial. En tal sentido existen algunos parámetros muy significativos que sintetizan su prestación al brindar el máximo umbral de adherencia entre neumático y calzada con pavimento mojado. El objeto principal es provocar una disminución en las distancias de frenado y disminuir el nivel de ruido dentro y fuera del vehículo (CAICEDO, B. OCAMPO. 2005).

Los pavimentos de carreteras han sido considerados tradicionalmente más bien como una estructura que debe soportar las cargas del tránsito que como una superficie sobre la que se deslizan los vehículos.

En la actualidad, a fin de optimizar las dos funciones (estructural y superficial), la tendencia es considerar prácticamente todo el espesor del paquete del pavimento con función estructural y una capa superficial más o menos fina con función de rodadura y por tanto formada por mezclas especializadas a su función, como son la adherencia neumático-calzada, proyecciones de agua (spray), desgaste de neumáticos, ruido, etc.

Así surgen los microconcretos, que son mezclas bituminosas que poseen un tamaño máximo de agregado del orden de la media pulgada (12 mm) y se colocan en espesores máximos de 3 cm a fin de que, estableciendo una relación entre el tamaño máximo de agregado y el espesor de la capa, se logren los valores deseados funcionales expresados con anterioridad (KAMEL N.I., MILLER L.J. 1994).

Para ello será fundamental disponer de un ligante asfáltico modificado que permita mantener en el tiempo las variables de servicio. En esta circunstancia el ligante asfáltico estará sometido a esfuerzos de torsión, corte y tracción que conformarán un invariante tensional más complejo que el de una capa tradicional.

Los agregados, la otra componente principal de la mezcla que ocupa hasta el 90 % en volumen de la misma, deben contar con características particulares en la conformación de la granulometría de la mezcla. Un microconcreto brinda propiedades de macro y microtextura adecuados en función de una marcada discontinuidad de la curva granulométrica (COPPER, K.E., BROWN S.F. y otros, 1985).

Para que un microconcreto discontinuo en caliente posea una performance adecuada en el tiempo deberá contar con la incorporación de ligantes asfálticos modificados. La estructura del esqueleto mineral discontinuo solo será estable en el tiempo cuando el mastic asfáltico permita desarrollar fuerzas de adherencia y cohesión que no se debiliten con las variaciones de temperatura y de frecuencia e intensidad de la carga (XAVIER ELIAS CASTELLS. 2000).

Los polímeros más utilizados para la modificación de los asfaltos son los elastómeros estireno- butadieno -estireno (SBS), etileno acetato de vinilo (EVA), estireno-butadieno-rubber (SBR), etc. Aquí surge el interrogante de poder sustituir a estos polímeros vírgenes por el reciclado de neumáticos, para la obtención de asfaltos modificados que puedan utilizarse en la fabricación de microconcretos con las características antes mencionadas.

1.2. POR QUÉ REEMPLAZAR LOS POLÍMEROS POR CAUCHO RECICLADO DE NFU

La tendencia en la tecnología de las mezclas asfálticas actuales es disminuir la susceptibilidad térmica de los asfaltos, o sea provocar que el asfalto registre menores cambios de consistencia con los cambios de temperatura. De esta forma se pueden conformar las mezclas de altas prestaciones necesarias para vías más seguras.

Se hace necesario para ello incorporar adiciones al ligante asfáltico. Las principales adiciones son los polímeros elastoméricos los cuales se microdispersan en el ligante asfáltico mediante la aplicación de temperaturas del orden de los 180ºC y un fuerte esfuerzo de corte de aproximadamente 7.000 rpm (RUBIO GUZMÁN 2002).

Los polímeros vírgenes más utilizados, sobre la base de la afinidad con los ligantes asfálticos, son copolímeros en bloc, tales como el estireno butadieno estireno, el estireno butadieno, el esterino butadieno rubber, el etil vinil acetato, entre otros (MC CAHILL. 4º Eurobitumen Congress 1989).

La mayoría de los polímeros son importados casi en su totalidad de Estados Unidos y Corea. Esta realidad hace que el costo de los polímeros sea elevado, dado su origen (el crudo de petróleo) y su moneda de comercialización, el dólar. Con la política económica actual, y el posicionamiento del peso frente al dólar, este tipo de polímeros ha perdido competitividad en el mercado. Sin embargo, a pesar de ello, se han instalado las mezclas de altas prestaciones como una necesidad para la seguridad vial (NEWSLETTERS DE AKSO NOBEL. 2005)

La posibilidad de aprovechar un polímero desechado, surge como una necesidad de disminuir costos en la fabricación de asfaltos modificados, y con ello se procura disminuir el impacto ambiental del deshecho de neumáticos en el mundo.

En lo que respecta al tipo de ligante a utilizar en los microconcretos, es necesario acudir a los asfaltos modificados con polímeros para evitar posibles riesgos de escurrimiento y segregaciones. Esto es debido al bajo contenido en mortero de estas mezclas, que puede incidir en la cohesión y durabilidad, y al elevado contenido en ligante exigido. Tanto la incorporación de polímeros u otros aditivos al mastic tienen la finalidad de mejorar la suceptibilidad térmica y disminuir la fragilidad del sistema, haciéndolo menos deformable y más resistente a la fisuración y a la acción abrasiva del tránsito.

Como se ha señalado hasta aquí, un microconcreto discontinuo en caliente no posee aporte estructural, siendo su función dotar de parámetros superficiales deseados a la capa de rodadura, siendo los principales la macrotextura y la microtextura (BOTASSO G., 2002).

La presente investigación pretende valorar las propiedades físico-mecánicas de este tipo de mezcla al producirse la sustitución de un asfalto modificado con polímero virgen por uno modificado con reciclado de NFU. Pero además en consonancia con lo expresado en los párrafos anteriores, pretende diseñar una modelización en laboratorio que permita predecir el comportamiento de la mezcla bajo un simulador de tránsito y observar los gradientes de deterioro de la macrotextura y de la mircrotextura cuando se produce dicha sustitución.

Capítulo II. MATERIALES POLIMÉRICOS

II. 1. MATERIALES E INGENIERÍA.

Los materiales están formados por elementos, con una composición y estructura única y que además, pueden ser usados con algún fin específico. Desde el comienzo de la civilización, los materiales junto con la energía han sido utilizados por el hombre para mejorar su nivel de vida. Los productos están fabricados a base de materiales, éstos se encuentran en todas partes alrededor nuestro. Los más comúnmente encontrados en la construcción son: madera, hormigón, ladrillo, acero, plásticos, vidrios, caucho, aluminio, cobre y papel. Existen muchos más tipos de materiales y uno sólo tiene que mirar a su alrededor para darse cuenta de su presencia. Debido al progreso de los programas de investigación y desarrollo y al avance del conocimiento, se están creando continuamente nuevos materiales.

La producción de nuevos materiales y el proceso de éstos hasta convertirlos en productos acabados, constituye una parte importante de nuestra economía actual. Los ingenieros diseñan la mayoría de los productos y los procesos necesarios para su fabricación. Puesto que la producción necesita materiales, los ingenieros deben conocer la estructura interna y propiedades de los materiales, de modo que sean capaces de seleccionar el más adecuado para cada aplicación y también capaces de desarrollar los mejores métodos de procesado.

Los ingenieros especializados en investigación y desarrollo trabajan para crear nuevos materiales o para modificar las propiedades de los ya existentes. En sus diseños usan los materiales existentes, los modificados o los nuevos para diseñar o crear nuevos productos y sistemas. Algunas veces el problema surge de modo inverso: los ingenieros tienen dificultades en un diseño y requieren que sea creado un nuevo material por parte de los científicos, investigadores o ingenieros.

Los ingenieros, sea cual fuera su especialización, deben tener conocimiento básico y aplicados sobre los materiales de uso habitual en ingeniería a efectos de poder realizar su trabajo más eficazmente cuando vayan a utilizar dichos materiales. (WILLIAM F. SMITH. 2001).

II.2. TIPOS DE MATERIALES.

Según William F. Smith, la mayoría de los materiales de ingeniería están divididos en tres grupos principales: materiales metálicos, cerámicos y poliméricos. En el presente trabajo solo se tratará a los últimos.

Materiales Poliméricos: los materiales poliméricos generalmente están formados por grandes cadenas de moléculas orgánicas o redes. Estructuralmente, la mayoría de los materiales poliméricos no son cristalinos, pero algunos constan de mezclas de regiones cristalinas y no cristalinas. La rigidez y ductilidad de los materiales poliméricos varía ostensiblemente, como se verá más delante. Debido a la naturaleza de su estructura interna, la mayoría son malos conductores de la electricidad. Algunos de estos materiales son buenos aislantes, de ahí su aplicación en aislamiento eléctrico. En general, los materiales poliméricos tienen baja densidad y temperatura de fluencia (ablandamiento) o descomposición relativamente bajas. (WILLIAM F. SMITH. 2001).

II.2.2. Competencia entre materiales.

Los materiales compiten unos con otros por su existencia y por los nuevos mercados. De unos a otros períodos de tiempo, aparecen muchos factores que hacen posible la sustitución de un material por otro para ciertas aplicaciones. Evidentemente, el costo es un factor. Si se hace un descubrimiento importante en el proceso de un cierto tipo de material, de manera que su costo se abarate sustancialmente, este material puede reemplazar a otro en ciertas aplicaciones. Otro factor que da lugar al reemplazo de los materiales es el desarrollo de un nuevo material con propiedades especiales para algunas aplicaciones. Como resultado, encontramos que los materiales han cambiado.

La figura II.1. presenta gráficamente como la producción de materiales en los Estados Unidos, en la composición de automóviles, ha variado a lo largo de los últimos años. El aluminio y los polímeros muestran un aumento significativo de la producción desde 1930. La razón de que el volumen de producción se haya incrementado para el aluminio, y aún más para los polímeros, es que se trata de materiales ligeros (WILLIAM F. SMITH. 2001).

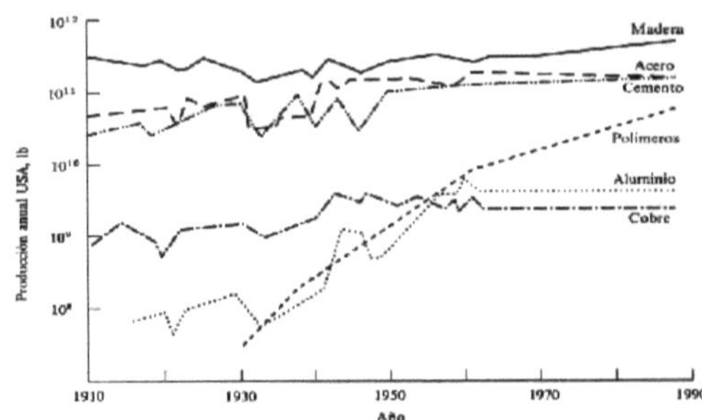

Figura II.1: Competición de los seis materiales más importantes de los Estados Unidos; evidente el aumento en el uso de polímeros (plásticos). (Fuente: WILLIAM F. SMITH. 2001*)*

II.3. POLIMEROS GENERALIDADES

Los Polímeros, provienen de las palabras griegas Poly y Mers, que significa muchas partes, son grandes moléculas o macromoléculas formadas por la unión de muchas moléculas pequeñas: sustancias de mayor masa molecular entre dos de la misma composición química, resultante del proceso de la polimerización (ASKELAND DONALD R. 2001).

II.3.1 Polimerización

La polimerización es una reacción química realizada mayormente en presencia de un catalizador que se combina para formar productos de elevado peso molecular.

La mayor parte de los polímeros son sintetizados por el proceso de polimerización en el que muchas pequeñas moléculas (pueden ser miles) se enlazan covalentemente para constituir cadenas moleculares muy largas, que se llaman monómeros. El proceso químico por el cual los monómeros se combinan químicamente en polímeros moleculares de larga cadena se llama polimerización con aumento de cadena.

Cuando se unen entre sí más de un tipo de moléculas (monómeros), la macromolécula resultante se denomina copolímero.

Como los polímeros se forman usualmente por la unión de un gran número de moléculas menores, tienen altos pesos moleculares. Es frecuente que los polímeros tengan pesos moleculares de 100.000 o mayores.

Los polímeros pueden clasificarse como (AREIZAGA J. y otros, 2001):

- Polímeros naturales: provenientes directamente del reino vegetal o animal. Por ejemplo: celulosa, almidón, proteínas, caucho natural, ácidos nucleicos, etc.
- Polímeros artificiales: son el resultado de modificaciones mediante procesos químicos, de ciertos polímeros naturales. Ejemplo: nitrocelulosa, etonita, etc. Muchos monómeros también forman polímeros con pérdida simultánea de una pequeña molécula, como la del agua, la del monóxido de carbono o del cloruro de hidrógeno. Estos polímeros se llaman polímeros de condensación y sus productos de descomposición no son idénticos a los de las unidades respectivas de polímero. Así la polimerización de glucosa da celulosa, un polímero natural, que va acompañado por pérdida de agua siendo la celulosa un polímero típico de condensación como se detalle más adelante.
- Polímeros sintéticos: son los que se obtienen por procesos de polimerización controlados por el hombre a partir de materias primas de bajo peso molecular. Ejemplo: nylon, polietileno, cloruro de polivinilo, polimetano, etc.

Muchos elementos (el silicio, entre otros), forman también polímeros, llamados polímeros inorgánicos.

Por ejemplo, la estructura del enlace covalente de una molécula de etileno activada se da cuando, la molécula de etileno está activada, es decir que el enlace doble entre los átomos de carbono está totalmente abierto, siendo reemplazado por un enlace covalente sencillo. Como resultado de la activación, cada átomo de carbono de la anterior molécula de etileno tiene un electrón libre para el enlace covalente con otro electrón libre de otra molécula. A continuación veremos cómo puede ser la activación de la molécula y, como resultado, muchas unidades monoméricas de etileno que pueden ser unidas covalentemente para formar una cadena molecular larga llamada polímero. Este es el proceso de polimerización en cadena. El polímero producido en la polimerización del etileno se llama polietileno.

MONÓMERO catalizador MERO. POLÍMERO

$$n\ CH_2 = CH_2 \longrightarrow \sim\!\!(CH_2 - CH_2)\!\!\sim_n$$

etileno polietileno (PE)

Figura Nº II.2 - Relación monómero-polímero. (Fuente: AREIZAGA J., 2001)

En la Figura Nº II.2, el etileno es el monómero que, después de reaccionar con varias otras moléculas iguales a él, forma el polímero polietileno, designado habitualmente como PE. En la estructura de la molécula del PE, la unidad -CH2-CH2- se repite indefinidamente y depende del número de moléculas de etileno que reaccionaron entre sí (n) para formar el polímero. El índice (n) (o DP) del polímero es conocido como grado de polimerización y representa el número de meros existentes en cada cadena polimérica.

El conjunto de reacciones de polimerización en cadena de monómeros de etileno hasta polímeros lineales como el polietileno, puede ser dividido en las siguientes etapas: iniciación, propagación y terminación. Estas tres etapas serán desarrolladas más adelante.

La característica principal de los polímeros es tener un peso molecular alto, lo que afecta decisivamente las propiedades químicas y físicas de éstas moléculas. Cuanto mayor sea el grado de polimerización, más elevado será el peso molecular del polímero. Polímeros de peso molecular más elevado son designados altos polímeros, y los de bajo peso molecular oligómeros (del griego: pocas partes) (FLORY P.J., 1994).

Además de los polímeros sintéticos, se encuentran en la naturaleza otras moléculas de peso molecular muy alto, que pueden tener origen inorgánico, como por ejemplo el diamante, el grafito y los silicatos; o de origen orgánico (biológica), como los polisacáridos (celulosa y almidón), proteínas (colágeno, hemoglobina, hormonas, albúmina, etc.) y los ácidos nucleicos (DNA y RNA). Tanto los polímeros como estas moléculas son clasificados como macromoléculas. O sea, las macromoléculas son compuestos tanto de origen natural como sintético, con elevado peso molecular y estructura química compleja. Por tanto la lana, el cuero, la madera, el cabello, el cuerno, la seda natural, la uña y el caucho natural extraído del jebe (Hevea Brasiliensis), son ejemplos de materiales cotidianos constituidos por macromoléculas naturales orgánicas. Estas sustancias naturales generalmente no presentan unidades estructurales tan iguales ni tan regularmente repetidas como las sintéticas, pero sí una complejidad que resulta en propiedades de alta performance (SMITH WILLIAMS F. 2001).

II.3.2. Evolución de los polímeros

Hasta el inicio del siglo pasado, el hombre sólo conocía las macromoléculas orgánicas de origen natural, como la madera, la lana, etc. Estos materiales eran muy utilizados en la fabricación de variados objetos y elementos de la construcción civil.

El primer material polimérico del que se tiene noticia, fue producido por Charles Goodyear en 1839. Él consiguió modificar las propiedades mecánicas de la goma natural, extraída del jebe (proveniente de Brasil) mezclándolas con azufre y calentándola. Tiempo atrás este material se reblandecía y quedaba pegajoso, o quedaba rígido según la condición ambiental. Con esta modificación, el caucho permanecía seco y flexible a cualquier temperatura. Ese proceso por él patentado, quedó conocido como vulcanización. Con la vulcanización, la goma natural ganó muchas aplicaciones, transformándose en un importante producto comercial. (TROPAC FREDERICK, 2001).

El surgimiento del plástico ocurrió en 1861, cuando Alexander Parkes obtuvo un material celulósico, a partir del tratamiento de residuos de algodón con ácido nítrico y sulfúrico, en presencia de aceite de ricino.

El material conseguido, llamado parkesina, no tuvo suceso comercial debido a su elevado costo de producción. Entretanto, en 1868, John W. Hyatt mejoró el producto desarrollado por Parkes y consiguió un producto económicamente viable sustituyendo el aceite de ricino por el alcanfor (cetona terpénica cíclica cristalina, con fórmula molecular $C_{10}H_{16}O$), resultando el celuloide. A partir de este material, se obtuvieron, como el primer producto fabricado con material sintético, las bolas de billar. El celuloide fue usado por mucho tiempo en la fabricación de una diversidad de productos: peines, cabos de cubiertos, muñecos, dentaduras, soportes de lentes, bolas de pingpong y películas fotográficas.

Apenas se abandonó la utilización del celuloide después del surgimiento de otros materiales poliméricos menos inflamables.

Por tanto, los descubrimientos del caucho vulcanizado, de la parkesina y del celuloide representaron el comienzo de un nuevo tipo de material. Sin embargo, las estructuras químicas de estas moléculas eran totalmente desconocidas.

La primera hipótesis de la existencia de macromoléculas fue desarrollada en 1877 por Friedrich A. Kekulé. Él levantó la posibilidad de que estas substancias orgánicas naturales podrían ser constituidas por moléculas muy grandes, y tener propiedades especiales.

Sobre la base de esta hipótesis, en 1893, Emil Fisher sugirió que la estructura de la celulosa polisacárido formado por cadenas largas, podría estar constituida de unidades de glucosa natural (polisacárido formado por cadenas largas, constituidas de unidades de glucosa), mientras que los polipéptidos (grupo de compuestos orgánicos que poseen dos o más aminoácidos consecutivos enlazados químicamente, enlace peptídico) serían largas cadenas de poli aminoácidos (substancia orgánica soluble en agua, que posee un grupo carboxilo (-COOH) y un grupo amino (-NH2), generalmente ligados al mismo átomo de carbono) asociadas, es decir unidas entre sí.

En 1907, Leo H. Baekeland perfeccionó el proceso de producción de la resina fenol-formaldehído, desarrollada unos años antes por Adolf von Bayer. La substancia formada era una resina rígida y poco inflamable, llamada baquelita. La baquelita fue ampliamente empleada en la fabricación del cuerpo de equipos eléctricos (principalmente teléfonos) hasta la mitad de los años 50, cuando fue sustituida por otros polímeros por razones estéticas, ya que la baquelita es oscura y casi no permite variaciones de color.

Hermann Staudinger, en 1924, formuló la hipótesis de que los poliésteres y el caucho natural estaban constituidos por estructuras químicas lineales, independientes y muy largas, proponiendo nombrarlas macromoléculas. Posteriormente recibió el Premio Nobel en Química (1953) por haber sido el pionero en la elucidación de la estructura química de las macromoléculas.

Cuatro años después, Wallace H. Carothers, en el Laboratorio Central de Investigación de la firma DuPont, estudió polímeros lineales obtenidos por policondensación de monómeros bifuncionales (moléculas que en su estructura poseen dos grupos funcionales reactivos, como por ejemplo los aminoácidos). Su grupo de investigaciones desarrolló el neopreno, poliésteres y poliamidas. Un miembro de este grupo, Paul J. Flory, también recibió, en 1974, el Premio Nobel de Química por su contribución en la investigación de la físico-química de polímeros. (TROPAC FREDERICK, 2001).

Así durante los años 20, surgieron:
el acetato de celulosa,
el poli(cloruro de vinilo) (1927),
el poli(metacrilato de metilo) (1928)
y la resina urea-formaldehído (1929).

Se calcula que durante los 10 años siguientes, en Estados Unidos se produjeron cerca de 23.000 toneladas de plásticos, básicamente de materiales fenólicos y celulósicos.

Entre 1930 y 1942 varios otros polímeros se descubrieron, tal como el copolímero de estireno-butadieno (1930), poliacrilonitrilo, poliacrilatos, poliacetato de vinilo y el copolimero estireno-acrilonitrilo (1936); los poliuretanos (1937); el poliestireno y el politetraflúor-etileno (teflon) (1938); las resinas fenol o melamina-formaldehido (fórmica) y el politereftalato de etileno (1941); fibras de poliacrilonitrilo (orlon) y los poliesteres insaturados (compuesto que contiene un doble o un triple enlace en su estructura) (1942).

La primera industria en producir nylon fue DuPont en 1938, y la fabricación del nylon-6 (perlona) fue iniciada en el año siguiente por la I. G. Faber. Por esta época en Alemania, P. Shlack hizo la primera polimerización por abertura de anillo, de un compuesto orgánico cíclico, al producir el nylon a partir de la caprolactama (Encyclopedia of Materials Science and Engineering, 1999).

Después de la segunda guerra mundial, la fabricación y la comercialización de los materiales poliméricos tuvo un gran impulso con la aparición de las resinas epoxi (1947) y ABS (acrilonitrilo-butadieno-estireno 1948), además del desarrollo de los poliuretanos.

Otro paso significativo en el estudio de la química de polímeros ocurrió en 1953, con la polimerización estereoregular (reacción química en que el enlace entre las moléculas de los monómeros ocurre siempre en la misma posición espacial relativa, resultando en macromoléculas con una estructura mucho más ordenada), por los investigadores Karl Ziegler y Giulio Natta, por lo que también recibieron el Premio Nobel de Química, en 1963 (SMITH WILLIAMS F., 2001).

La década del 50 fue marcada por el surgimiento de varios polímeros como el polietileno, el polipropileno, el poliacetal, el policarbonato, el polióxido de fenileno, así como de nuevos copolímeros. Durante los años 60, los plásticos pasaron a sustituir a las maderas, como también el cartón y el vidrio en los embalajes. Y en los años 70, los plásticos tomaron el lugar de algunas aleaciones ligeras.

En los años 80, la producción de plásticos se intensificó y diversificó, tornándose una de las principales industrias químicas del mundo. Debido a la continua necesidad de nuevos materiales poliméricos, varios centros de investigación, industrias y universidades mantienen investigaciones científicas y tecnológicas, constantemente desarrollando polímeros con las más variadas propiedades químicas y físicas.

II.4. CLASIFICACIÓN Y PROCESOS DE OBTENCIÓN DE POLÍMEROS

Además de los polímeros clásicos que se producen y comercializan ya hace algunos años, cada día aparecen otros nuevos, provenientes de las investigaciones científicas y tecnológicas que se desarrollan en todo el mundo. Por lo que, dada la gran variedad de materiales poliméricos existentes, se hace necesario agruparlos según sus características, facilitando así el entendimiento y el estudio de sus propiedades.

Se los puede clasificar de acuerdo con SHACKELFORD JAMES F., 2002, en:

II.4.1. Tipo de estructuras químicas,
II.4.2. Tipo de estructura química de los meros
II.4.3. Naturaleza de la estructura polimérica
II.4.4. Comportamiento frente a la temperatura
II.4.5. Propiedades mecánicas
II.4.6. Según la escala de fabricación

II.4.7. Según el proceso de obtención

II.4.8. Acorde a las técnicas de polimerización

II.4.1. Clasificación según el Tipo de Estructura Química

Se pueden agrupar en dos divisiones según la cantidad de meros diferentes en el polímero.

Un polímero puede estar constituido por la repetición de una única unidad química (cadena homogénea) de dos o más meros (cadena heterogénea). Cuando la cadena es homogénea, se llama homopolímero, y cuando es heterogénea copolímero.

De esta manera se tiene:

II.4.1.a. Homopolímero: es el polímero constituido por un tipo de unidad estructural repetida. Ej.: polietileno, poliestireno, poliacrilonitrilo, poliacetato de vinilo).

En la figura II.3., si se considera A como el mero presente en el homopolímero, se muestra cómo se puede representar su estructura:

~A—A—A—A—A—A—A—A—A—A—A—A—A—A~

Figura Nº II.3 – Esquema de homopolímero. (Fuente: SHACKELFORD J., 2002)

II.4.1.b. Copolímero: es el polímero constituido por dos o más meros distintos. Ej.: SBR estireno butadieno rubber

Suponiendo que A y B representan los meros, hay tres posibilidades de disposición:

- Copolímeros al azar (aleatorios, estadísticos): en estos copolímeros los meros tienen secuencia desordenada a lo largo de la cadena macromolecular; representado en la figura II.4.:

~A—A—B—A—B—B—B—A—A—B—B—A—A—A~

Figura NºII.4 – Esquema de copolímero al azar. (Fuente: SHACKELFORD J., 2002)

- Copolímeros alternados: en estos los meros se suceden alternadamente, representado en la figura II.5.:

~A—B—A—B—A—B—A—B—A—B—A—B—A—B~

Figura Nº II.5 – Esquema de copolímero alternado. (Fuente: SHACKELFORD J., 2002)

- Copolímeros en bloques: cada macromolécula del copolímero es formada por más o menos largos tramos de A cada uno seguido por un tramo de B, representado en la figura II.6.:

~A—A—A—A—B—B—B—A—A—A—B—B—B—B~

Figura NºII.6 – Esquema de copolímero en bloques. (Fuente: SHACKELFORD J., 2002)

- Copolímeros de injerto: la cadena principal que constituye el polímero contiene unidades de un mismo monómero, mientras que el otro mero hace parte solamente de las ramificaciones laterales (el injerto), representado en la figura II.7.:

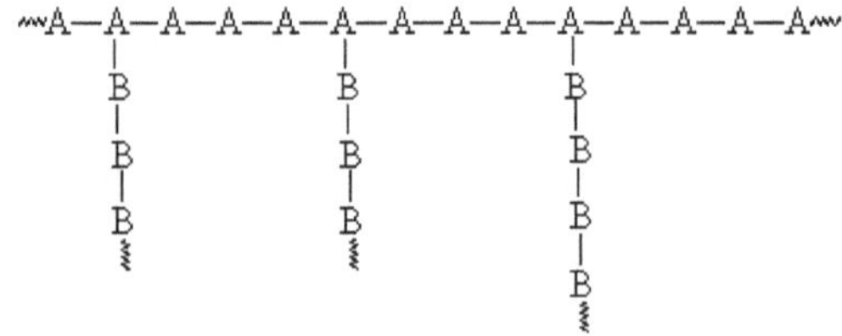

Figura Nº II.7 – Esquema de copolímero de injerto. (Fuente: SHACKELFORD J., 2002)

Por lo general, los copolímeros constituidos de tres unidades químicas reiterativas diferentes se denominan terpolímeros. Un ejemplo típico es el ABS, es decir, el terpolímero de acrilonitrilo-butadieno-estireno.

La reacción química que forma los copolímeros se conoce como copolimerización, y los monómeros de co-monómeros. Cuando se cambian los co-monómeros o la cantidad relativa de cualquiera de ellos, el material que se obtiene presenta propiedades diferentes, tanto químicas como físicas.

II.4.2. Con relación a la estructura química de los meros que constituyen el polímero.

Esta clasificación se basa en el grupo funcional al cual pertenecen los meros. Así tenemos como ejemplos (FLORY P.J., 1994):

- Poliolefinas – polipropileno, polibutadieno, poliestireno.
- Poliésteres – politereftalato de etileno, policarbonato.

- Poliéteres – polióxido de etileno, polióxido de fenileno.
- Poliamidas – Nylon, poliamida.
- Polímeros celulosos – nitrato de celulosa, acetato de celulosa.
- Polímeros acrílicos – polimetacrilato de metilo, poliacrilonitrilo.
- Polímeros vinílicos – poliacetato de vinilo, polialcohol vinílico.
- Poliuretanos – denominación genérica para los que son derivados de isocianatos
- Resinas formaldehído – resina fenol-formol, resina urea-formol.

II.4.3. Con relación a la forma de la cadena polimérica

Las cadenas macromoleculares pueden ser:

Lineales – en que no tienen ramificaciones, representada en la figura Nº II.8.

Figura Nº II.8 – Esquema de cadena polimérica lineal. (Fuente: SHACKELFORD J., 2002)

Ramificadas – todas las moléculas contienen ramificaciones, es decir pequeñas cadenas laterales, representada en la figura Nº II.9.

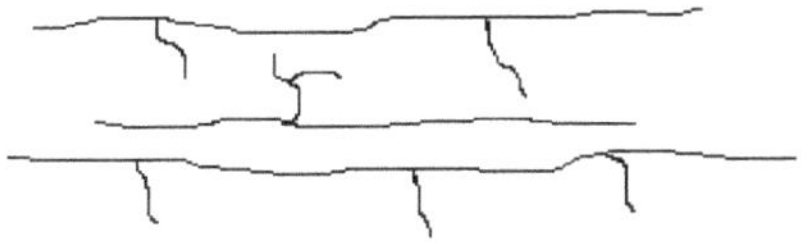

Figura Nº II. 9 – Esquema de cadena ramificada. (Fuente: SHACKELFORD J., 2002)

Entrecruzadas – los polímeros poseen estructura tridimensional, donde las cadenas están unidas unas a otras por enlaces químicos.

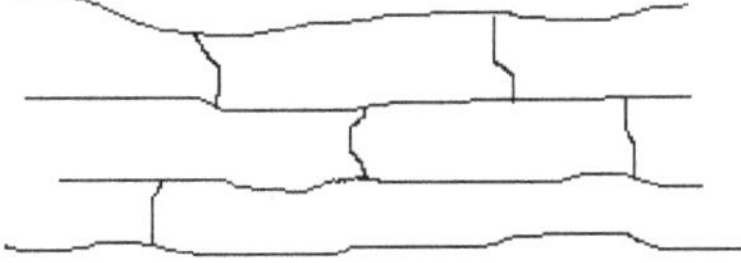

Figura Nº II. 10 – Esquema de cadena entrecruzada. (Fuente: SHACKELFORD J., 2002)

II.4.4. Clasificación conforme al comportamiento frente a la temperatura

Según el resultado al calentar los polímeros, se pueden nombrar (SHACKELFORD JAMES F., 2002):

Termoplásticos – son polímeros que se funden al calentarlos y se solidifican al enfriarse. Ej.: polietileno, politereftalato de etileno, poliacrilonitrilo, nylon. Esto permite que puedan ser fundidos y reutilizados.

Termofijos – al calentarlos por la primera vez se forman entrecruzamientos, transformándolos en infusibles e insolubles. Ej: resina fenol-formol, resina melamina-formol, resina urea-formol. Esto permite que no puedan ser fundidos y reutilizados.

II.4.5. Clasificación según el Comportamiento Mecánico (SHACKELFORD JAMES F., 2002)

Plásticos (del griego: adecuado al modelado, moldeo) – son materiales poliméricos estables en las condiciones normales de uso, pero que durante alguna etapa de su fabricación estuvieron fluidos. Esta propiedad les permite ser moldeados por calentamiento, por presión o por ambos. Ej.: polietileno, polipropileno, poliestireno.

Elastómeros (o cauchos) – son materiales poliméricos que tanto pueden ser de origen natural como sintético. Después de sufrir una deformación bajo la acción de una fuerza, recuperan la forma original rápidamente, por más que la deformación haya sido grande o aplicada por bastante tiempo. Ej.: polibutadieno, caucho nitrílico, poliestireno-co-butadieno).

Fibras – las fibras tienen una relación muy elevada entre la longitud y el diámetro. Generalmente son constituidas de macromoléculas lineales y se mantienen orientadas longitudinalmente. Ej.: poliésteres, poliamidas y poliacrilonitrilo

II.4.6. Clasificación según la Escala de Fabricación (TADMOR ZEHEV y otros, 1979).

Los plásticos, de acuerdo con la escala de producción pueden llamarse:

Plásticos de comodidad (commodities) – constituyen la mayoría de los polímeros fabricados mundialmente. Ej.: polietileno, polipropileno, poliestireno, etc.

Plásticos de especialidad (specialties) – plásticos que poseen un conjunto especial de propiedades y son producidos en menor escala. Ej.: Polióxido de metileno y policloruro de vinilideno.

II. 4. 7. Clasificación según el proceso de obtención de los Polímeros

Como se ha visto ya, los polímeros se clasifican según sus propiedades químicas, físicas y estructurales. Ahora se verá que también se agrupan de acuerdo con el tipo de reacción química utilizada para obtenerlos y más aún, según la técnica de polimerización empleada para llevar a cabo la reacción química. Estos dos últimos aspectos afectan de sobremanera las características de los polímeros resultantes.

En este tópico se tratan los tipos de reacciones y las técnicas existentes.

En 1929, Carothers separó las polimerizaciones en dos grupos, de acuerdo con la composición o la estructura de los polímeros. De acuerdo con esta clasificación, se dividen las reacciones de polimerización en:

Poliadiciones (por adición)

Puede darse en monómeros que contengan al menos un doble enlace, y la cadena polimérica se forma por la apertura de éste, adicionando un monómero seguido de otro.

Policondensaciones (por condensación).

La reacción se pasa entre monómeros que porten dos o más grupos funcionales, formando también casi siempre moléculas de bajo peso molecular como agua o amoníaco.

En la figura Nº II.11., se presenta el esquema de las poliadiciones y policondensaciones.

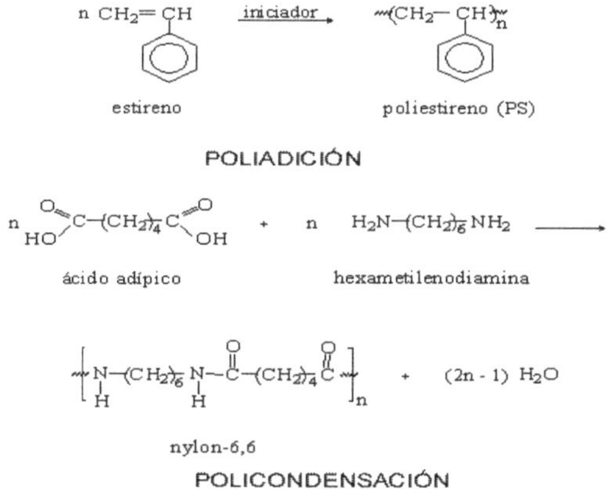

$$n\ CH_2{=}CH(C_6H_5) \xrightarrow{\text{iniciador}} \sim\!\!(CH_2{-}CH(C_6H_5))_n\!\!\sim$$

estireno — poliestireno (PS)

POLIADICIÓN

$$n\ HOOC{-}(CH_2)_4{-}COOH + n\ H_2N{-}(CH_2)_6{-}NH_2 \longrightarrow$$

ácido adípico — hexametilenodiamina

$$\left[\sim N(H){-}(CH_2)_6{-}N(H){-}C(=O){-}(CH_2)_4{-}C(=O)\sim\right]_n + (2n-1)\ H_2O$$

nylon-6,6

POLICONDENSACIÓN

Figura Nº II.11 – Poliadición y policondensación. (Fuente: TADMOR ZEHEV, 1979)

Años más tarde, en 1953, Flory generalizó y perfeccionó esta clasificación utilizando como criterio el mecanismo de reacción, dividiendo las reacciones en:

- polimerizaciones en cadena
- polimerizaciones en etapas,

Las polimerizaciones en cadena y en etapas poseen características diferentes, como se muestra en la Tabla Nº II.1.

Tabla Nº II.1 – Diferencias entre las polimerizaciones en cadena y en etapas. (Fuente: PAINTER P.C., 2002)

POLIMERIZACIÓN EN CADENA	POLIMERIZACIÓN EN ETAPAS
Solo el monómero y las especies propagantes pueden reaccionar entre sí.	Cualquiera de las especies moleculares presentes en el sistema puede reaccionar entre sí.
La polimerización tiene como mínimo dos procesos cinéticos.	La polimerización sólo tiene un proceso cinético.
La concentración del monómero disminuye gradualmente durante la reacción.	El monómero se consume totalmente ya en el comienzo de la reacción, restando menos de 1% al final.
La velocidad de reacción aumenta con el tiempo hasta alcanzar un valor máximo, en el que permanece.	La velocidad de reacción es máxima en el comienzo y disminuye con el tiempo.
Polímeros con alto peso molecular se forman desde el inicio de la reacción, y este no se altera con el tiempo.	Mucho tiempo de reacción es esencial para obtener un polímero con elevado peso molecular, el cual aumenta durante la reacción.
La composición química porcentual del polímero es igual que la del monómero que lo origina.	La composición química porcentual del polímero es diferente de aquella del monómero que lo origina.

Con esta nueva clasificación, polímeros que antes eran incorrectamente considerados como productos de poliadición, como los poliuretanos (que no liberan moléculas de bajo peso molecular, más son característicamente obtenidos por una reacción de condensación), pasan a recibir una clasificación más precisa al considerarlos provenientes de una polimerización en etapas.

II.4.7.1. Las polimerizaciones en cadena presentan reacciones de:

- iniciación,
- propagación y
- terminación

La iniciación de una polimerización en cadena puede ser inducida por calor, por agentes químicos (iniciadores, sustancia química distinta a los monómeros, que forma la especie activa que da inicio a la polimerización) o por radiación (ultravioletas y rayos gamma). La iniciación por calor o radiación proporciona una homólisis (rompimiento de un enlace químico resultando en la formación de dos radicales libres) del doble enlace del monómero, resultando en un mecanismo de reacción vía radicales libres; mientras que la iniciación química (la que se emplea en la mayoría de las industrias), se consigue con iniciadores, sustancias que pueden provocar tanto la homólisis como la heterólisis del doble enlace. Por tanto, la polimerización puede transcurrir a través de radicales libres, por vía catiónica, por vía aniónica o por coordinación. En caso de que la polimerización sea iniciada por un iniciador radicalar se llama polimerización radicalar; en caso de que el iniciador sea un catión se denomina catiónica, si el iniciador es un anión la polimerización se dice aniónica, representada en la Figura Nº II.12. En el caso de la polimerización por coordinación los iniciadores son también catalizadores. Se utilizan complejos constituidos por compuestos de transición y organometálicos, como los de Ziegler-Natta. Este tipo de catálisis se aplica solamente a monómeros apolares, y tiene como ventaja, la obtención de polímeros altamente estereorregulares (PAINTER P.C. y otros, 2002).

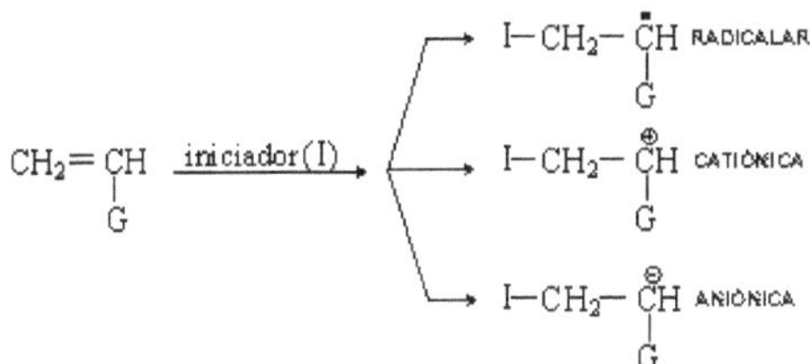

Figura Nº II.12 - Reacciones de iniciación de una polimerización en cadena. (Fuente: PAINTER P.C., 2002)

<u>Durante la propagación</u>, la especie reactiva generada en la iniciación (radical libre, catión o anión) incorpora sucesivamente moléculas de monómero, formando la cadena polimérica, representada en la Figura NºII.13. Esta etapa de la polimerización en cadena es muy importante, pues su velocidad influye directamente la velocidad general de la polimerización. (SEYMUR, R. B. y otros, 1995)

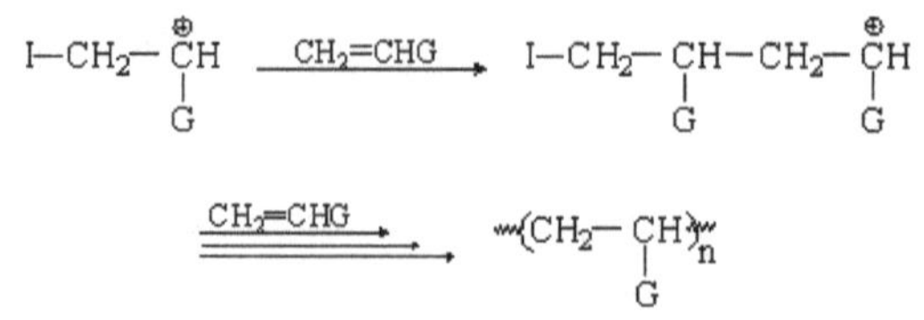

$$I-CH_2-\overset{\oplus}{CH}(G) \xrightarrow{CH_2=CHG} I-CH_2-CH(G)-CH_2-\overset{\oplus}{CH}(G)$$

$$\xrightarrow{CH_2=CHG} \sim(CH_2-CH(G))_n\sim$$

Figura NºII.13 – Propagación en una polimerización catiónica en cadena. (Fuente: SEYMUR, R. B)

<u>En la terminación</u>, el centro activo propagante reacciona de modo espontáneo o con alguna sustancia adicionada, interrumpiendo la propagación del polímero. Generalmente la terminación de la polimerización ocurre por reacciones de combinación, desproporcionamiento o transferencia de cadena. La polimerización catiónica se termina con humedad u otras impurezas. Mientras que la aniónica termina cuando se añade al sistema alguna sustancia protónica, como por ejemplo alcoholes o ácidos.

Las polimerizaciones en cadena pueden sufrir reacciones de inhibición o retardo. En la inhibición la polimerización se detiene, por impedimento de la propagación de la cadena, la cual vuelve a continuar después del total consumo del inhibidor. Los inhibidores se utilizan en algunos monómeros para evitar la polimerización durante el almacenaje y transporte. Los inhibidores más empleados son el nitrobenzeno, el m-dinitrobenzeno, la hidroquinona, el poli-t-butil-catecol, la b-naftilamina, la difenil-picril-hidrazina (DPPH) y el oxígeno. En el retardo, la velocidad de polimerización apenas disminuye, porque la velocidad de propagación no es tan afectada. Los productos empleados para tal fin se llaman retardadores (SHACKELFORD JAMES F., 2002).

II.4.7.2. Las polimerizaciones en etapas

Transcurren por un mecanismo en que no se diferencian una iniciación, propagación y terminación, o sea, se procesan a través de la repetición de la misma reacción química y a la misma velocidad.

La polimerización, en este caso, se da en forma análoga a las reacciones de algunas especies químicas de bajo peso molecular y, por lo tanto, está sujeta a la interferencia no sólo de impurezas, sino también a ciclización de la cadena propagante o del monómero, lo que puede disminuir significativamente la pureza del polímero resultante.

Otra característica importante de las polimerizaciones en etapas es que, según la funcionalidad del monómero, el polímero puede resultar lineal, ramificado, o con entrecruzamientos (FOUSTER, J., 1985).

II.4.8. Clasificación según las técnicas de polimerización

Existen cuatro técnicas industriales empleadas en la polimerización de un monómero (TADMOR ZEHEV y otros, 1979):

- la polimerización en masa,
- en solución,
- en suspensión y
- en emulsión.

Cada una de estas técnicas tiene condiciones específicas y da origen a polímeros con características diferentes.

II.4.8.1. Polimerización en masa

La polimerización en masa es una técnica simple, homogénea, donde sólo el monómero y el iniciador están presentes en el sistema. Ya sea que la polimerización sea iniciada térmicamente o por radiación, sólo hay monómero en el medio reaccional. Por consiguiente, esta técnica es económica, además de producir polímeros con un alto grado de pureza. Generalmente ésta polimerización es altamente exotérmica, presentándose dificultades en el control de la temperatura y de la agitación del medio reaccional, que rápidamente se vuelve viscoso desde el inicio de la polimerización. La agitación durante la polimerización debe ser vigorosa para que se produzca la dispersión del calor generado durante la formación del polímero, evitándose puntos sobrecalentados que dan un color amarillento al producto. Este inconveniente puede ser subsanado usándose inicialmente un pre-polímero (mezcla de polímero y monómero), que es producido a una temperatura más baja, con una baja conversión y condiciones operativas moderadas. A camino del molde, se calienta el pre-polímero completándose la polimerización.

La polimerización en masa es muy usada en la fabricación de lentes plásticas amorfas, debido a las excelentes cualidades ópticas conseguidas en las piezas moldeadas, sin presión, como en el caso del poli (metacrilato de metilo) (SEYMUR, R. B. y otros, 1995)

II.4.8.2. Polimerización en Disolución

En la polimerización en disolución, además del monómero y del iniciador, se emplea un disolvente (sistema homogéneo). El disolvente ideal debe ser económico, de bajo punto de ebullición y de fácil posterior separación del polímero. Al final de esta polimerización, el polímero formado puede ser soluble o no en el disolvente usado. En caso de que el polímero sea insoluble, se obtiene un lodo, fácilmente separado del medio reaccional por filtración. Si el polímero fuese soluble, se utiliza un no-disolvente para precipitarlo en forma de fibras o polvo.

La polimerización en solución tiene como ventaja la temperatura homogénea debido a la fácil agitación del sistema, que evita el problema del sobrecalentamiento. Entretanto, el costo del disolvente y el retraso de la reacción son los inconvenientes de esta técnica.

La polimerización en solución se utiliza principalmente cuando se desea aplicar la propia solución polimérica, y se emplea bastante en policondensación. (SEYMUR, R. B. y otros, 1995)

II.4.8.3. Polimerización en Emulsión

La polimerización en emulsión es una polimerización heterogénea en medio líquido, que requiere una serie de aditivos con funciones específicas, como emulgente (generalmente un detergente), taponadores de pH, coloides, protectores, reguladores de tensión superficial, reguladores de polimerización (modificadores) y activadores (agentes de reducción).

En esta polimerización, el iniciador es soluble en agua, mientras que el monómero es apenas parcialmente soluble. El emulsificante tiene como objetivo formar micelas, de tamaño entre 1 nm y 1 mm, donde el monómero queda contenido. Algunas micelas son activas, o sea, la reacción de polimerización se procesa dentro de ellas, mientras que otras son inactivas (gotas de monómeros), constituyendo apenas una fuente de monómero. A medida de que la reacción ocurre, las micelas inactivas suplen a las activas con monómero, que crecen hasta formar gotas de polímero, originando posteriormente el polímero sólido. La Figura NºII.14 representa el esquema de un sistema de polimerización en emulsión (FLORY P.J., 1994). El sistema evoluciona de una emulsión (fase continua y discontinua líquida) a un látex (fase continua, líquida; fase discontinua, sólida).

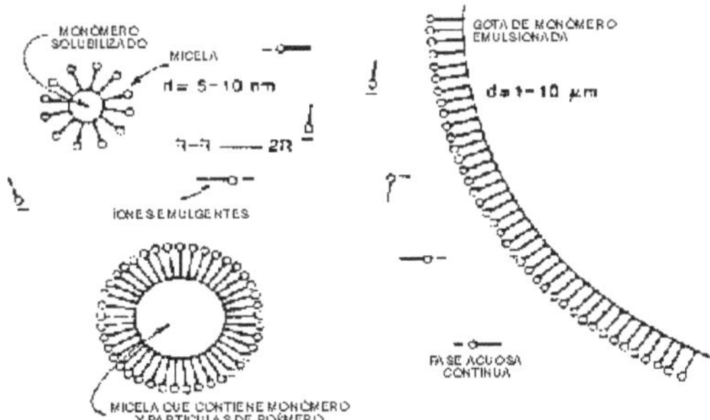

Figura Nº II.14 - Representación esquemática de un sistema de polimerización en emulsión. (Fuente: FLORY P.J., 1994)

La polimerización en emulsión tiene una alta velocidad de reacción y conversión, siendo de fácil control de agitación y temperatura. Los polímeros obtenidos con esta técnica presentan altos pesos moleculares, aunque son de difícil purificación por la cantidad de aditivos incorporados. Sin embargo esta técnica tiene gran importancia industrial siendo muy empleada en poliadiciones, principalmente cuando se aplica directamente el látex resultante.

II.4.8.4. Polimerización en Suspensión

La polimerización en suspensión, también conocida como polimerización en perlas, por la forma como los polímeros son obtenidos, es una polimerización heterogénea donde el monómero y el iniciador son insolubles en el medio dispersante, en general el agua.

La polimerización tiene lugar en el interior de las partículas en suspensión, las cuales tienen un tamaño medio entre 2 a 10 mm, y donde se encuentran el monómero y el iniciador. La agitación del sistema es un factor muy importante en esta técnica, pues según la velocidad de agitación empleada, varía el tamaño de las partículas del polímero obtenido.

Además del monómero, el iniciador y el medio líquido, también se adicionan agentes tensioctactivos, substancias químicas que auxilian en la suspensión del polímero formado, evitando la adhesión entre las partículas y, como consecuencia, la precipitación del polímero sin la formación de las perlas. La precipitación del polímero también puede ser evitada por la adición al medio reaccional de un polímero hidrosoluble, de elevado peso molecular, que aumente la viscosidad del medio. No obstante, la incorporación de estos aditivos al sistema dificulta la purificación del polímero resultante (TADMOR ZEHEV y otros, 1979).

La Tabla NºII.2 compara las características de las polimerizaciones en masa, solución, suspensión y emulsión.

Tabla Nº II. 2 – Comparación de los sistemas de polimerización. (Fuente: TADMOR ZEHEV, et al, 1979)

TIPO	VENTAJAS	DESVENTAJAS
Masa	• Alto grado de pureza • Requiere equipos sencillos	• Difícil Control de temperatura • Ancha Distribución de peso molecular
Solución	• Fácil Control de temperatura • La disolución polimérica formada puede ser utilizada directamente	• El disolvente causa reducción en el peso molecular y en la velocidad de reacción • Dificultades en la extracción del disolvente
Emulsión	• Polimerización rápida • Obtención de polímeros con alto peso molecular • Fácil control de la temperatura	• Contaminación del polímero con agentes emulsionantes y agua
Suspensión	• Fácil Control de temperatura • Obtención del polímero en forma de perlas	• Contaminación del polímero con agentes estabilizadores y agua • Requiere agitación continua

II.5. CARACTERIZACION

A la hora de proceder a la caracterización de un polímero es importante considerar según (SHACKELFORD JAMES F., 2002) los siguientes aspectos:

Enredo de Cadena

Generalmente las cadenas se enredan ya que las mismas no son rectas ni rígidas, sino flexibles. Se tuerce y se dobla formando una enredada maraña. Cuando un polímero se funde, las cadenas se comportan como enredos. Los polímeros al estado sólido presentan ese comportamiento.

Adición de Fuerzas Intermoleculares

Todas las moléculas, tanto las pequeñas como las poliméricas, interactúan entre sí promoviendo la atracción electrostática. Algunas moléculas se atraen más que otras. Las moléculas polares lo hacen mejor que las no polares. Por ejemplo el agua y el metano poseen pesos moleculares similares. El peso molecular del metano es 16 y el del agua 18. A temperatura ambiente, el metano es un gas y el agua un líquido. Esto es porque el agua es muy polar, lo suficiente como para que sus moléculas se mantengan unidas como líquido, mientras que el metano es no polar y por lo tanto, sus moléculas no permanecen unidas (alta tensión de vapor).

Como ya se señaló, las fuerzas intermoleculares afectan tanto a los polímeros como a las moléculas pequeñas. Pero con los polímeros, estas fuerzas se combinan extensamente. Cuanto más grande es la molécula, la fuerza intermolecular es mayor. Aun cuando sólo las débiles fuerzas de Van der Waals estén en juego, pueden resultar muy fuertes para la unión de distintas cadenas poliméricas. Esta es otra razón por la cual los polímeros pueden ser muy resistentes como materiales. El polietileno, por ejemplo, es muy apolar. Sólo intervienen fuerzas de Van der Waals, pero es tan resistente que es utilizado para la confección de chalecos a prueba de balas.

Escala de tiempo del movimiento

Los polímeros se mueven más lentamente que las moléculas pequeñas. Un grupo de moléculas pequeñas puede moverse mucho más rápido y más caóticamente cuando éstas no se encuentran unidas entre sí. Si se las une a lo largo de una extensa cadena, se desplazarán más lentamente.

Entonces ¿cómo influye esto para que un material polimérico sea diferente de un material compuesto por moléculas pequeñas? Esta lenta velocidad de movimiento hace que los polímeros hagan cosas inusuales. Para empezar, si se disuelve un polímero en un solvente, la solución resultará mucho más viscosa que el solvente puro. De hecho, la medición de este cambio de viscosidad se emplea para estimar el peso molecular del polímero.

Factores cinéticos que controlan la cristalización.

La velocidad de cristalización de los polímeros depende de factores cinéticos que afectan la capacidad de los segmentos de cadena, para acomodarse en sus posiciones dentro de la red cristalina.

Esos factores son:

II.5.1. Flexibilidad de las moléculas.

Para que un polímero cristalice, sus moléculas deben tener suficiente elasticidad, es decir la movilidad necesaria para colocarse en posiciones precisas durante el proceso de cristalización.

Uno de los polímeros con cadenas más flexibles es el polietileno, cuyos segmentos giran fácilmente y eso explica su gran tendencia a cristalizar.

Cuando los átomos de carbono giran, llegan a quedar eclipsados y en esa posición, la repulsión entre ellos es máxima.

Cuanto mayor es el tamaño de los átomos o grupos químicos y mayor es su polaridad, más fuerte es la repulsión, más se dificulta el giro y menos flexible es la molécula.
En el polietileno todos los sustituyentes son átomos de hidrógeno y aunque desde luego se repelen, su tamaño es pequeño y las moléculas de polietileno son bastante flexibles, lo cual le permite cristalizar con facilidad, especialmente cuando no tienen ramificaciones, como en el caso del polietileno de alta densidad.

En cambio, en el policloruro de vinilo, uno de los sustituyentes es cloro, átomo de gran tamaño y alta polaridad. La resistencia al giro de los segmentos es muy grande, y el PVC es un polímero rígido con grado de cristalinidad que rara vez sobrepasa el 20 % (Engineering Plastics, 1999).

Las estructuras químicas que influyen sobre las cadenas poliméricas son:

- Enlaces dobles;
- Grupos aromáticos;
- Heteroátomos en el esqueleto;
- Grupos alquílicos.

II.5.1.1. Enlaces dobles.

Los enlaces unidos por la doble ligadura no pueden girar, pero en cambio los segmentos de cadena que le siguen gozan de gran movilidad, precisamente porque los carbonos del doble enlace tienen un sustituyente menos.

Esto explica la gran flexibilidad de los hules de isopreno o del butadieno, que tienen dobles enlaces en sus cadenas.

La presencia de enlaces dobles conjugados imparte rigidez a las moléculas de los polímeros, como le ocurre al PVC cuando se degrada por pérdida de ácido clorhídrico. El PVC degradado es más rígido (SHACKELFORD JAMES F., 2002).

II.5.1.2. Grupos aromáticos.

Los anillos bencénicos producen rigidez en las moléculas a veces evitan la cristalización y en otros casos la reducen.

El polietileno atáctico, por ejemplo, es completamente amorfo.

Esto no necesariamente es un defecto. Cuando se desea transparencia en un polímero, se selecciona uno amorfo, y el poliestireno tiene precisamente esta cualidad. Cuando los grupos aromáticos forman parte del esqueleto, en vez de estar colgando de él, y cuando su colocación es simétrica, el material puede tener alta cristalinidad, a lo cual ayuda una elevada polaridad, como en el caso del polietilentereftalato. Las cualidades de alta polaridad y alta cristalinidad (cohesividad), son esenciales para que un polímero forme buenas fibras. Sólo así tendrá la resistencia tensil que se requiere.

II.5.1.3. Heteroátomos en el esqueleto.

Heteroátomos son los átomos que no son de carbono. Por ejemplo, en el caso de que en la cadena central haya átomos de azufre o de oxígeno.

CH2- O- CH2-CH2- S- S- CH2-

Figura Nº II.15 -Átomos de azufre y oxígeno

Las cadenas son muy flexibles, porque los heteroátomos no tienen sustituyentes que obstaculicen el giro de los segmentos que le siguen.

El enlace más flexible que se conoce, por lo menos de los que existen en polímeros, es el de silicio oxígeno.

- Si- O- Si- .

Figura Nº II.16 - Átomos de sílice y oxígeno.

Por eso las siliconas forman materiales tan flexibles y retienen esa flexibilidad a temperaturas hasta 100 °C bajo cero (SMITH WILLIAMS F., 2001).

II.5.1.4. Grupos alquilos.

Los grupos metílicos del propileno, estorban mucho para el giro de los segmentos y obligan a la molécula a tomar una forma helicoidal, en la que se minimizan las interacciones de estos grupos metilos con otros átomos de la molécula de polipropileno.

Sin embargo, esto no impide la cristalización del polipropileno cuando se trata del isotáctico o del sindotáctico. La consecuencia es una densidad muy baja (0,91) por el espacio libre que queda dentro de la hélice.

Si los grupos alquílicos son de mayor tamaño, las moléculas adyacentes se separan, dejando entre ellas mayor volumen libre y los polímeros se vuelven más flexibles, con menor temperatura de fusión y bajas densidades.

Pero cuando esas cadenas laterales alcanzan longitudes considerables, con 10 a 12 átomos de carbono, y no tienen ramificaciones, vuelve a ser posible la cristalización por el ordenamiento de esas cadenas laterales, ya sea dentro de la propia molécula o entre moléculas adyacentes (AREIZAGA J., M. y otros, 2001).

II.5.2. Condiciones de la cristalización.

El efecto de la temperatura sobre la cristalización de los polímeros es conflictivo. Por una parte, se requieren temperaturas altas para impartir a las moléculas poliméricas suficiente energía cinética (movilidad) y que puedan acomodarse en la red cristalina. Pero sólo a bajas temperaturas van a permanecer en forma estable en los cristales. El balance entre esas dos condiciones produce una velocidad máxima de cristalización a una temperatura intermedia (BRESCIA, FRANK y otros, 1977).

II.5.3. Peso molecular de los polímeros

Diferencias fundamentales entre sustancias sencillas y los polímeros son:

- Peso molecular muy superior en los polímeros
- Las moléculas de los polímeros no tienen todas el mismo peso.

Si se conocieran todos los pesos moleculares que tiene una muestra de polímero se podría hacer una distribución y mediante un método estadístico dar uno o varios pesos moleculares promedio. Los polímeros, con reducida dispersión de pesos moleculares, requieren un control más exhaustivo de las condiciones operativas durante la polimerización y por lo tanto tienen un costo mayor.

Las propiedades de los polímeros y su facilidad para el procesado dependen tanto de la magnitud de los promedios como de la forma de la distribución, como se presenta en la figura Nº II.17.

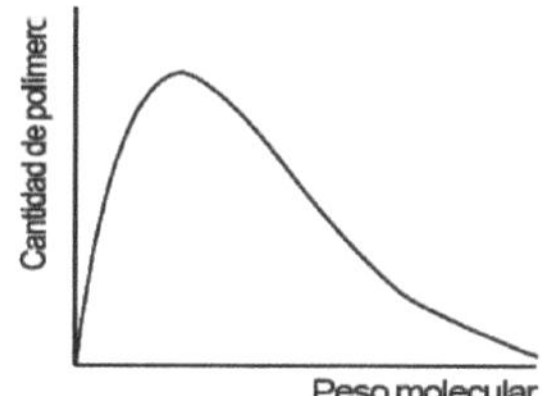

Figura Nº II.17 - Distribución del peso molecular de un polímero. (Fuente: STEVENS, M. P., 1990)

Las fórmulas Nº II.1 y II.2, presentan el peso molecular promedio en números.(STEVENS, M. P., 1990)

$$\overline{M}_n = \frac{\sum_i N_i M_i}{\sum_i N_i} = \frac{\sum_i n_i M_i}{\sum_i n_i}$$

Fórmula Nº II.1

N_i y n_i son el número de moléculas y de moles, respectivamente, de peso molecular M_i

$$M_i = M_o x_i$$

M_0 es el peso molecular de la unidad repetitiva

x_i es el grado de polimerización

$\overline{M}_n$ es la media aritmética de los pesos moleculares, en la que sólo se tiene en cuenta el número de especies de tipo i

Teniendo en cuenta $n_i M_i = m_i$

Siendo m_i el peso en gramos correspondiente a la especie i

$$\overline{M}_n = \frac{\sum_i m_i}{\sum_i m_i / M_i}$$ *Fórmula Nº II.2.*

Estos dos tipos de promedio, en números y en peso, son los más utilizados.

Existen propiedades de los polímeros que se describen mejor con el peso molecular promedio en números, como las coligativas o las cinéticas, mientras que otras son más sensibles al promedio en peso, como las propiedades mecánicas o las de flujo.

Diversas técnicas experimentales, en virtud de los fundamentos que las sustentan, pueden medir un tipo u otro de promedio.

Algunas necesitan hacer referencia a algún calibrado previo con pesos moleculares conocidos con anterioridad. Estas técnicas se llaman técnicas relativas.

Otras técnicas dan el peso molecular directamente. Estas últimas se llaman absolutas.

Prácticamente la mayoría de las técnicas necesitan la disolución del material polimérico (FOUSTER, J. y otros, 1985).

Métodos más usuales para la caracterización del peso molecular		*Tipo de Promedio*
Análisis de grupos finales	Métodos químicos y radioquímicos	M_n
	Métodos espectroscópicos (UV, IR, NMR)	M_n
Métodos termodinámicos basados en propiedades coligativas	Osmometría de membrana	M_n
	Osmometría de presión	M_n
	Ebulloscopia, Crioscopia	M_n
Propiedades de transporte	Viscosidad	M_v
	Dispersión de luz	M_w
	Cromatografía líquida (GPC-SEC)	Varios
	Ultracentrifugación	Varios

El control tradicional de polimerizaciones se sigue mediante toma de muestra, caracterización "off-line" en laboratorio y registro manual de resultados. Esta práctica persiste debido a que muchas propiedades de los polímeros son difíciles de medir incluso "off-line"

Las técnicas más utilizadas en estos procesos son (PAINTER P.C. y otros, 2002):

- La espectrometría de masas, espectroscopía RMN C (Resonancia Magnética Nuclear),
- GC (Cromatografía de gases),
- HPLC (Cromatografía Líquida de alta resolución),
- GPC (Cromatografía de Permeabilidad en gel)
- FTIR (IR mediante Transformada de Fourier).

Los procesos de curado se estudian mediante técnicas mecánicas y térmicas, tales como:

- TGA (Análisis Termogravimétrico),
- DTA (Análisis Térmico Diferencial)
- DSC (Calorimetría de Barrido Diferencial) y
- DMA (Análisis Mecánico Dinámico).

Las técnicas y procesos antes mencionadas para la determinación de pesos y procesos de curado respectivamente, solo son mencionadas, y la descripción de cada una de ellas escapa al alcance del presente trabajo.

II.6. PROPIEDADES MECÁNICAS DE LOS POLÍMEROS.

Se consideran como fundamentales:

- Resistencia a tracción
- Elongación
- Densidad

Resulta de interés estudiar cómo son las deformaciones en los procesos de solicitación. La elongación es un tipo de deformación. La deformación es simplemente el cambio en la forma que experimenta cualquier material bajo tensión.

Por lo general, se habla de porcentaje de elongación, que es el largo de la muestra después del estiramiento (L), dividido por el largo original (LO), y multiplicado por 100.

Existen diferentes comportamientos de los elementos compuestos por polímeros relacionadas con la elongación.

Dos mediciones importantes son la elongación final y la elongación elástica.
La elongación final es crucial para todo tipo de material. Representa cuánto puede ser estirada una muestra antes de que se rompa. La elongación elástica es el porcentaje de elongación al que se puede llegar, sin una deformación permanente de la muestra. Es decir, cuánto puede estirársela, logrando que ésta vuelva a su longitud original luego de suspender la tensión. Esto es importante si el material es un elastómero. Los elastómeros tienen que ser capaces de elongarse lo suficiente y luego recuperar su longitud original. La mayoría de ellos pueden estirarse entre el 500% y el 1000% y volver a su longitud original sin inconvenientes (SHACKELFORD JAMES F. 2002).

Los elastómeros deben exhibir una alta elongación elástica. Pero para algunos otros tipos de materiales, como los plásticos, por lo general es mejor que no se estiren o deformen tan fácilmente. Si se desea saber cuál es la capacidad de deformación bajo estado tensionales, la relación modular es un buen parámetro para evaluarlo.

Como toda estructura, tendrá una respuesta frente a las cargas propias, de los periodos elásticos y plásticos, como así también los de fluencia del material.

En general, las fibras poseen los módulos tensiles más altos, y los elastómeros los más bajos, mientras que los plásticos exhiben módulos tensiles intermedios. A diferencia de los metales y mayoría de los cerámicos que presentan cristalización completa (excepto el vidrio) los polímeros solidifican sin llegar a una cristalización total. Las propiedades de los polímeros son absolutamente dependientes de su cristalinidad. Las propiedades ópticas de los polímeros más cristalinos están afectadas producto del índice de refracción entre la fase vítrea (amorfa) y la fase cristalina, dando lugar a un material opaco o traslúcido, donde los cristales están dispersos en la fase amorfa, y siendo más frágiles. En general a mayor densidad o a mayor número de cristales habrá un mayor índice de refracción. Los polímeros transparentes son materiales más amorfos, con cristalinidad mínima o nula y más flexibles. (BRESCIA, F. y otros, 1977).

II.6.1. Los termoplásticos

Al aplicar un esfuerzo presentan una deformación elástica, derivada de la deformación de los enlaces y movimientos recuperables de las cadenas y una deformación plástica producto del deslizamiento de las cadenas unidas por las fuerzas de Van der Waals o por puente de hidrógeno.

Debe recordarse que la temperatura juega un rol importante en el comportamiento plástico de los polímeros asociados a la viscosidad del sistema. Así al aumentar la temperatura disminuye la viscosidad y por ende aumenta la facilidad para que se produzca el deslizamiento de las cadenas. El efecto de la temperatura sobre la viscosidad es idéntica que en los vidrios (Fórmula Nº II.3) (SHACKELFORD JAMES F., 2002)

$$\eta = \eta_0 \exp (E_\eta / RT) \quad \textit{Fórmula Nº II.3}$$

Donde η_0 y E_η son constantes que dependen del tipo de polímero

Tabla Nº II.3 - Propiedades de los termoplásticos. (Fuente: SHACKELFORD JAMES F., 2002)

POLIMERO	RESISTENCIA A TRACCION (psi)	ELONGACION (%)	MODULO DE ELASTICIDAD (ksi)	DENSIDAD (g/cm3)
Polietileno				
Baja densidad	600-3000	50-800	15-40	0.92
Alta densidad	3000-5500	15-130	60-180	0.96
Clor. Polivinilideno	5000-9000	2-100	300-600	1.40
Polipropileno	4000-6000	10-700	160-220	0.90
Poliestiereno	3200-8000	1-60	380-450	1.06
Polimetilmetacrilato	6000-12000	2-5	350-450	1.22
Cloruro polivinilo	3500-5000	160-240	50-80	1.15
Policlorotrifluoretileno	4500-6000	80-250	150-300	2.15
Politetrafluoretileno	2000-7000	100-400	60-80	2.17
Poliéter	9500-12000	25-75	520	1.42
Pliamida (Nylon)	11000-12000	60-300	400-500	1.14
Poliéster (Dacrón)	8000-10500	50-300	400-600	1.36
Policarbonato	9000-11000	110-130	300-400	1.20
Celulosa	2000-8000	5-50	200-250	1.30

II.6.2. Termofijos

Este tipo de polímeros se forma a partir de cadenas lineales unidas o enlazadas en forma cruzada dando lugar a una cadena tridimensional: se obtienen usualmente vía condensación y también por adición. El calor y la presión son factores importantes en su formación como por ejemplo en el caucho.

Así por ejemplo los fenólicos se producen por reacción de condensación entre el fenol y el formaldehído (H-CHO) donde inicialmente el fenol aporta hidrógeno del anillo (2 fenoles) y el formaldehído el oxígeno. La reacción procede estableciéndose puentes (CH2) entre los anillos. Las resinas fenólicas se usan como adhesivos.

También se encuentran las aminas que se producen por la reacción entre urea-formaldehído o melamina formaldehído y los poliésteres que forman cadenas a partir de ácido y alcohol vía policondensación (SHACKELFORD JAMES F., 2002).

Tabla Nº II.4 - Propiedades de los termofijos. (Fuente: SHACKELFORD JAMES F)

POLIMERO	RESISTENCIA A TRACCION (psi)	ELONGACION (%)	MODULO DE ELASTICIDAD (ksi)	DENSIDAD (g/cm3)
Fenólicos	5000-9000	0-2	400-1300	1.27
Aminas (Melamina)	5000-10000	0-1	100-1600	1.50
Poliésteres	6000-13000	0-3	300-650	1.28
Epoxídicos	4000-15000	0-6	400-500	1.25
Uretanos	5000-10000	3-6	-	1.30
Furanos	3000-4500	-	1580	1.75
Siliconas	3000-4000	0	1200	1.55

II.6.3. Elastómeros

En los elastómeros que pueden ser de origen natural o sintético se encuentran cadenas lineales de una gran deformación elástica. Son cadenas poliméricas enrolladas en las que al aplicar un esfuerzo se verifica una deformación elástica recuperable y un grado de deformación plástica por el deslizamiento entre cadenas. Se bloquea esta deformación plástica utilizando átomos o moléculas de dimensiones menores como por ejemplo azufre en el caucho o polisopreno vía proceso de vulcanización por calor y presión. Se produce así el ligamento cruzado o crosslinking, dando lugar a una red tridimensional. Tabla Nº II.5 (SMITH WILLIAMS F., 2001).

Tabla Nº II.5 - Propiedades de elastómeros. (Fuente: SMITH WILLIAMS F., 2001)

POLIMERO	TRACCION (psi)	ELONGACION (%)	DENSIDAD g/cm3
Poliisopreno	3000	800	0.93
Polibutadieno	3500	-	0.94
Polibutileno	4000	350	0.92
Policloropreno	3500	800	1.24
Butadieno-Estireno	600-3000	600-2000	1.00
Butadieno-Acrilonitrilo	700	400	1.00
Silicona	350-1000	100-700	1.50

II. 7. FABRICACION DE POLÍMEROS AFINES CON LOS LIGANTES ASFÁLTICOS ARGENTINOS

La presente investigación trata sobre un microconcreto discontinuo elaborado con un asfalto modificado con caucho reciclado de neumáticos. Se pretende aquí analizar los polímeros vírgenes como el butadieno o el estireno, que resultan ser la base del desarrollo de los cauchos compatibles y dispersables en los ligantes asfálticos argentinos.

La justificación de cómo se prueba la compatibilidad polímero-asfalto, se verá en próximos capítulos.

En este apartado se señala el proceso de fabricación de estos polímeros que serán estudiados con posterioridad.

II.7.1. Obtención de butadieno

El butadieno es producido primariamente como un subproducto en el vapor del craqueo de hidrocarburos para producir etileno. Excepto bajo raras circunstancias del mercado, el butadieno es casi exclusivamente manufacturado por este proceso en los Estados Unidos, oeste de Europa y Japón, (TADMOR ZEHEV y otros, 1979).

En la siguiente figura se presenta el esquema de fabricación del butadieno, siendo alguna de sus etapas:

A: 1° Torre de extracción
B: Remoción de solvente
C: 2° Torre de extracción
F: Torre de recuperación solvente

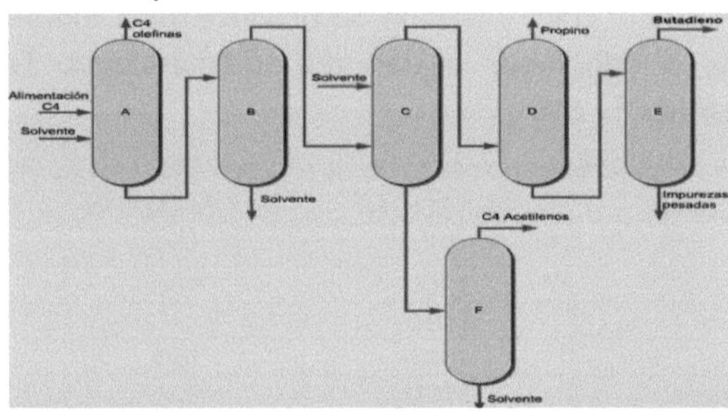

Figura Nº II.18 - Esquema de fabricación. (Fuente: TADMOR ZEHEV, 1979)

El craqueo de vapores de hidrocarburos es una compleja reacción endotérmica de pirólisis. Durante la reacción, la alimentación de hidrocarburos, es calentada a aproximadamente 800 °C y 0,34 atm por lo menos durante un segundo para que las uniones carbono-carbono y carbono-hidrógeno se rompan. Como resultado se obtiene una mezcla de olefinas, aromáticos, alquitranes y gases. Estos productos son enfriados y separados en cortes de diferentes rangos de ebullición, C1, C2, C3, C4, etc. La fracción C4 contiene butadieno, isobutileno, 1- buteno, 2- buteno y algún otro hidrocarburo menor. El rendimiento total de butadieno depende de los parámetros con los cuales se desarrolla el proceso y la composición de la alimentación. Generalmente los vapores de crackeo más pesados producen mayores cantidades de butadieno como subproducto. El proceso de separar el butadieno de los otros componentes de la fracción C4 es principalmente realizada comercialmente por la extracción líquida-líquida (destilación extractiva). Los solventes más comúnmente utilizados son el acetonitrilo y dimetilformamida, los cuales tienen mayor afinidad por el butadieno, (BRESCIA, FRANK y otros, 1977).

II.7.2. Obtención de estireno

La manufactura del estireno se realiza principalmente por el método de la deshidrogenación del etilbenceno. Este proceso es simple en concepto:

$$C_6H_5CH_2CH_3 \rightleftharpoons C_6H_5CHCH_2 + H_2$$

Figura Nº II.19 - Proceso del estireno. (Fuente: TADMOR Z., 1979)

La deshidrogenación del etilbenceno a estireno toma lugar con un catalizador de óxido de hierro y otro de óxido de potasio, en un reactor de lecho fijo a una temperatura entre 550 – 680 °C en presencia de vapor y a baja presión (0,41 atm), dado que bajas presiones favorecen el avance de la reacción.

Los principales subproductos que se obtienen en el reactor de deshidrogenación son tolueno y benceno.

La Figura Nº II.20 muestra una típica unidad de deshidrogenación.

El etilbenceno y el reciclado de etilbenceno es combinado con vapor y precalentado por intercambio de calor con el producto a la salida del reactor. Antes de entrar el reactor se mezcla con más vapor que sale de un sobrecalentador que eleva la temperatura del vapor a 800 °C. Esta mezcla es alimentada a los reactores donde se produce la reacción. El efluente del reactor pasa por un intercambiador de calor donde es refrigerado. El condensado es separado en gas de venteo (mayormente hidrógeno), agua de proceso y fase orgánica. El gas de venteo es removido por un compresor para ser usado como combustible o para recuperación de hidrógeno. El agua de proceso es separada de materiales orgánicos y reutilizada. La fase orgánica es bombeada con inhibidores de polimerización a un tren de destilación (TADMOR ZEHEV y otros, 1979).

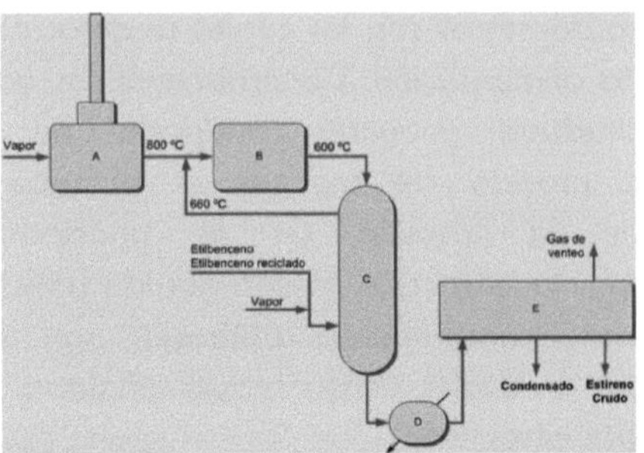

Figura Nº II.20 - Unidad de deshidrogenación. (Fuente: TADMOR ZEHEV, 1979)
A: sobrecalentador; B: reactor; C: intercambiador; D: condensador; E: tambor

En el tren de destilación los subproductos benceno y tolueno son recuperados en la parte superior de la columna benceno-tolueno. Las colas de la columna benceno tolueno son destiladas en una columna de reciclado del etilbenceno donde se efectúa la separación del etilbenceno del estireno. El etilbenceno que contiene por encima de un 3% de estireno es conducido a la sección de deshidrogenación donde es reciclado. Las colas que contienen estireno, subproductos más pesados que el estireno, polímeros, inhibidor y por encima de 1000 ppm de etilbenceno son bombeados a la columna de acabado de estireno. El producto que sale de la parte superior de la columna de destilación es estireno puro. Las colas son procesadas en un sistema de recuperación de residuos (destilación flash o una columna pequeña de destilación) para separarlo de los productos pesados, polímeros e inhibidor. El residuo es usado como combustible. Figura Nº II.21 (BRESCIA, FRANK y otros, 1977).

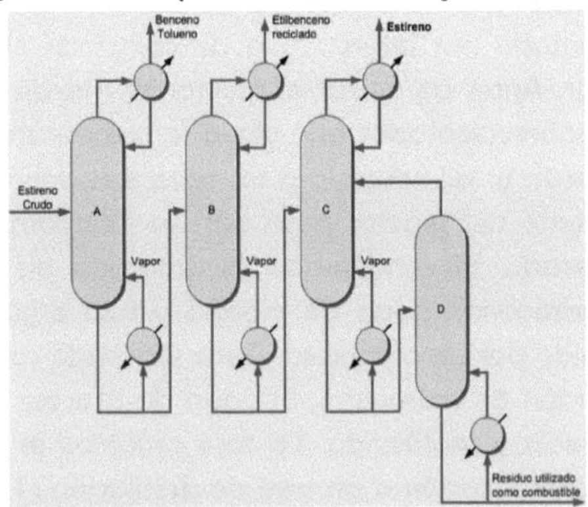

Figura Nº II.21- Producción de estireno. (Fuente: BRESCIA, FRANK, 1977)

II.8. DETERIORO DE LOS POLIMEROS

La deformación y fractura de un plástico se originan a causa de fuentes externas de esfuerzos. Sin embargo, la integridad de un polímero puede también desaparecer por reacciones que son básicamente de carácter químico, o sea por rotura de enlaces. Se usa el término degradación para describir una amplia categoría de cambios indeseables, desde una escisión hasta una hinchazón.

Los polímeros se degradan por varios mecanismos. El más severo es el de separación, en el que las uniones intermoleculares se rompen por efecto de una alta energía local. Sin embargo, esta energía está disponible en la luz ultravioleta y en los neutrones, por lo que no sorprende que la presencia de éstos en el medio ambiente afecte significativamente a los polímeros. Un segundo tipo de deterioro es la hinchazón, en la que pequeñas moléculas de soluto penetran entre las macromoléculas. Se pueden seleccionar polímeros que resulten resistentes a la hinchazón, a través de enlaces cruzados, su composición o su cristalinidad (SMITH WILLIAMS F, 2001).

II.8.1. Separación

Los plásticos que contienen moléculas grandes tienen mayor resistencia a la deformación que los que contienen pequeñas moléculas. La reacción puede ser reversible y entonces ocurre la despolimerización. Esto requiere un consumo considerable de energía, debido a que 6,25 x 10-19 joules son necesarios para romper un enlace del tipo C-C. Este valor puede parecer pequeño, pero si lo compara con las 3,1 x 10-22 joules necesarios para aumentar la temperatura de un polietileno de 5º a 35ºC, se ve que se requieren 2000 veces más energía para romper la unión promedio C-C de un mero que para elevar la temperatura de aquellos átomos en 30ºC.

Las fuentes locales de alta energía necesarias para romper enlaces dentro de una cadena polimérica, pueden ser fotones luminosos u otras radiaciones similares. La luz ultravioleta tiene fotones con energía de 6,6 x 10-19 joules, un poco más de lo necesario para poder romper los enlaces C-C. La luz visible posee apenas la mitad de energía que posee la luz ultravioleta; sin embargo, conforme llega y golpea al enlace C-C, existe todavía una probabilidad de que el enlace se rompa debido a que los

6,25 x 10-19 joules antes citados, son únicamente una energía promedio. En cualquier instante, pocos enlaces pueden poseer más energía que la promedio, y, por lo tanto, se requiere menos del promedio de energía por enlace para la separación. Por supuesto, un momento después, dicho enlace puede requerir apreciablemente más de esta energía promedio, por enlace, para la ruptura (PAINTER P.C. y otros, 2002).

II.8.2. Hinchazón

Los procesos de separación descritos anteriormente, rompen los enlaces intermoleculares. Un segundo método de deterioro involucra micromoléculas que entran como solutos entre las macromoléculas para hacer imposible un contacto de polímero a polímero. En efecto, esto es una rotura de los enlaces intermoleculares, aunque tenemos que admitir que estos enlaces, de por sí, son relativamente débiles.

De manera intencional se agregan micromoléculas a los materiales poliméricos para hacerlos más flexibles. Sin embargo, esto no es siempre deseable. Considérese un alcohol polivinilo, (C2H3R)n, siendo el radical R un –OH. Las moléculas de agua pueden quedar absorbidas entre las cadenas de vinilo. Esto llevará a un debilitamiento y a una hinchazón del polímero. De igual manera, y a menos que se hagan las adaptaciones estructurales necesarias, las moléculas de petróleo pueden quedar absorbidas dentro de una manguera de gasolina, lo que produce una hinchazón reduciendo la utilidad de la manguera.

Por supuesto estas hinchazones no son compatibles con las especificaciones de ingeniería, ya que las moléculas quedan unidas entre sí. También, los plásticos cristalizados están menos sujetos que los polímeros amorfos a la hinchazón, debido a que los plásticos cristalizados tienen más cerradas sus estructuras intermoleculares. Afortunadamente, el ingeniero puede escoger entre un gran número de polímeros para evitar la hinchazón. Las moléculas pequeñas se distribuyen, ellas mismas, más fácilmente, entre las macromoléculas cuando los dos tipos son químicamente similares. Por ejemplo, el alcohol polivinilo, (C2H3-OH)n, y el agua, H-OH, descritos anteriormente, están muy relacionados y por lo tanto el agua es absorbida entre estas moléculas de vinilo. De manera parecida, los fluidos de hidrocarburos petrolíferos son absorbidos por los cauchos de origen hidrocarburo.

Donde la hinchazón es crítica, dichas similitudes se deben evitar a través de una selección cuidadosa de los polímeros (SHACKELFORD JAMES F., 2002).

II.8.3. Degradación microbiana y polímeros biodegradables

El ataque de una diversidad de insectos microbianos es una forma de deterioro en los polímeros.

Los relativamente simples como el polietileno, el polipropileno y el polietileno, los de alto peso molecular, los cristalinos y los termoestables, son relativamente inmunes al ataque. Sin embargo hay algunos como el poliéster, los poliuretanos, los celulósicos y el cloruro de polivinilo plastificado que contienen algunos aditivos que reducen el grado de polimerización, que son particularmente vulnerables a la degradación microbiana. Estos polímeros pueden descomponerse por radiación o ataque químico en las moléculas de bajo peso molecular hasta que son lo suficientemente pequeños para ser procesados por los microbios como nutrientes.

Se aprovecha el ataque microbiano para producir polímeros biodegradables, ayudando así a eliminar materiales de la corriente de desperdicios. La biodegradación requiere la conversión completa del polímero en bióxido de carbono, aguas, sales inorgánicas y otros subproductos producidos por la degradación del material por las bacterias (STEVENS, M. P., 1990).

Sintetizando:

Existen diferentes polímeros cuya evolución en la historia, muestra las diferentes aplicaciones que la humanidad fue adoptando para los polímeros en sus productos.

La clasificación, descripción de sus comportamientos y fabricación de éstos, posibilita comprender la relación existente entre las diferentes cadenas poliméricas y sus propiedades químicas y físico mecánicas.

Las especificaciones argentinas establecen que la elaboración de un microconcretos, como el propuesto en la presente investigación, debe realizarse con asfalto modificado con polímero, como se verá en el capítulo VI, siendo este de alto costo.

Normalmente en argentina se usa el asfalto tipo AM3 fabricado a partir de un polímero virgen SBS, que se utiliza como blanco de comparación en el presente trabajo y se explica en el capítulo VIII.

Es por ello que las propiedades de los polímeros, como resultado de las técnicas de polimerización, son importantes para comprender el comportamiento y su afinidad con los asfaltos.

La presente investigación busca evaluar la posibilidad de utilizar un polímero proveniente de un desecho NFU, para ser incorporado en el ligante asfáltico que aglomera el microconcreto, y lograr características similares al elaborado con el asfalto tipo AM3.

Capítulo III. EL CAUCHO: ORÍGENES, LOS NEUMÁTICOS, AMBIENTE Y METODOS DE RECUPERACION Y TRATAMIENTOS.

III.1. EL CAUCHO

El caucho es una sustancia natural o sintética que se caracteriza por su elasticidad, repelencia al agua y resistencia eléctrica. El caucho natural se obtiene de un líquido lechoso de color blanco llamado látex, que se encuentra en numerosas plantas (TROPAC FREDERICK, 2001).

También puede ser caucho sintético que se prepara a partir de hidrocarburos insaturados (Engineering Plastics, Vol. 2, Engineered Materials Handbook 1999).

III. 2. CAUCHO NATURAL

En estado natural, el caucho aparece en forma de suspensión coloidal en el látex de plantas productoras de caucho. Una de estas plantas es el árbol de la especie Hevea Brasiliensis, de la familia de las Euforbiáceas, originario del Amazonas. Otra planta productora de caucho es el árbol del hule, Castilloa elástica, originario de México, muy utilizado desde la época prehispánica para la fabricación de pelotas, instrumento primordial del juego de pelota, deporte religioso y simbólico que practicaban los antiguos mayas. Sin embargo luego de actos de piratería inglesa se plantan en Indonesia, Malaysia, Tailandia, China y la India produciendo en la actualidad alrededor del 90% del caucho natural (Boletín De Recursos Naturales, 1998).

El caucho en bruto obtenido de otras plantas suele estar contaminado por una mezcla de resinas que deben extraerse para que el caucho sea apto para el consumo. Entre estos cauchos se encuentran la gutapercha y la balata, que se extraen de ciertos árboles tropicales, Figura Nº III.22 (TROPAC FREDERICK, 2001).

Figura Nº III.22 – Plantaciones de Hevea Brasiliensis

Para recoger el látex de las plantaciones, se practica un corte diagonal en ángulo hacia abajo en la corteza del árbol, hasta la albura, como se muestra en la figura Nº III.23. El corte tiene una extensión de un tercio o de la mitad de la circunferencia del tronco. El látex exuda desde el corte y se recoge en un recipiente, generalmente de aluminio. La cantidad de látex que se extrae de cada corte suele ser de unos 30 ml. Después se arranca un trozo de corteza de la base del tronco para volver a tapar el corte, normalmente al día siguiente. Cuando los cortes llegan hasta el suelo, se deja que la corteza se renueve antes de practicar nuevos cortes. Se plantan unos 250 árboles por hectárea, y la cosecha anual de caucho bruto en seco suele ser de unos 450 kg por hectárea. En árboles de alto rendimiento la producción anual puede llegar a 2.225 kg por hectárea, y se ha conseguido desarrollar ejemplares experimentales que alcanzan los 3.335 kg por hectárea. El látex extraído se tamiza, se diluye en agua y se trata con ácido para que las partículas en suspensión del caucho en el látex se aglutinen. Se prensa con unos rodillos para darle forma de capas de caucho de un espesor de 0,6 cm, y se seca al aire o con humo para su posterior distribución (FRIEDENTHAL E., 2004).

Figura Nº III.23 – Corte para la extracción del látex

Algunas propiedades y usos del caucho ya eran conocidas por los indígenas del continente americano mucho antes que, en 1492, los viajes de Colón llevaran el caucho a Europa. Los indios peruanos lo llamaban cauchuc, (impermeable), de ahí su nombre. Durante muchos años, los españoles intentaron imitar los productos resistentes al agua de los nativos (calzados, abrigos y capas) sin éxito. El caucho fue en Europa una mera curiosidad de museo durante los dos siglos posteriores.

En 1731, el gobierno francés envió en una expedición geográfica a América del Sur, al geógrafo matemático Charles Marie de La

Condamine. En el año 1736, hizo llegar a Francia varios rollos de caucho crudo junto con una descripción de los productos que fabricaban con ello las tribus del valle del Amazonas. Esto reavivó el interés científico por el caucho y sus propiedades. En 1770, el químico británico Joseph Priestley descubrió que frotando con caucho se borraban las marcas y trazos hechos con lápices, y de ahí surgió su nombre en inglés, rubber. La primera aplicación comercial del caucho la inició en 1791 el fabricante inglés Samuel Peal, que patentó un método para impermeabilizar tejidos, tratándolos con caucho disuelto en trementina. Charles Macintosh, químico e inventor británico, fundó en 1823 una fábrica en Glasgow para manufacturar tejidos impermeables y ropa para la lluvia, que lleva desde entonces su nombre (Encyclopedia Of Materials Science And Engineering. MIT Press Pergamon, Cambridge, 1999).

Durante la mayor parte del siglo XIX, los árboles tropicales de América del Sur continuaron siendo la fuente principal de obtención del caucho. En 1876, el explorador británico Henry Wickham recolectó unas 70.000 semillas del H. brasiliensis y, a pesar del rígido embargo que había, logró sacarlas de contrabando fuera de Brasil. Consiguió germinarlas con éxito en los invernaderos de los Reales Jardines Botánicos de Londres y las empleó para establecer plantaciones en Ceilán, y posteriormente en otras regiones tropicales de Asia. Desde entonces se han creado plantaciones similares, en un área que se extiende unos 1.100 km a ambos lados del Ecuador. Aproximadamente un 99% de las plantaciones de caucho están localizadas en el Sureste asiático. Intentos de introducir plantaciones en zonas tropicales de Occidente han fracasado a causa de la desaparición de árboles por una plaga en sus hojas, Figura Nº III.24 (Boletín De Recursos Naturales, 1998).

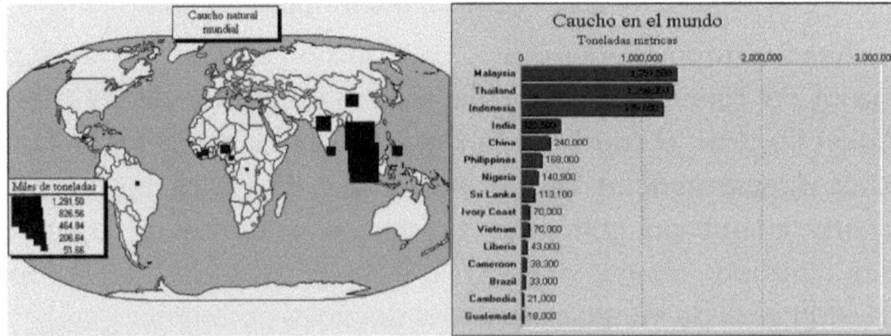

Figura Nº III.24 - Actual distribución de las plantaciones de caucho. (Fuente: Boletín 1998)

Friedenthal describe que la extensión de las zonas dedicadas al cultivo del caucho alcanzó su apogeo en los años inmediatamente anteriores a la II Guerra Mundial (1939-1945). En las posesiones británicas de la India, Ceilán (hoy Sri Lanka), Malasia y el archipiélago Malayo, las plantaciones llegaron a ocupar cerca de 1.820.000 hectáreas. En las Indias Orientales bajo dominio holandés (hoy Indonesia), una extensión de cultivos de 1.420.000 hectáreas completaba las 3.640.000 hectáreas del total mundial, antes de la gran destrucción de cultivos del Lejano Oriente durante la II Guerra Mundial (FRIEDENTHAL E., 2004).

La importancia política y económica del caucho natural se puso en evidencia durante la II Guerra Mundial cuando se terminó el suministro. Este fenómeno aceleró el desarrollo del caucho sintético en algunos países. En 1990, la producción mundial de caucho superó los 15 millones de toneladas métricas, de las cuales 10 millones fueron de caucho sintético (TROPAC, FREDERICK, 2001).

III.2.1. Propiedades físicas y químicas

El caucho bruto en estado natural es un hidrocarburo blanco o incoloro. El compuesto de caucho más simple es el isopreno o 2-metilbutadieno, cuya fórmula química es C5H8. Su aspecto, propiedades y comportamiento varían notablemente con la temperatura a que se expone. A la temperatura del aire líquido (alrededor de -195 ºC), el caucho puro es un sólido duro y transparente. De 0 a 10 ºC es frágil y opaco, y por encima de 20 ºC se vuelve blando, flexible y traslúcido. Al amasarlo mecánicamente, o al calentarlo por encima de 50 ºC, el caucho adquiere una textura de plástico pegajoso. A temperaturas de 200 ºC o superiores se descompone.

La densidad del caucho a 0ºC es de 0,950Kg/m3, y a 20ºC es de 0,934Kg/m3.

El caucho puro es insoluble en agua, álcali o ácidos débiles, y soluble en benceno, petróleo, hidrocarburos clorados y disulfuro de carbono. Con agentes oxidantes químicos se oxida rápidamente, pero con el oxígeno de la atmósfera lo hace lentamente (PAINTER P.C., 2002).

III.2.2. Desarrollo de los procesos de producción

En 1834, el químico alemán Friedrich Ludersdorf y el químico estadounidense Nathaniel Hayward descubrieron que si le añadía azufre a la goma de caucho, reducía y eliminaba la pegajosidad de los artículos fabricados con ese material. En 1839, el inventor estadounidense Charles Goodyear, basándose en las averiguaciones de los químicos anteriores, descubrió que calentando caucho con azufre desaparecían las propiedades no deseables del caucho, en un proceso denominado vulcanización. El caucho vulcanizado tiene más tenacidad, elasticidad y mayor resistencia a los cambios de temperatura que el no vulcanizado; además es impermeable a los gases y resistente a la abrasión, a la acción de deterioros químicos, calor y electricidad. También posee un alto coeficiente de rozamiento en superficies secas y un bajo coeficiente de rozamiento en superficies mojadas por agua (SHACKELFORD, JAMES F. 2002).

En la fabricación moderna de artículos de caucho natural se trata el caucho con otras sustancias. La mezcla se procesa mecánicamente sobre una base, colocándose luego en moldes para su posterior vulcanizado.

En la mayoría de los casos el caucho bruto se mezcla con aditivos. Existen sustancias aditivas que le permiten poseer mayor elongación sin necesidad de endurecerlo, como es el caso del carbonato de calcio y la barita o sulfato de bario. Otros aditivos reforzantes también se añaden para dar mayor dureza "shore" al producto final, como el negro de humo, óxido de cinc, carbonato de magnesio y ciertas arcillas. Otras sustancias que se emplean son pigmentos, como el óxido de cinc, el litopón y muchos tintes orgánicos, y ablandadores, que se usan cuando el caucho es demasiado rígido para mezclarse, como son ciertos derivados del petróleo (aceites y ceras), la brea de pino o los ácidos grasos (SMITH WILLIAMS F., 2001).

Sin embargo, el principal agente vulcanizante sigue siendo el azufre. El selenio y el teluro también se emplean, pero generalmente con una elevada proporción de azufre. En la fase de calentamiento del proceso de vulcanización, se mezcla el azufre con el caucho a la vez que con el resto de aditivos. La proporción azufre-caucho varía entre un 1:40 para el caucho blando hasta un 1:1 en el caucho duro. La vulcanización en frío, que se utiliza para fabricar artículos de caucho blando como guantes y artículos de lencería, se lleva a cabo por exposición al vapor de cloruro de azufre (S_2Cl_2). Los agentes aceleradores de la vulcanización que se empleaban en un principio eran solamente óxidos metálicos como el blanco de plomo y la cal. A partir de los descubrimientos de Oenslager se empezaron a utilizar una gran variedad de aminas orgánicas (ELDIN, N. N. y otros, 1993).

III.2.2.1. Máquinas masticadoras

Según Friedenthal, antes de mezclarlo con otras sustancias, el caucho es sometido a un proceso de trituración, llamado masticación, que lo vuelve suave, pegajoso y plástico. En este estado el caucho está en mejores condiciones para mezclarse con otras sustancias como pigmentos, agentes vulcanizantes y otros aditivos secos (FRIEDENTHAL ESTEBAN, 2004).

III.2.2.2. Máquinas mezcladoras

El siguiente paso del proceso es la utilización de las máquinas mezcladoras. Éstas se asemejan a las máquinas masticadoras, ya que en ambos casos tienen dos rodillos, pero en las mezcladoras éstos giran en sentidos opuestos, y en las masticadoras los rodillos giran en la misma dirección pero a diferente velocidad. También se utilizan máquinas mezcladoras de cilindros cerrados, para elaborar disoluciones y pegamentos de caucho mezclado con disolventes.

Estos productos líquidos del caucho se emplean en tejidos impermeables y en artículos a los que se da forma introduciendo un molde en la disolución, como en el caso de los guantes de goma. Sin embargo, en la mayoría de los casos, los ingredientes se mezclan en frío para su posterior satinación, extrusión u otro proceso previo a la vulcanización (FRIEDENTHAL ESTEBAN, 2004).

III.2.2.3. Satinación

Una vez plastificado y mezclado con otros ingredientes, el caucho pasa a un proceso de satinación o extrusión, dependiendo del uso que se le quiera dar.

Las satinadoras son máquinas que consisten en tres, cuatro o cinco rodillos del mismo diámetro. La velocidad de rotación y la distancia entre los rodillos son regulables, según el producto que se desee elaborar. Las satinadoras se usan para producir láminas de caucho con o sin dibujos, como las estrías en los neumáticos de los automóviles, para comprimir el caucho y darle textura de tejidos o cuerdas, y para revestimiento del caucho con más capas. Los productos obtenidos con las satinadoras pasan generalmente por otros procesos, como en el caso de la fabricación de neumáticos, antes de su vulcanización (TROPAC, FREDERICK, 2001).

III.2.2.4. Extrusión

En este proceso se prensa el caucho a través de troqueles, haciendo tiras aplastadas, tubulares o de una forma determinada. Se emplea este proceso en la fabricación de tuberías, mangueras y en productos para sellar puertas y ventanas. También existen procesos de extrusión específicos para el revestimiento de fibras en forma de tubo para mangueras a presión (FRIEDENTHAL ESTEBAN, 2004).

III.2.2.5. Vulcanización

Una vez fabricados, la mayoría de los productos del caucho se vulcanizan bajo presión y alta temperatura. Muchos productos se vulcanizan en moldes y se comprimen en prensas hidráulicas, aunque la presión necesaria para una vulcanización eficaz se puede conseguir sometiendo el caucho a la presión externa o interna del vapor durante el calentamiento. Algunos tipos de mangueras para jardinería están revestidas con plomo, y se vulcanizan haciendo pasar vapor a alta presión por la abertura de la manguera, comprimiéndose la manguera de caucho contra el plomo. Una vez acabado el proceso, el plomo se saca de la manguera y se funde para volverlo a usar. Del mismo modo se emplea el revestimiento de estaño para producir ciertos tipos de aislamiento eléctrico de alta capacidad (TADMOR ZEHEV, 1979).

III.2.3. Aplicaciones

Comparado con el caucho vulcanizado, el caucho no tratado tiene muy pocas aplicaciones. Se usa en cementos, cintas aislantes, cintas adhesivas y como aislante para mantas y zapatos.

El caucho vulcanizado tiene otras muchas aplicaciones. Por su resistencia a la abrasión se utiliza en los neumáticos de los automóviles y en cintas transportadoras, carcasas de equipos, tuberías, juguetes, calzado, piezas de automóviles, entre otros.

Por su resistencia al agua y a la mayoría de los productos químicos líquidos se aprovecha para fabricar por ejemplo, ropa impermeable, trajes de buceo, tubos para química y medicina, revestimientos de tanques de almacenamiento y máquinas procesadoras.

Por su resistencia a la electricidad, el caucho blando se utiliza en materiales aislantes, guantes protectores, zapatos y mantas; el caucho duro se usa para las carcasas de teléfonos, piezas de aparatos de radio, medidores y otros instrumentos eléctricos. El coeficiente de rozamiento del caucho, alto en superficies secas y bajo en superficies húmedas, se aprovecha para correas de transmisión y cojinetes lubricados con agua en bombas para pozos profundos (FRIEDENTHAL ESTEBAN, 2004).

III.3. CAUCHO SINTETICO

Puede llamarse caucho sintético a toda sustancia elaborada artificialmente que se parezca al caucho natural. Se obtiene por reacciones químicas, conocidas como condensación o polimerización, a partir de determinados hidrocarburos insaturados. Los compuestos básicos del caucho sintético llamados monómeros, tienen una masa molecular relativamente baja y forman moléculas gigantes denominadas polímeros. Después de su fabricación, el caucho sintético también se vulcaniza (SEYMUR, R. B., 1995).

El origen de la tecnología del caucho sintético se puede situar en 1860, cuando el químico británico Charles Hanson Greville Williams descubrió que el caucho natural era un polímero del monómero isopreno, cuya fórmula química es $CH_2\text{-}C(CH_3)CH\text{-}CH_2$. Durante los setenta años siguientes se trabajó en el laboratorio para sintetizar caucho utilizando isopreno como monómero. También se investigaron otros monómeros, y durante la I Guerra Mundial químicos alemanes polimerizaron dimetilbutadieno (de fórmula $CH_2\text{-}C(CH_3)C(CH_3)\text{-}CH_2$), y consiguieron sintetizar un caucho llamado caucho de metilo, de pocas aplicaciones.

Hubo que esperar hasta 1930 para que dos químicos, el estadounidense Wallace Hume Carothers y el alemán Hermann Staudinger, investigaran y contribuyeran al descubrimiento de los polímeros como moléculas gigantes, en cadena, compuestas de un gran número de monómeros. Entonces se consiguió sintetizar caucho de monómeros distintos al isopreno.

La investigación iniciada en Estados Unidos durante la II Guerra Mundial condujo a la síntesis de un polímero de isopreno con una composición química idéntica al caucho natural (TROPAC FREDERICK, 2001).

III.3.1. Tipos de caucho sintético

En la actualidad se producen varios tipos de caucho sintético, entre ellos: neopreno, buna, caucho de butilo y otros cauchos especiales.

Neopreno

Uno de los primeros cauchos sintéticos logrados gracias a la investigación de Carothers fue el neopreno, el polímero del monómero cloropreno, de fórmula química CH2-C(Cl)CH-CH2.

Las materias primas del cloropreno son el etino y el ácido clorhídrico. El neopreno fue desarrollado en 1931 y es resistente al calor y a productos químicos como aceites y petróleo. Se emplea en tuberías de conducción de petróleo y como aislante para cables y maquinaria (TADMOR ZEHEV, 1979).

Buna o caucho artificial.

En 1935 químicos alemanes sintetizaron el primero de una serie de cauchos sintéticos llamados Buna, obtenidos por copolimerización, que consiste en la polimerización de dos monómeros denominados co-monómeros.

La palabra Buna se deriva de las letras iniciales de butadieno, uno de los comonómeros, y natrium (sodio), empleado como catalizador. En el Buna-N, el otro comonómero es el acrilonitrilo (CH2-CH(CN)), que se produce a partir del ácido cianhídrico. El Buna-N es muy útil en aquellos casos que se requiere resistencia a la acción de aceites y a la abrasión (BAUMANN ANDREAS y otros, 2000).

Caucho de butilo.

Este tipo de caucho sintético, producido por primera vez en 1949, se obtiene por copolimerización de isobutileno con butadieno o isopreno. Es un plástico y puede trabajarse como el caucho natural, pero es difícil de vulcanizar. Aunque no es tan flexible como el caucho natural y otros sintéticos, es muy resistente a la oxidación y a la acción de productos corrosivos. Debido a su baja permeabilidad a los gases, se utiliza en los tubos interiores de las llantas de automóviles (FRIEDENTHAL ESTEBAN, 2004).

Caucho SBR.

El caucho estireno butadieno más conocido como caucho SBR es un copolímero (polímero formado por la polimerización de una mezcla de dos o más monómeros) del estireno y el 1,3-butadieno, estos se presentan en la figura Nº III.25. Este es el caucho sintético más utilizado a nivel mundial.

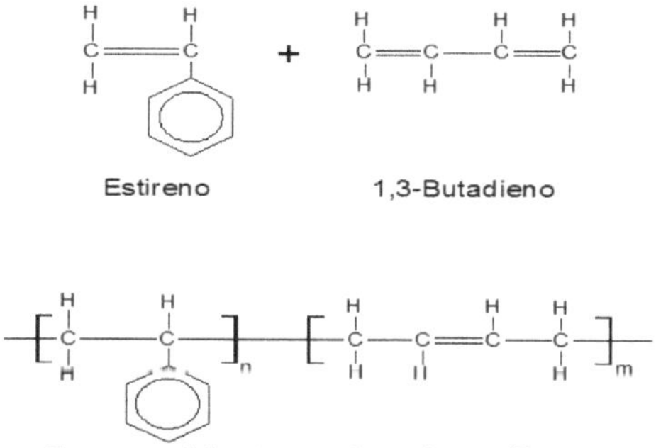

Estireno 1,3-Butadieno

Figura Nº III.25. - Esquema del estireno y butadieno. (Fuente: FRIEDENTHAL ESTEBAN, 2004)

Entre las principales variantes se encuentran (FRIEDENTHAL ESTEBAN, 2004):

- El copolímero estadístico de estireno/butadieno (SBR) (75% de butadieno en peso) se usa principalmente en cubiertas de automóviles livianos, puro o mezclado con goma natural.
- El polibutadieno da a los neumáticos gran resistencia a la abrasión, excelente resistencia en condiciones de baja temperatura (la mejor de las gomas de usos múltiples) y muy buen comportamiento de envejecimiento. Sin embargo, exhibe baja adherencia a una superficie húmeda, generando deslizamiento. Por eso se emplea mezclada con SBR o bien goma natural.
- El cis-1,4 poli-isopreno es una réplica casi perfecta de la goma natural, y por lo tanto puede sustituirla sin dificultad alguna.
- Las gomas obtenidas por copolimerización de etileno/propileno y denotadas EP son incompatibles con otros elastómeros de usos múltiples. También son difíciles de vulcanizar y carecen de

adherencia. La introducción de un termonómero (hexadieno, diciclopentadieno) permite la vulcanización por el proceso usual con azufre, pero aumenta los costos significativamente.

- El policloropreno o neopreno se usa en una amplia variedad de aplicaciones relacionadas con su resistencia a los aceites y solventes.

De acuerdo con el código del International Institute of Synthetic Rubber Producers (Instituto Internacional de Productores de Goma Sintética, IISRP), los copolímeros de SBR se clasifican en diferentes categorías:

- SBR serie 1000: Copolímeros obtenidos por copolimerización en caliente.
- SBR serie 1500: Copolímeros obtenidos por copolimerización en frío. Sus propiedades dependen de la temperatura de reacción y del contenido de estireno y emulsificante. La variación de estos parámetros afecta el peso molecular y por lo tanto las propiedades de la mezcla vulcanizada.
- SBR serie 1700: SBR 1500 extendida con aceite.
- SBR series 1600 y 1800: Se mezcla negro de carbón con goma SBR 1500 durante la producción mediante la incorporación de una dispersión acuosa de negro de carbón con el látex de SBR previamente extendido con aceite. Se obtiene una mezcla maestra cercana al producto final luego de la coagulación y secado.

En la siguiente tabla se puede ver una comparación entre las propiedades del caucho natural y el SBR. De su análisis se puede decir que el SBR necesita de otros polímeros para poder dar una prestación en los neumáticos.

Tabla Nº III.6–Comparación propiedades caucho natural y SBR. (Fuente: FRIEDENTHAL ESTEBAN, 2004)

Propiedades	Caucho natural	SBR
Rango de Dureza shore A	20-90	40-90
Resistencia a la rotura	Buena	Regular
Resistencia abrasiva	Excelente	Buena
Resistencia a la compresión	Buena	Excelente
Permeabilidad a los gases	Regular	Regular

III.4. EL CAUCHO SBR

Salvo cuestiones de detalle o magnitud, los cauchos SBR se procesan en los mismos equipos y del mismo modo que el caucho natural.

La primera diferencia radica en que requieren menos masticación inicial para un adecuado procesamiento posterior (en algunos casos casi ninguno) de modo que permiten un mayor rendimiento del equipo de mezclado. En cambio requieren algo más de potencia y generan más calor durante el mezclado. Dado que su viscosidad es más constante y menos sensible a la masticación mecánica, permiten establecer condiciones de trabajo normalizadas con menor riesgo de variación incluso frente a desviaciones del procesamiento.

Otra diferencia que se puede establecer entre el SBR y el caucho natural es el menor nivel de pegajosidad en crudo del primero. Si se requiere aumentarla, se deberán utilizar resinas que favorezcan esta característica, en tipo y cantidad acordes con las necesidades en proceso.

Debido a su mayor capacidad de carga (negro de humo), los SBR pueden mezclarse con secuencia invertida, ciclo "up-side down", en menor tiempo y con óptima dispersión de mezclado.

Sus propiedades de extrusión son superiores a las del caucho natural por tener menor tendencia a la prevulcanización (excepto que el nivel y tipo de negro de humo influya más que el caucho en este aspecto) (FRIEDENTHAL ESTEBAN, 2004).

III.4.1. Propiedades de rotura

Se ha mencionado anteriormente que, debido a que su estructura molecular no permite la cristalización, los cauchos SBR no tienen buenas propiedades mecánicas por sí solos y requieren altos volúmenes de carga reforzante en los compuestos. El tamaño de partícula del negro de humo empleado juega un papel importante en la carga de rotura de los compuestos de caucho SBR. Los compuestos que contienen negros de humo de tamaño de partícula pequeño, dan los valores más altos en carga óptima; con un exceso de negro de humo, más allá de un cierto nivel, la carga de rotura comienza a decrecer (ASKELAND DONALD R., 2001).

III.4.2. Propiedades dinámicas

Las propiedades dinámicas del caucho SBR limitan su uso para aplicaciones donde la generación de calor debido a solicitaciones cíclicas es importante: debido a su gran fase plástica, los vulcanizados de SBR tienen alta histéresis. Quizás este comportamiento sea la diferencia más grande que, con respecto a las propiedades dinámicas, tenga el caucho SBR con respecto al natural. Esta desventaja del SBR es crítica, cuando se trata de artículos de goma de gran espesor, sometidos a esfuerzos repetitivos debido a la mala conductividad térmica de la goma y a su consecuente ineficiencia en la disipación de calor.

Ante el fenómeno de fatiga, el SBR tiene una gran resistencia al agrietamiento pero falla en materia de crecimiento de grietas o cortes, debido a sus relativamente bajas propiedades de rotura. Todas estas desventajas se pueden mejorar combinando las propiedades de los diferentes cauchos en mezclas de SBR/NR, en proporciones que dependen de los requisitos y condiciones de uso a que van a someterse los compuestos (FRIEDENTHAL ESTEBAN, 2004).

III.4.3. Degradación

De los dos tipos de degradación se puede afirmar que el caucho SBR aventaja al natural tanto en resistencia a la reversión como en resistencia al ozono, y envejecimiento oxidativo en general.

Su resistencia al ozono le da mayor posibilidad de uso en artículos expuestos a la intemperie cuando no hay razones que justifiquen el uso de otro elastómero más resistente

III.4.4. Abrasión

El caucho SBR tiene buena resistencia al desgaste, especialmente a aquel que responda más a mecanismos de fatiga por rozamiento. En este sentido se comporta mejor que el caucho natural y de ahí su adopción casi universal en las bandas de rodamiento para neumáticos de automóviles, (su alta histéresis, que se manifiesta en una mayor generación de calor, restringe su uso en cubiertas de vehículos pesados, donde el espesor de la banda de rodamiento no permite disipar el calor en perjuicio de la resistencia y duración del casco de la cubierta). Su resistencia a la abrasión se incrementa de acuerdo al tipo y cantidad de negro de humo empleado y se puede mejorar notablemente si se utiliza el SBR combinado con caucho polibutadieno en la formulación (International Tire And Rubber Association Foundation, Inc. 2005).

III.4.5. Procesos de fabricación

Las proporciones respectivas de butadieno y estireno en el copolímero son de aproximadamente 75% y 25% en peso para un caucho SBR sintético. Este tipo de goma es fabricado mediante dos tipos de procesos industriales (TADMOR ZEHEV, 1979).

- Procesos en los cuales la polimerización se lleva a cabo por medio de radicales libres en emulsión en agua y a baja temperatura (polimerización en emulsión en frío). Notar que el método de polimerización en caliente (goma caliente) que usaba persulfatos como iniciadores, se descartó en favor de la polimerización en frío, que se difundió con la adopción de sistemas REDOX.
- Procesos de polimerización en solución aniónica.

En la siguiente tabla se encuentran las propiedades de cauchos SBR obtenidos por ambos procesos:

Tabla Nº III.7 - Diferencias de propiedades según proceso. (Fuente: TADMOR ZEHEV, et al, 1979)

Propiedades	Emulsión en frío	Solución
Resistencia a la tensión (Kg/cm^2)	211	227
Elongación a la rotura (%)	380	470
Módulo (300%) (Kg/cm^2)	155	137
Resistencia al desgarro (a 20°C) (lb/in)	320	310

El proceso de emulsión en frío es la técnica más usada, y representa el 90% de la capacidad de producción mundial. Todos los procesos son continuos y generalmente están altamente automatizados. Tienen la capacidad de producir muchos tipos de SBR.

Los licenciatarios del proceso son: Firestone Tire and Rubber Company (Compañía Firestone de Neumáticos y Goma, USA), Goodrich (USA), Polymer Corporation (Canadá), e International Synthetic Rubber (Goma Sintética Internacional, Reino Unido) (International Tire And Rubber Association Foundation, Inc. 2005).

La Tabla Nº 8 incluye las materias primas necesarias para producir un caucho SBR de la serie 1500.

Tabla Nº III.8 Insumos del SBR serie 1500. (Fuente: Institute of Synthetic Rubber Producers)

Producto	Partes en peso
Butadieno	72
Estireno	28

Se adicionan además, agua, jabón de ácidos grasos que actúan como emulsificante, dodecil mercaptán, hidróxidos de P-mentano, sulfato ferroso y sulfoxilato de sodio.

III.5. NEUMÁTICOS

En los vehículos de la actualidad las prestaciones son muy elevadas y cada vez le dan más importancia a las funciones que cumplen las ruedas, las cuales tienen la misión de soportar el vehículo, transmitir la fuerza del motor, asegurar la dirección y el frenado obteniendo así un máximo control sobre el vehículo.

La importancia de un buen neumático radica en que este es el único medio de contacto entre el vehículo y el suelo, y ejerce las siguientes funciones:

- Soportar el peso del vehículo. De ahí que todos los vehículos no deben llevar el mismo tipo de neumático.
- Mantener el vehículo en la trayectoria requerida por el conductor.
- Participar en la sujeción del vehículo ante la tendencia del mismo a salirse en las curvas debido a la fuerza centrífuga.
- Soportar el vehículo cuando está parado, pero también en movimiento, y tiene que resistir las transferencias de cargas en la aceleración y el frenado. Un neumático de coche soporta más de 50 veces su peso.
- Amortiguar las irregularidades de la carretera, garantizando la comodidad del conductor y de los pasajeros así como la longevidad del vehículo.
- Conservar las prestaciones al mejor nivel durante millones de vueltas de rueda. El desgaste del neumático depende de sus condiciones de uso pero, sobre todo, de la calidad del contacto con el suelo. La presión juega por tanto un papel esencial. Actúa sobre:
- El tamaño y la forma de la zona de contacto.
- La distribución de esfuerzos sobre los distintos puntos del neumático.

III.5.1. Composición del neumático

El caucho bruto se amasa en molinos de masticación y mezcla, que consiste en dos rodillos girando a diferentes velocidades, como ya se mencionó anteriormente. El caucho se ablanda a causa de la rotura de sus largas moléculas en otras más cortas.

Después de ser amasado se agregan:

- Negro de carbón
- Óxido de zinc
- Azufre
- Caucho regenerado y ablandadores

Cada uno de estos ingredientes cumple una finalidad determinada. El negro de carbón sirve para aumentar la resistencia a la abrasión; el óxido de zinc es un acelerador de vulcanización y el caucho regenerado se utiliza para disminuir el costo del neumático acabado.

Los productos químicos que actúan como aceleradores se incorporan para acortar el tiempo de vulcanización y para proteger el caucho acabado del envejecimiento por la acción de la luz y del aire.

Los ablandadores o plastificantes son aceites minerales o vegetales, ceras y alquitranes.

De las máquinas de masticación, el caucho pasa a través de calandrias, que consisten en tres rodillos huecos colocados uno encima del otro. Así el caucho está obligado a laminarse en hojas finas; entre los rodillos se introducen también tejidos de algodón, con el objeto de que el producto sea una lámina fina adherida al tejido (PERKINS CEDRON, 1983).

El tejido cauchado se corta en tiras; de esta manera las cuerdas estarán formando un ángulo y tendrán mayor resistencia. Se da forma a las tiras sobre un núcleo de hierro para obtener el armazón del neumático. Alrededor del armazón se da forma a la superficie de rodadura, que es una tira de caucho masticado y compuesto; finalmente también se aplica al borde. El borde es una tira de caucho muy duro que lleva hilos de alambre y forma el borde del neumático que en contacto con la pestaña de la rueda. El neumático montado se coloca en un molde en el que se ha tallado el patrón de la rodadura. El calor que se ha suministrado por vapor y la presión hacen que el azufre vulcanice el caucho. El neumático se inspecciona y se envuelve para su distribución. (Rubber & Plastic News, 1998b).

La composición final del neumático podrá ser según se indica en la Tabla Nº III.9.

Tabla Nº III.9 – Composición típica del neumático. (Fuente: Rubber & Plastic News, 1998b)

COMPONENTES	TIPO DE VEHICULOS. % EN PESO AUTOMOVIL	CAMIONES	FUNCION
Caucho	48	45	Deformación estructural
Negro de humo	22	22	Mejora la resist. a la oxidación
Óxido de zinc	1,2	2,1	Catalizador
Materia textil	5	0	Esqueleto estructural
Acero	15	25	Esqueleto estructural
Azufre	1	1	Vulcanización
Otros	1,2		Juventud

Analizando los elementos que componen un neumático, y de acuerdo a la composición arriba mencionada, se llega al siguiente gráfico, en el cual se ve en forma porcentual los valores correspondientes a cada uno de ellos.

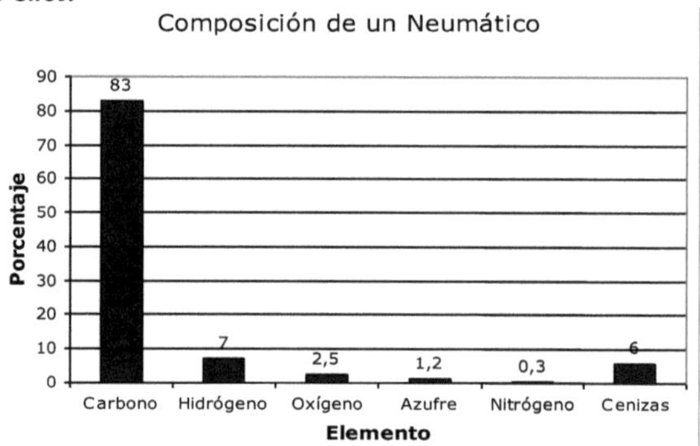

Figura Nº III.26 – Composición típica del neumático. (Fuente: HERBERT F. LUND, 2003)

Existe otro tipo de material para construir neumáticos, el caucho artificial que se obtiene en su mayoría del petróleo bruto. El SBR o "Bruna S" a base de estireno y butadieno, que se ha descripto anteriormente, es el que más se ha venido empleando para la banda de rodadura de los neumáticos, con un 30 % más de duración que el caucho natural. La mitad aproximadamente del consumo actual de caucho procede de variedades sintéticas.

Los ablandadores están compuestos principalmente por aceites de hidrocarburos aromáticos, que junto con los polímeros, dan al neumático un valor calorífico relativamente alto. (HERBERT F. LUND, 2003)

III.5.2. Partes del neumático

Esencialmente una rueda neumática consiste en un volumen teórico de aire a sobrepresión, que es el que absorbe las irregularidades del pavimento, contribuyendo así, junto con la suspensión, al confort de los ocupantes del vehículo.

Este volumen de aire puede estar encerrado en una cámara de goma asimismo teórica, que se monta sobre una llanta metálica solidaria con el eje de la rueda. En las zonas que no están en contacto con la llanta, la cámara está protegida por la cubierta, en la que se pueden diferenciar cuatro partes principales (ARIAS PAZ, 1995).

La carcasa

La estructura textil, tiene por objeto, impedir la expansión de la cámara por la sobrepresión del aire y proporcionan así una estabilidad dimensional al conjunto.

Sus materiales pueden ser: Tejido de rayón, nailon o poliéster.

La banda de rodamiento

Es la parte externa circunferencial de la cubierta, se ubica sobre la carcasa y evita la fricción de ésta sobre el pavimento. Tiene una elevada resistencia a la abrasión, lo que reduce al mínimo el desgaste por fricción; tiene además por función la adherencia, evacuación del agua, confort acústico.

Sus materiales pueden ser: Caucho natural, caucho sintético, negro de humo, sustancias de vulcanización y protección contra el envejecimiento.

Los flancos o costados de la cubierta

Tienen por misión proteger la carcasa de los efectos de la intemperie y contra eventuales laceraciones mecánicas que podrían producirse, por ejemplo el rozamiento de los bordillos de las aceras.

Sirve de unión entre la banda de rodamiento y los talones.

Contiene las marcas de identificación de la cubierta.

Sus materiales pueden ser: Caucho natural, caucho sintético, negro de humo, sustancias de vulcanización y protección contra el envejecimiento.

Los talones

Son los elementos rígidos de la cubierta, que se adaptan a las pestañas de la llanta e impiden que la cubierta pueda ser desalojada de ésta como consecuencia de las deformaciones.

Sus materiales pueden ser: Goma dura, hilos de acero.

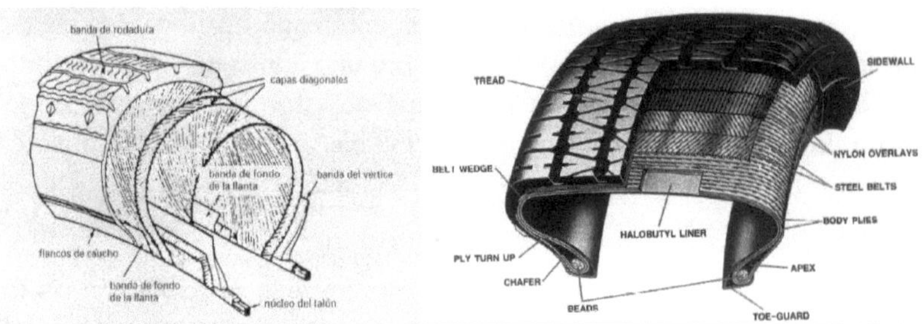

Figura Nº III.27. Esquema de un neumático. (Fuente: ARIAS PAZ, 1995)

III.5.3. Tipos de neumáticos y su fabricación

Las cámaras se fabrican por extrusión, en forma de tubo continuo obtenido con una extrusora con boquilla circular y con entalcado interior, para evitar que las paredes se adhieran entre sí al colapsarse el tubo por su propio peso. El tubo se corta en segmentos de longitud correspondiente al desarrollo de la cámara y se practica un taladro en la pared para el acoplamiento de la válvula. Estas se preparan en una operación separada, en la que se moldea sobre ellas una base de goma adherida químicamente al cuerpo central metálico para aumentar la superficie de cuerpo central metálico, para incrementar también la superficie de contacto con la cámara y asegurar así la fijación. Seguidamente a los bordes de ambos extremos del segmento se pegan entre sí en máquinas automáticas y finalmente se vulcaniza la cámara en una prensa mecánica (ARIAS PAZ, 1995).

Las cámaras se fabrican de caucho natural o más frecuentemente de caucho butílico, por su menor permeabilidad al aire y mejor resistencia al envejecimiento.

En las llamadas cubiertas sin cámara ("tube-less") lo que en realidad se hace es integrar la cámara en la propia cubierta, de manera que una capa interna de ésta está constituida por una lámina de 1,5-2,5 mm de espesor de un material poco permeable al aire.

La función de esta lámina es no sólo contribuir de un modo sustancial a mantener inflado el neumático, sino además evitar que el aire a presión se difunda en la cubierta y pueda causar despegues entre los componentes de la misma.

Naturalmente, en las cubiertas sin cámara la válvula se monta directamente sobre la llanta, con un dispositivo que asegure una fijación estanca.

La ventaja de las cubiertas sin cámara es que hacen mucho menos probable la pérdida brusca de presión del neumático por rotura de la cámara, el clásico "reventón". En efecto, éste tiene lugar porque, en caso de un desgarro importante de la cámara por penetración de un cuerpo extraño o por otra eventualidad, el aire escapa muy rápidamente por la holgura entre la válvula y la llanta.

Según la estructura de la carcasa se distinguen dos grandes grupos de cubiertas:

- Cubiertas convencionales o diagonales
- Cubiertas radiales

En las cubiertas convencionales la carcasa está formada por varias capas, llamadas generalmente telas o lomas, cuyos hilos discurren oblicuamente desde un talón al opuesto, siendo la inclinación de los hilos de cada capa con respecto a la línea central circunferencial exactamente la contraria de la inclinación de los hilos de las capas adyacentes.

Las cubiertas radiales tienen un número menor de telas; sus hilos discurren radialmente de talón a talón.

En ambos casos las telas se pliegan sobre sí mismas en la zona del talón, después de haber dado la vuelta alrededor de los arcos metálicos de éste, con el fin de obtener una fijación de las telas en el conjunto de las cubiertas.

Además, las cubiertas radiales tienen un cinturón dispuesto debajo de la banda de rodamiento, cuyos hilos van en sentido casi circunferencial, con un ángulo muy agudo respecto a la línea central y que es también opuesto en las sucesivas capas que constituyen el cinturón (Catálogo De Neumáticos Michelín, 2000).

Un elemento fundamental de la carcasa, cualquiera que sea el tipo de cubierta, es el tejido cord. La diferencia principal respecto a un tejido ordinario es que consta casi exclusivamente de urdimbre, con sólo un hilo de trama cada 15-20 mm para mantener la disposición paralela de manipulación. El tejido cord se engoma en calandra, de tal manera que cada hilo esté completamente recubierto de goma, con objeto de impedir el rozamiento de un hilo con los adyacentes durante el funcionamiento de la cubierta, que conduciría rápidamente a su rotura. De ahí la razón de suprimir la trama, ya que en un tejido cuadrado normal es imposible recubrir los hilos en los puntos de entrecruzamiento trama-urdimbre. Algunos fabricantes han llegado a una supresión total de la trama, pero obliga a disponer de instalaciones especiales antes de la calandra, para mantener el paralelismo y la separación adecuada de los hilos de urdimbre antes de su fijación relativa por la película de mezcla aplicada en el calandro.

Para la fabricación del tejido cord, en el momento actual todavía se utiliza algo de rayón y en medida cada vez mayor poliésteres, empleándose poliamidas (nylon) en algunos casos especiales (por ejemplo neumáticos de alta velocidad). Un cierto número de filamentos continuos de estos materiales, a cada uno de los cuales se ha aplicado previamente un grado determinado de torsión, son retorcidos conjuntamente para formar un cabo, y varios de tales cabos se retuercen a su vez para formar la urdimbre del tejido cord (Scrap Tires Characteristics, Rubber Manufactures Association, 2001).

III.5.4. Nomenclatura de un neumático

Los neumáticos se identifican con la nomenclatura que se presenta en la Figura Nº III.28 (PERKINS CEDRÓN 1983).

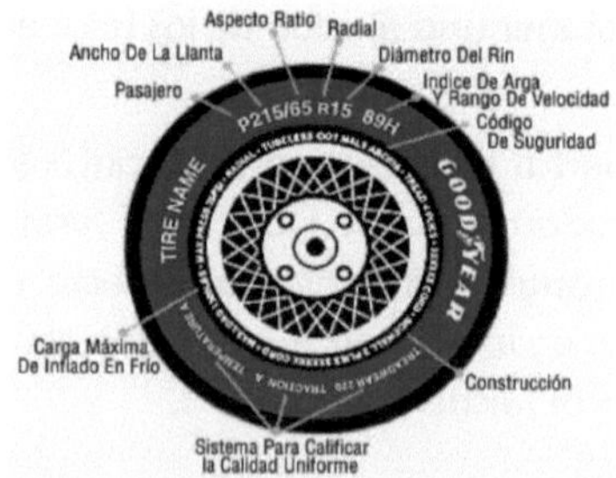

Figura Nº III.28 -Nomenclatura de un neumático. (Fuente: PERKINS C., 1983)

- "P" es la inicial de pasajero (automóvil).
- "215" representa el ancho del neumático en milímetros.
- "65" es la proporción dimensional (altura/ancho); la altura de esta llanta es 65% de su ancho o sea 139,75 mm.
- La "R" significa radial. La "B" en lugar de la "R" significa que el neumático está construido con capas de cinturones colocados en direcciones opuestas. La "D" en lugar de la "R" quiere decir que la construcción es diagonal.
- 15" es el diámetro de la rueda en pulgadas.
- Este neumático contiene una descripción de servicio en relación a las clasificaciones de carga y velocidad. El número "89" corresponde a la carga estándar máxima de 1,279 libras. La "H" corresponde al servicio de velocidad estándar máximo de la industria de 210 kilómetros por hora.
- Los neumáticos que usen un sistema europeo antiguo tienen el nivel de velocidad en la descripción de tamaño: 215/65HR15.
- Las letras "DOT" certifican el cumplimiento con todos los estándares de seguridad aplicables establecidos por el Departamento de Transporte de los Estados Unidos (DOT por sus siglas en inglés). Adyacente a éste hay una identificación del neumático o número de serie; una combinación de números y letras con hasta 11 dígitos.
- La pared lateral externa también muestra el tipo de cuerda y el número de capas en la pared lateral externa y bajo el ribete.
- La carga máxima se muestra en lb (libras) y en Kg (kilogramos), mientras que la presión máxima en PSI (libras por pulgada cuadrada) y en kPa (kiloPascales) (PERKINS CEDRÓN 1983).
- También existe un indicador de desgaste. Entre 1,5mm y 2,0mm para diferentes marcas de neumáticos; generalmente en neumáticos livianos es 1,6mm.

III.5.5. Generación de neumáticos.

La generación nacional de neumáticos fuera de uso es de aproximadamente 100.000 toneladas anuales, de las cuales 38.000 corresponden a la Ciudad de Buenos Aires y Gran Buenos Aires, 8000 corresponden a Córdoba; como se presentan en el Figura Nº III.29 (INTI 2005).

Dicho de otra manera, se desechan 12.000.000 de neumáticos anuales; esto equivale a una tasa de generación de 0,35 neumáticos/año por habitante, (CARRASCO ORLANDO, 2001).

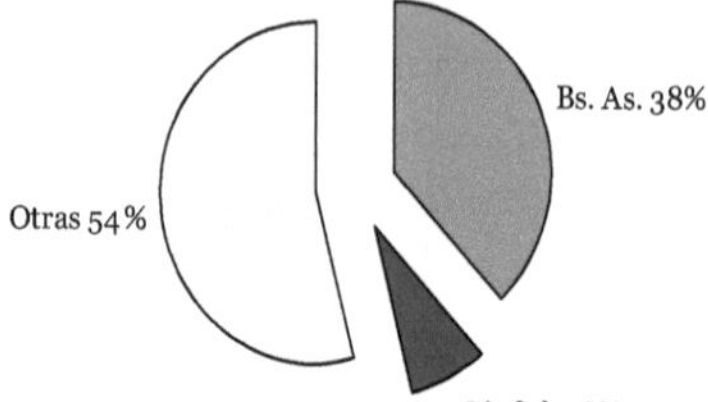

Figura Nº III.29 - Generación de neumáticos en Argentina.

Los porcentajes por destinos de los neumáticos fuera de uso en nuestro país durante 2003 fueron los siguientes: recauchutado (11,1%), reciclaje (1,5%), valorización energética (4,6%) y vertido (82,8%), como se presentan en el Figura Nº III.30.

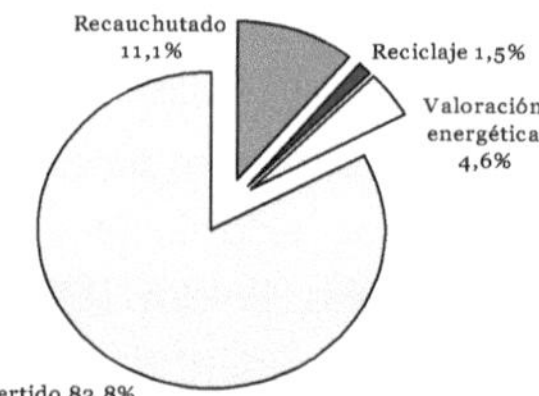

Figura Nº III.30 - Destino de los Neumáticos en Argentina.

Por su parte la Unión Europea genera otros 120 millones de neumáticos anuales. De los cuales 20 millones corresponden a España, como se representan en el Figura Nº III.31. (HERBERT F. LUND, 2003)

A la vez que en el Reino Unido se desechan 25 millones de neumáticos al año. Ver Figura Nº III.31 (Revista carreteras, 2002)

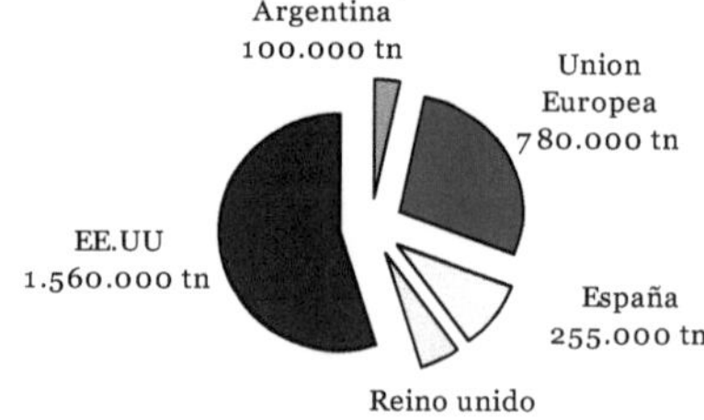

Figura Nº III.31 - Neumáticos desechados en el mundo.

La comparación de los valores medios de los porcentajes por destino en la Unión Europea arrojan los siguientes valores: reciclaje (18%), valorización energética (20%) y vertido (40%), representados en el Figura Nº III.32, mientras que en España estos porcentajes por destino son: reutilización (20%) y vertido en basurales (80%). Ver Figura Nº III.33. En la actualidad, fuentes consultadas de universidades españolas manifiestan conservar esta tendencia. (Universidad Politécnica de Madrid).

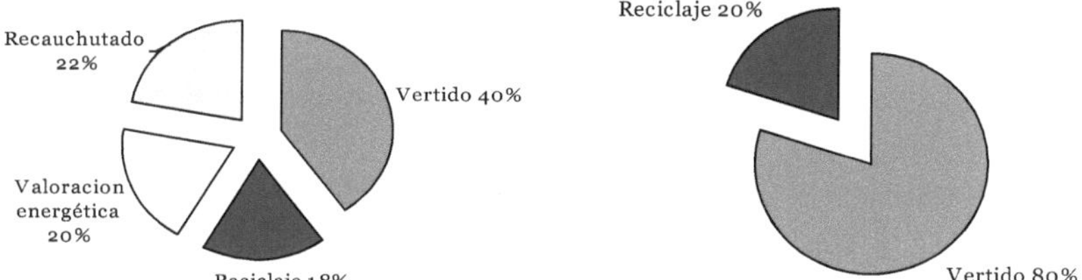

Figura Nº III.32: Izq. Destino Neumáticos en la Unión Europea. Figura Nº III.33: Der. Destino Neumáticos en España.

En Estados Unidos, en 1984, la generación anual de neumáticos usados estuvo en torno a 1,05 neumáticos por habitante. Esta tasa de generación ha ido incrementándose, en 1987 se estimó en 1,15 y en 1990 llego a 1,25 neumáticos usados por habitante, año que se desecharon aproximadamente 278 millones de neumáticos. Actualmente, con una generación anual de 240 millones de neumáticos, alrededor de 34,5% de ellos son reutilizados, reciclados o recuperados. El restante 66,5% se evacuan a vertederos o se almacenan junto con los 2000 – 3000 millones de neumáticos usados que ya están almacenados, como se representan en el Figura Nº III.34.

A nivel internacional no existen estadísticas fiables sobre estimaciones de producción de neumáticos usados, aunque los datos de que se disponen indican que ésta puede rondar los 5.000.000 Tn/año (HERVÁS RAMÍREZ LORENZO, 2006).

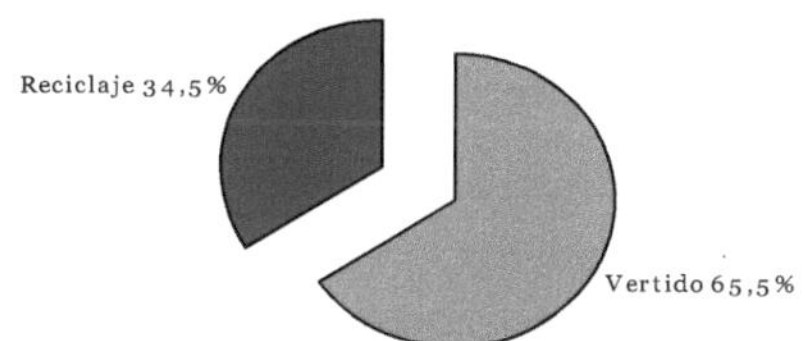

Figura Nº III.34 - Destino Neumáticos en EE.UU.

Se estima que el neumático usado medio, de un coche o de un camión ligero, pesa aproximadamente 9,5kg. Los neumáticos industriales y de camiones pueden pesar desde 16Kg hasta más de 100Kg. Además, que un 85% de todos los neumáticos usados proceden de coches o camionetas, y un 14% de camiones pesados. El 1% restante son neumáticos especiales para motocicletas, aviones, equipos de construcción, entre otros. (HERBERT F. LUND, 2003)

Figura Nº III.35 - (A) Vista de depósito de neumáticos en New York (1992) - (B) Vista en Municipio de La Matanza (2006).

III.6. MEDIO AMBIENTE

III.6.1. Energía a partir de combustibles fósiles. Desarrollo sostenible.

La utilización de la energía influye prácticamente en todos los ámbitos medioambientales. La carrera energética emprendida para satisfacer las necesidades industriales ha conducido al desarrollo económico; el acceso a nuevas formas de energía ha constituido la llave para mejorar la calidad de los habitantes de este planeta. Sin embargo, esta carrera energética ha originado al mismo tiempo un elevado costo medioambiental: escapes de petróleo, erosión del suelo por procesos de minería, contaminación acuática y atmosférica y amenaza de calentamiento global debido a la acumulación de dióxido de carbono, y otros gases invernaderos. Un suministro de energía constante, barato y en expansión entra muy frecuentemente en conflicto con el medioambiente.

El desarrollo sostenible es un tema de gran interés en la mayoría de los debates medioambientales. Este concepto parte de las premisas:

- La velocidad de utilización de la naturaleza, por parte del hombre, debe permitir su regeneración.
- Ningún contaminante deberá producirse a un ritmo superior al que pueda ser reciclado, neutralizado o absorbido por el medio ambiente.

- Ningún recurso no renovable deberá aprovecharse a mayor velocidad de la necesaria para sustituirlo por un recurso renovable utilizado de manera sostenible.
- El desarrollo sostenible implica el mantenimiento de los recursos para futuras generaciones.

Un gran número de compañías ha adoptado ya la filosofía englobada en el desarrollo sostenible, protegiendo el medioambiente mediante la adopción de acciones que van más allá de los requerimientos legales. El novedoso campo de la Industria Ecológica contribuye al desarrollo sostenible mediante la aplicación de estrategias de disminución del consumo de materiales.

La utilización de la energía plantea graves problemas en cuanto a la conservación de un desarrollo sostenible. La quema de los depósitos terrestres de petróleo, gas y carbón es claramente una práctica contraria al desarrollo sostenible. La razón más importante para disminuir su empleo es que elevan la concentración de CO_2, producto final del proceso de combustión.

En cualquier caso los combustibles fósiles no son una fuente inagotable de energía, su tiempo de duración puede ser de décadas o de siglos, dependiendo de las políticas energéticas.

Actualmente nuestra dependencia de combustibles fósiles – petróleo, gas y carbón – es enorme. Hace siglo y medio dependíamos casi exclusivamente de la madera como combustible, posteriormente y durante la revolución industrial, la madera fue sustituida por el carbón. En los últimos cincuenta años y en la actualidad, las fuentes dominantes de energía son el gas y el petróleo. Esto es solo una fase más de nuestra historia, ya que los combustibles fósiles se agotarán y darán paso a otras formas de energía. Las estimaciones sobre disponibilidad de una fuente de energía es función de la cantidad de dinero y esfuerzo (energía) requerido para extraer ese tipo particular de energía. Por ejemplo al agotarse los yacimientos de crudo cercanos a la superficie terrestre, hace inminente la explotación de yacimientos en depósitos profundos y en los océanos, tarea que resulta menos rentable. Es necesario establecer un límite. Si la energía necesaria para extraer y refinar el crudo supera su contenido energético, el proceso no resulta rentable. Estas limitaciones del tipo práctico se han ido solventando con los nuevos avances tecnológicos:

mejoras en los métodos de explotación y técnicas de extracción. Estos avances han tenido como consecuencia un incremento en la utilización de combustibles fósiles con el paso del tiempo. A pesar de ello, si el consumo de crudo continúa aumentando la duración de las reservas de petróleo no será superior a unas cuantas décadas.

El suministro energético y la sustitución de recursos están muy influenciados por la velocidad de utilización de la energía. Una reducción del consumo energético disminuye el impacto medioambiental, alarga las reservas e incrementa el tiempo disponible para el desarrollo de nuevas tecnologías. (THOMAS G. SPIRO WILLIAM M. STIGLIANI, 2004).

La sustitución de polímero virgen por uno reciclado como es el triturado de neumáticos en la modificación de asfaltos, es una técnica que apunta a reducir el consumo del polímero virgen, siendo este fabricado a partir del petróleo, y a su vez reemplazar una pequeña porción de asfalto por un residuo (neumático), repercutiendo en la cantidad de asfalto a utilizar y por lo tanto en su origen el petróleo. Es decir esta sustitución no solo permite una utilización de los neumáticos fuera de uso, con su disminución sobre los efectos en el ambiente, sino también reducir el consumo de petróleo como resultado de sustituir dos materiales que tienen su origen en él; y por tanto, con un pequeño aporte, alargar el tiempo de las reservas y con ello la aparición de nuevas tecnologías para un uso más eficaz de la energía y otras que permitan disminuir o sustituir la dependencia de los combustibles fósiles.

III.6.2. Neumáticos: residuo y sus efectos en el ambiente

Los neumáticos usados constituyen, hoy en día, uno de los problemas más acuciantes ya que por sus características merecen una atención especial. No se trata de un residuo catalogado como peligroso, pero sí de gestión especial dentro de los asimilables a urbanos.

La competencia de gestión recae en los Municipios, que por sí mismo no pueden asumirla en forma adecuada por imposibilidad técnica y económica. Debido a esto la administración debiera asistir en la planificación para la recogida y tratamiento de estos residuos, en la que necesariamente deberán intervenir las empresas productoras y distribuidoras de neumáticos (CARRASCO, ORLANDO, 2001).

Actualmente los neumáticos usados encuentran destinos muy diferentes y usos muy diversos. Algunas toneladas de estos residuos son utilizadas como combustible en hornos en algunos países, en gran parte ilegales y sin ningún tipo de control medioambiental, lo que provoca graves episodios de emisiones contaminantes. Otra gran cantidad se depositan en naves y espacios abiertos a la espera de un tratamiento de "recauchutado" que no siempre llega; esta acumulación da lugar a la aparición de roedores e insectos (en especial mosquitos), así como evaluación del riesgo de incendios de difícil control.

Por otro lado, si estos neumáticos tienen como destino final su disposición en vertederos, esto trae inconvenientes como: debido a su forma y composición, los neumáticos no pueden ser fácilmente compactados, ni se descomponen. Por lo tanto, los neumáticos usados consumen más cantidades considerables de espacio en los vertederos. Con la capacidad disminuyendo en la mayoría de los vertederos, y con los costos de evacuación para los residuos sólidos urbanos (RSU) incrementándose, ya no se aceptan materiales voluminosos.

Además, debido a su forma hueca, los neumáticos pueden atrapar aire y otros gases, lo que les convierte en boyas y con el tiempo, "flotan" a la superficie, rompiendo la cubrición del vertedero. Estas aperturas exponen al vertedero a roedores, insectos y pájaros, y permiten el escape de gases, todos ellos procesos indeseables. Estas aperturas también abren vías para que la precipitación entre en el vertedero, creando líquidos no deseados (lixiviados). (HERBERT F. LUND, 2003)

Por estas razones, la Comunidad Económica Europea ha declarado a los residuos de neumáticos como tema prioritario a resolver, conjuntamente con los hidrocarburos halogenados en la presente década.

La gestión de los neumáticos en Europa sigue estas líneas de posibilidades (En Pocas Palabras, 2006):

Tabla Nº III.10 – Esquema de la Comunidad Europea. (Plan Gira. Fuente: En Pocas Palabras, 2006)

Jerarquía Europea

<table>
<tr><th colspan="3">GESTIÓN
(en orden de prioridad)</th><th>Técnica o Proceso</th><th>Ejemplos</th></tr>
<tr><td colspan="2">PREVENCIÓN</td><td>PREVENCIÓN, MINIMIZACIÓN</td><td colspan="2">· Fabricación de neumáticos más duraderos
· Empleo de materiales reciclados
· Diseño de neumáticos fácilmente reciclables.</td></tr>
<tr><td rowspan="5">VALORIZACIÓN</td><td rowspan="4">VALORIZACIÓN MATERIAL</td><td rowspan="2">REUTILIZACIÓN</td><td>Aplicaciones directas (segundos usos)</td><td>· Protección: circuitos carreras, en postes de seguridad, en barcos, etc..
· Construcción de muros de contención
· Barreras en muelles costeros.
· Barreras acústicas
· Drenaje lixiviados CER</td></tr>
<tr><td>Recauchutado y reesculturado</td><td>· Alarga la vida del neumático</td></tr>
<tr><td rowspan="2">RECICLAJE</td><td>Regeneración</td><td>· Fabricación nuevos neumáticos</td></tr>
<tr><td>Triturado y separación (obtención polvo de caucho)</td><td>· Pavimentos carreteras
· Pistas deportivas
· Alfombrillas</td></tr>
<tr><td>VALORIZACIÓN ENERGÉTICA</td><td>INCINERACIÓN QUEMA, COMBUSTIÓN, PIRÓLISIS,..</td><td colspan="2">Los neumáticos son una compleja mezcla de hidrocarburos, metales, azufre, plastificantes y aditivos,.. se emplean o han empleado en su fabricación hasta 200 componentes diferentes. Las emisiones producidas en la combustión o incineración de neumáticos son, entre otras, las siguientes sustancias: Monóxido de carbono, Dióxido de carbono, Dióxido de azufre, Óxidos de nitrógeno, Óxidos de zinc, Xileno, Benceno, Fenoles, Hidrocarburos aromáticos policíclicos, Óxidos de plomo, Hollín, Pireno, Tolueno, Naftaleno, Furanos, Benzopireno.
(En Aragón no está autorizada esta práctica).</td></tr>
<tr><td colspan="2">ELIMINACIÓN</td><td>DEPÓSITO EN VERTEDERO CONTROLADO</td><td>Triturado y/o depósito en vertedero controlado.</td><td>Los vertederos no admitirán NFU a partir del 16 de julio de 2006.</td></tr>
</table>

III.6.3. Alternativas de recuperación

Las dos únicas posibilidades de reutilización de neumáticos usados, como tales neumáticos sin variar su estructura son:

- Recauchutado
- Utilización directa

III.6.3.a. Recauchutado

Consiste en sustituir la banda de rodamiento desgastada por una nueva, lo que permite que se prolongue la duración del resto de la cubierta por un período similar a la duración de una cubierta nueva y con prácticamente las mismas prestaciones.

Entre las ventajas del recauchutado se pueden citar (Info About Recycling, 2002):

1. Favorece al ambiente, debido a que se controla la eliminación de las ruedas.
2. Se evita el desperdicio inútil de 4 a 5 Kg de goma que se desecharía al producirse el desgaste de la banda de rodadura que está en el orden de 1,5 Kg de goma.
3. Se disminuye el consumo de combustible que se precisa para la producción de un neumático renovado, 5,5 litros en contraste con los 35 litros necesarios para la fabricación nueva (Residuos De Neumáticos Usados, 2003)

En cuanto a los inconvenientes que presenta el proceso, habría que citar el referido a que las cubiertas de turismos sólo se recauchutan una vez, y que en ocasiones las de mayor tamaño no pueden ser recauchutadas porque han sufrido daños o deterioros en otras partes de la cubierta que no son la banda de rodamiento.

Las legislaciones vigentes en los países de la UE, que rigen las cubiertas desgastadas, no permiten su recauchutado en un alto porcentaje de los casos por causas de seguridad (en el Reino Unido se recauchutan el 20% de las cubiertas). Es decir que el problema actual de los desperdicios de caucho seguiría existiendo aunque se potencie al máximo esta solución (En Pocas Palabras, 2006).

Otro de los inconvenientes con el que se topa esta posible solución se encuentra en los hasta ahora bajos niveles de control de la calidad del neumático recauchutado, lo que hace dudar al consumidor sobre el nivel de seguridad en servicio de los neumáticos usados.

Figura Nº III.36 - Etapas de recauchutaje de neumáticos. (Fuente: En Pocas Palabras, 2006)

III.6.3.b. Utilización directa

La utilización directa sólo consume una parte mínima de los neumáticos usados y nunca podrían considerarse como una solución del problema global.

Entre las aplicaciones directas se pueden destacar (BOTERO JORGE H., 2006) entre otros los siguientes.

- Defensas de muelles y embarcaciones
- Arrecifes artificiales
- Rompeolas
- Barreras de protección en vías de tránsito
- Protección de capas impermeabilizantes en vertederos de residuos

Figura Nº III.37 - Neumáticos como barrera de protección y absorción sonora

III.6.4 Tratamientos alternativos

Actualmente los sistemas de tratamiento más experimentados y utilizables para valorizar estos residuos son (En Pocas Palabras, 2006):

- Trituración a temperatura ambiente
- Trituración Criogénica
- Incineración con recuperación de energía
- Pirólisis
- Termólisis

Trituración a temperatura ambiente

Proceso puramente mecánico de trituración para conseguir "gránulos" de diferentes tamaños dependiendo de las etapas a las que se haya sometido.

La eficacia de la separación entre el acero triturado y los textiles del caucho es función del grado de molienda (Scrap Tires Characteristics, Rubber Manufactures Association, 2001).

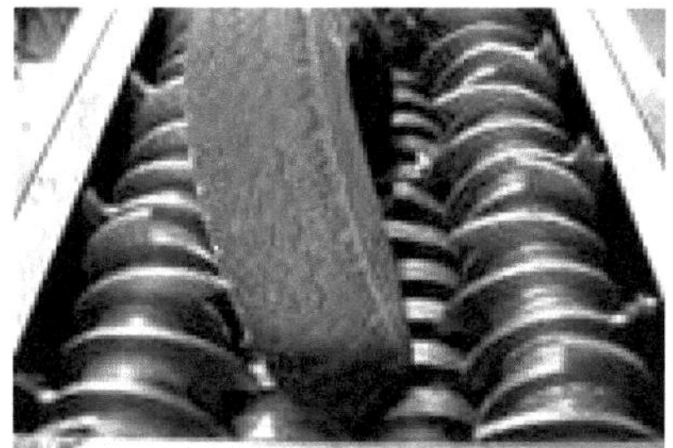

Figura Nº III.38 - Molienda en molinos mecánicos de neumáticos

Son procesos de bajo costo y su diagrama general se presenta en la Figura Nº III.39 (HERVÁS RAMÍREZ LORENZO, 2006).

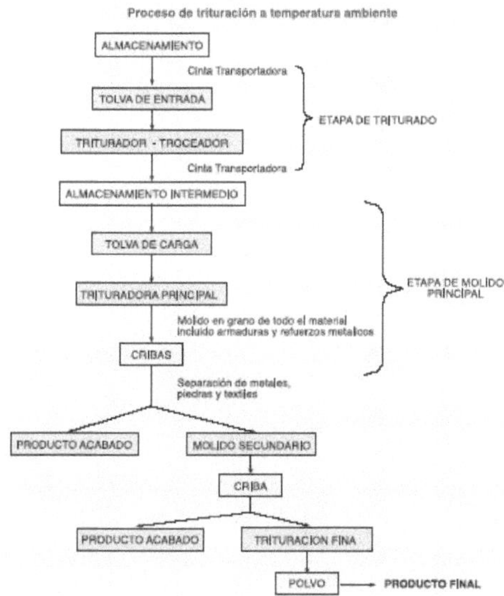

Figura Nº III.39 – Esquema del proceso de trituración a temperatura ambiente. (Fuente: HERVÁS RAMÍREZ LORENZO, 2006)

En Argentina existen instalaciones fijas y móviles, de origen finlandés, español, alemanas y algunos desarrollos nacionales. La versatilidad de las instalaciones móviles hace que se pueda movilizar las instalaciones a los lugares de acopio.

Figura Nº III.40 - Planta fija y planta móvil de molienda de neumáticos

La Figura Nº III.40 muestra equipos trituradores de la firma ECO2SITE (origen Finlandia) con ventas en la Ciudad Autónoma de Buenos Aires.

Trituración criogénica

Los neumáticos se someten a baja temperatura, del orden de –70º C que corresponden al nitrógeno líquido, en forma de espuma criogénica, en un túnel de ciclo cerrado aislado al vacío, a la cual el caucho se vuelve frágil y quebradizo. Se obtiene una excelente molienda (partículas de aproximadamente 0,1 mm) y una buena separación de cenizas, acero y fibras textiles (HERVÁS RAMÍREZ LORENZO, 2006).

Figura Nº III.41 - Instalación criogénesis para caucho

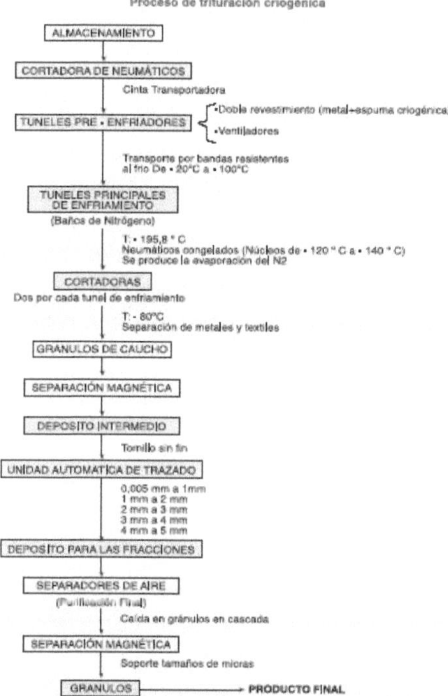

Figura Nº III.42 - Diagrama del proceso de trituración por criogénesis. (Fuente: HERVÁS RAMÍREZ LORENZO, 2006)

El método descrito presenta la ventaja de recuperar los materiales que conforman los neumáticos fuera de uso de forma no contaminante. Por otra parte, el sistema de tratamiento presenta problemas en cuanto a la complejidad de sus instalaciones y su alto costo de implantación y mantenimiento. La molienda que se logra pasa la malla 100 de ASTM, siendo esto un aspecto favorable para la microdispersión del mismo en ligantes asfálticos (International Tire And Rubber Association Foundation, Inc. 2005).

Incineración

Es uno de los métodos más utilizado para la eliminación de neumáticos.

Este sistema de tratamiento consiste en la combustión de los materiales orgánicos a altas temperaturas, lo que obliga a utilizar revestimiento refractario de los hornos de gran calidad y por tanto elevado costo. Igualmente se exige para su aceptación por la normativa vigente un alto grado de depuración de los gases que se generan en el proceso. Presenta la ventaja de provocar un efecto exotérmico, que puede ser aprovechado como fuente de energía para ser utilizada en el propio proceso o en otros. Por último conviene recordar, que un neumático tiene un poder calorífico promedio de 7.440 Kcal*Kg-1 y sus posibilidades de aprovechamiento son grandes, pudiéndose utilizar en gran cantidad de instalaciones siempre que cumplan con las exigencias técnicas y de autorizaciones administrativas que marca la normativa en vigor.

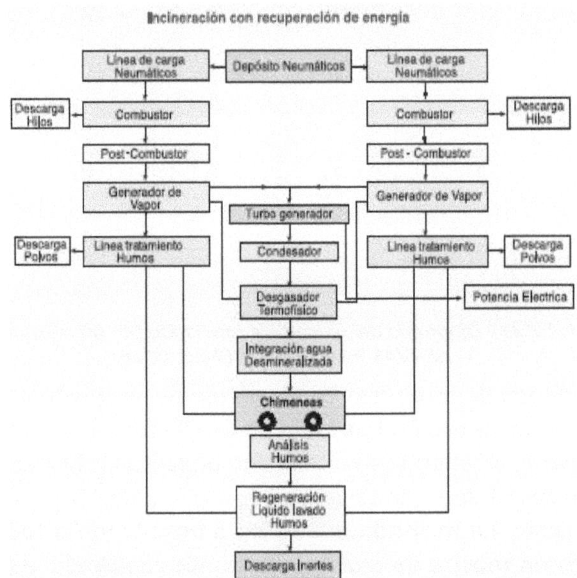

Figura Nº III.43 - Incineración con recuperación. (Fuente: HERVÁS RAMÍREZ LORENZO, 2006)

Pirólisis

Consiste en producir la degradación térmica del material, en una atmósfera exenta o pobre en oxígeno, produciendo gases y aceites utilizables como combustibles, quedando como residuo los componentes metálicos y el negro del carbono.

Este sistema de tratamiento presenta la ventaja de producir productos orgánicos de uso habitual en la industria, así como degradar totalmente el neumático. Por el contrario presenta el inconveniente de la separación de la gran cantidad de componentes producidos y la pequeña cantidad en la que se generan la mayoría de ellos (HERVÁS RAMÍREZ LORENZO, 2006).

Según el modo de transmisión de calor, los procesos de pirólisis se clasifican en dos categorías:

Autotérmicos: El calentamiento de los neumáticos se realiza por contacto directo con una sustancia caloportadora (gas, aceite, esferas cerámicas, etc.).

Este tipo de calentamiento es necesario cuando se pretende alcanzar la temperatura final del tratamiento en corto tiempo.

Alotérmicos: Los neumáticos y el elemento calefactor están separados por una barrera física, como es la pared del reactor.

Si se analiza la velocidad de transmisión del calor o la presión de operación, la pirólisis se puede clasificar en:

Pirólisis lenta a presión atmosférica: que recibe también el nombre de carbonización, en el que la temperatura no supera los 400 – 500 ºC. En este caso la pirólisis se realiza a vacío; los productos volátiles permanecen escasos segundos en el reactor, lo que evita reacciones de recondensación. Este proceso conduce a una mayor proporción de líquidos que el anterior, por esta razón recibe el nombre de destilación seca (BOUKADIR D. y otros, 1981).

Pirólisis flash: en la que el tiempo de residencia de los gases en el reactor es generalmente inferior a medio segundo. Se trata de un proceso que requiere de una tecnología avanzada, ya que necesita alcanzar temperaturas del orden de los 1000ºC, con una transferencia de calor que debe ser extremadamente rápida.

Por este método se producen fundamentalmente gases, por lo que puede hablarse de gasificación no oxidante (MIRANDA ROSA C. y otros, 2006).

Los procesos pirolíticos pueden llevarse a cabo en distintos reactores, siendo lo más utilizados:

A. Horno vertical u horizontal
B. Horno multipiso (Presenta la ventaja de poder recoger en cada piso distintas fracciones, según su temperatura de descomposición)
C. Reactor rotatorio
D. Lecho poroso agitado
E. Lecho fluidizadoTornillo de Arquímedes

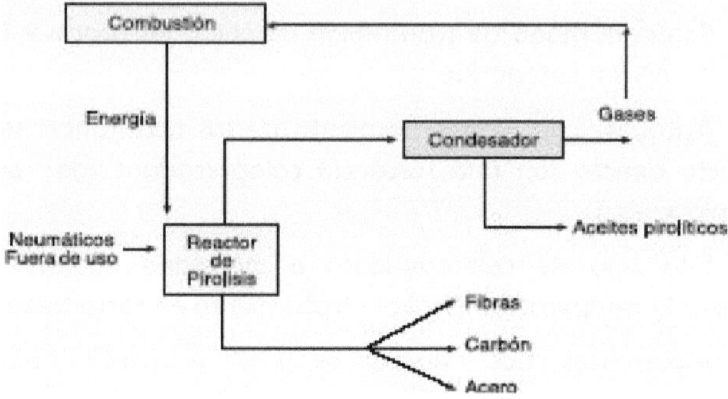

Figura Nº III.44 – Esquema de pirolisis. (Fuente: HERVÁS RAMÍREZ LORENZO, 2006)

Termólisis

Consiste básicamente en someter el material polimérico del neumático a un gradiente térmico en torno a los 500ºC en atmósfera exenta de oxígeno. Como consecuencia de las reacciones de degradación térmica, se producen roturas de los enlaces químicos (craqueo), generándose hidrocarburos de cadenas cortas, medias y largas, constituyendo la fase gaseosa y sólida, siendo la composición básica del gas H_2, CO_2, CO, hidrocarburos y vapor de agua. En cuanto a los sólidos, se trata de productos carbonosos, utilizables como materia prima combustible o materia prima de sustitución (materia filtrante, cargas minerales, etc) (HERVÁS RAMÍREZ LORENZO, 2006).

El proceso de valorización por termólisis se puede dividir en tres fases:

A. Preparación del residuo
B. Descomposición térmica
C. Generación energética

Cada una de estas etapas se unen constituyendo una secuencia que conforman el proceso de valorización integral, de forma que lo que se obtiene de una constituye la materia prima de la otra. Así, en la etapa de preparación se trituran los neumáticos a una granulometría adecuada, sirviendo de materia prima para la etapa de termólisis. El proceso de termólisis descompone este material polimérico heterogéneo en gases y material carbonado impidiendo la aparición de elementos contaminantes al medio ambiente. Por su parte, el material carbonado y los gases obtenidos en la termólisis se conducen a una cámara de combustión para generar vapor de agua y con éste energía eléctrica. Esta energía eléctrica es consumida en los equipos que componen el sistema de tratamiento con la posibilidad de comercialización de los excedentes (CHRIS HAMMER, 2004).

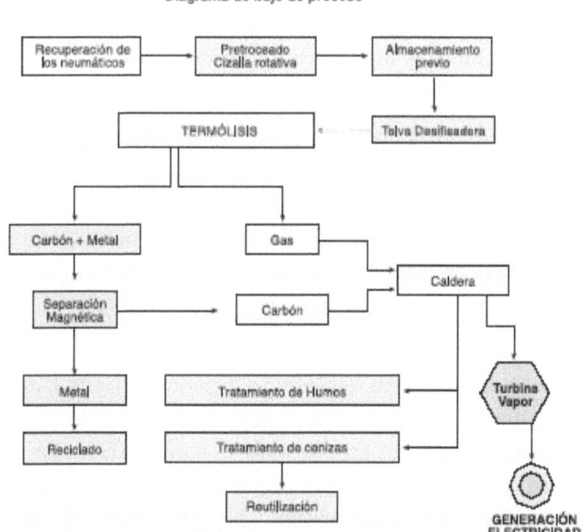

Figura Nº III.45 - Esquema de termólisis. (Fuente: CHRIS HAMMER, 2004)

<u>Sintetizando:</u>

El caucho originariamente se explotaba en plantaciones industriales. Este en estado natural aparece en forma de suspensión coloidal en el látex de plantas productoras de caucho. Su importancia política y económica, se puso en evidencia durante la II Guerra Mundial cuando se terminó el suministro. Este fenómeno aceleró el desarrollo del caucho sintético en algunos países y su industria.

El caucho sintético es elaborado artificialmente y se parece al caucho natural. Se obtiene por reacciones químicas a partir de determinados hidrocarburos insaturados.

Charles Goodyear, basándose en averiguaciones anteriores, descubrió que calentando caucho con azufre desaparecían las propiedades no deseables del caucho, en un proceso denominado vulcanización, confiriéndole cambios en sus propiedades que aumentan y mejoran sus prestaciones. Después de su fabricación, el caucho sintético también se vulcaniza.

El caucho estireno butadieno más conocido como caucho SBR es un copolímero del estireno y el 1,3-butadieno. Este es el caucho sintético más utilizado a nivel mundial, ya que se usa para la fabricación de los neumáticos al cual se le incorporó una molécula de azufre en su cadena por el vulcanizado.

Los cauchos SBR no tienen buenas propiedades mecánicas por sí solos y requieren altos volúmenes de carga reforzante en los compuestos. En el neumático cada uno de estos ingredientes cumple una finalidad determinada. El negro de carbón sirve para aumentar la resistencia a la abrasión; el óxido de zinc es un acelerador de vulcanización.

De los tipos de degradación se puede afirmar que el caucho SBR aventaja al natural tanto en resistencia a la reversión como en resistencia al ozono, y envejecimiento oxidativo en general. Tiene buena resistencia al desgaste, especialmente a aquel que responda más a mecanismos de fatiga por rozamiento. En este sentido se comporta mejor que el caucho natural y de ahí su adopción casi universal en las bandas de rodamiento para neumáticos de automóviles. Su resistencia a la abrasión se incrementa de acuerdo al tipo y cantidad de negro de humo empleado.

La generación nacional de neumáticos fuera de uso es de aproximadamente 100.000 toneladas anuales, de las cuales 38.000 corresponden a la Ciudad de Buenos Aires y Gran Buenos Aires y 8000 corresponden a Córdoba. Estos constituyen, hoy en día, uno de los problemas más acuciantes ya que por sus características merecen una atención especial. No se trata de un residuo peligroso, pero sí de gestión especial dentro de los asimilables a urbanos. La competencia de su gestión recae en los Municipios, que por sí mismo no pueden asumirla en forma adecuada por imposibilidad técnica y económica.

Actualmente encuentran destinos muy diferentes y usos muy diversos. Algunos países los utilizan como combustible en hornos y una gran cantidad se depositan en naves y espacios abiertos a la espera de un tratamiento de "recauchutado" que no siempre llega. Esta acumulación da lugar a la aparición de roedores e insectos (en especial mosquitos), así como evaluación del riesgo de incendios de difícil control.

Por otro lado, si tienen como destino final su disposición en vertederos, trae inconvenientes como: debido a su forma y composición, los neumáticos no pueden ser fácilmente compactados, ni se descomponen. Por lo tanto, los neumáticos usados consumen más cantidades considerables de espacio en los vertederos. Con la capacidad disminuyendo en la mayoría de ellos, y con los costos de evacuación para los residuos sólidos urbanos incrementándose, ya no se aceptan materiales voluminosos.

Para minimizar estos inconvenientes mencionados se presentan alternativas de reciclado y de recuperación tales como:

- Recauchutado
- Utilización directa
- Trituración a temperatura ambiente
- Trituración Criogénica
- Incineración con recuperación de energía
- Pirolisis
- Termólisis

En el caso de las técnicas de trituración, permiten obtener un producto que puede ser utilizado en la fabricación de otros, como es el caso de la modificación de asfalto con reciclado de neumáticos.

La sustitución de un polímero virgen por uno reciclado como es el triturado de neumáticos en la modificación de asfaltos, es una técnica que apunta a reducir el consumo del polímero virgen, siendo este fabricado a partir del petróleo. Así mismo, reemplazar una pequeña porción de asfalto por un residuo (neumático), repercutiendo en la cantidad de asfalto a utilizar y por lo tanto en su origen el petróleo. Es decir esta sustitución no solo permite una utilización de los NFU, con su disminución sobre los efectos en el ambiente, sino también reducir el consumo de petróleo como resultado de sustituir dos materiales que tienen su origen en él.

Las especificaciones Argentinas establecen que la elaboración de un microconcreto debe realizarse con asfalto modificado para mantener sus características en el tiempo, frente al amasado del tránsito y de la temperatura de la calzada, como se verá en el capítulo VI, siendo este de alto costo. Normalmente en Argentina se usa el asfalto tipo AM3 fabricado a partir de un polímero virgen SBS, que se utiliza como blanco de comparación en el presente trabajo y se explica en el capítulo VIII.

La presente investigación busca evaluar la posibilidad de utilizar un polímero proveniente de un desecho; presentando un doble beneficio de bajar el costo directo, respecto del AM3, y el costo ambiental respecto al residuo, para ser utilizado en una mezcla de bajo espesor. Para ello se dispersa el triturado NFU en un ligante asfáltico, para lograr características similares al asfalto tipo AM3, y una vez elaborado los microconcretos con ambos asfaltos modificados, evaluar la performance mecánica y superficial de ellos, mediante un modelo como se verá en los siguientes capítulos.

Capítulo IV. LIGANTES ASFÁLTICOS Y SU COMPATIBILIDAD CON ADICIONES POLIMÉRICAS

IV.1. INTRODUCCIÓN

El asfalto ha recibido su denominación por su apariencia física y por su consistencia. La palabra "asfalto" deriva del término accadio: "assphaltu" o "sphallo" que significa "resquebrajar, dividir, partir". Los griegos le asignan el significado de firme, estable, seguro, por sus más antiguos usos; del griego pasó al latín, luego a Francia con el término "asphalte", al inglés con el término "Asphalt" y para el habla española "asfalto" (THE ASPHALT INSTITUTE, 1993).

En tanto, el término bitumen tiene su origen en el sánscrito donde la palabra "jute" que significa "pitch" o "jute kit" que significa "pitch" creado refiriéndose al producto producido por algunos árboles resinosos. El término en latín equivalente sería "gwitu men" y otros "pixtu men" ("pitch" espumoso o burbujeante), el cual fue generando una expresión corta "bitumen" que pasó de Francia a Inglaterra rápidamente.

El betún asfáltico, o sencillamente asfalto, ha encontrado aplicación desde la antigüedad. Las piezas más antiguas fabricadas en un material denominado mastic de bitumen "se encuentran en el Museo del Louvre proveniente de Suse – hoy Irán – y se estima datan de 2500 años aC. La analogía de composición de fragmentos provenientes de la zona del Mar Muerto con el hallazgo de piezas próximas a El Cairo que datan de unos 5000 años, nos permiten pensar en la existencia de un comercio entre ambas zonas desde entonces (PEARSON, J. y otros, 2001).

Es creciente el uso de los betunes, ya sea en la construcción de pavimentos o en la preparación de rellenos para juntas de dilatación y en diversas estructuras de impermeabilización. A pesar de que existen aproximadamente 1300 crudos conocidos, no todos producen betunes de igual calidad y apenas un 10% de ellos son aptos para uso vial y con un rendimiento de sólo un 3% (ASPHALT INSTITUTE, 1997).

Según la norma IRAM 6575 un asfalto es un material aglomerante de color marrón oscuro o negro, cuyos constituyentes predominantes son en un 99 % betunes, que se encuentran en la naturaleza o se obtienen procesando el petróleo.

IV.2. COMPOSICIÓN

Los cementos asfálticos provenientes del petróleo están formados por los compuestos de alto peso molecular. Estos compuestos son de estructura muy compleja, siendo hidrocarburos y hetero compuestos formados por carbono e hidrógeno acompañados de pequeñas fracciones de nitrógeno, azufre y oxígeno y frecuentemente de Ni, V, Fe, Mg, Cr, Ti, Co, etc. Geológicamente considerados como antiguos depósitos que contiene productos de elevado peso molecular que indica que han sufrido en forma progresiva procesos de polimerización y condensación que han dado lugar a la formación de diversidad de compuestos de hidrocarburos, ya sea de estructura lineal, ramificada o cíclicos, o bien formando anillos aromáticos (NAVARRO, LINA, y otros, 2004).

Estos compuestos que se encuentran en un mismo medio formando la composición del asfalto vial, aunque físicamente tienen una apariencia homogénea, químicamente son una mezcla heterogénea de los compuestos químicos bajo un sistema coloidal.

Entre los factores que afectan la composición de los cementos asfálticos, se pueden citar al crudo del cual proviene y al proceso de refinación empleado en las refinerías de petróleo, ya sea por destilación del crudo a presión atmosférica, destilación por vacío con o sin vapor y la refinación por solventes, caso de desasfaltizado por propano o por soplado (MAGALHÃES PINHEIRO, JORGE HENRIQUE 2004).

El estudio de los cementos asfálticos ocupa a muchos estudiosos y tecnólogos para su identificación mediante la determinación de propiedades. Los primeros trabajos al respecto datan de 1903 cuando A.W.Dow describe varios ensayos para la identificación de los asfaltos entre los cuales corresponde mencionar el ensayo de solubilidad para determinar su calidad, que luego en 1927 fue adoptado por la ASTM).

Los métodos clásicos separan los componentes de interés de la muestra en estudio mediante técnicas de precipitación, extracción, destilación, etc.; separados los componentes o grupos moleculares se los identifica por color, punto de ebullición, punto de fusión, olor, índice de refracción, actividad óptica, etc.

A principios del siglo XX se comenzaron a aplicar métodos instrumentales de análisis para el estudio de las componentes de una muestra. Éstos utilizan propiedades físicas tales como la conductividad, potencial de electrodo, absorción o emisión de luz, relación masa/carga, fluorescencia, cromatografía y electroforesis que comienzan a desplazar a los métodos clásicos (SUBIAGA A., 2005).

IV.2.1. Métodos para el análisis químico aplicado al estudio de la composición de los asfaltos

Alguno de los equipamientos que se presentan a continuación han sido utilizados en las determinaciones de esta investigación. Los mismos están disponibles en el lugar de desarrollo experimental de este trabajo, en la Universidad Tecnológica Nacional Facultad Regional La Plata, LEMaC Centro de Investigaciones Viales.

Otros equipos utilizados, el reómetro de corte fue puesto a disponibilidad por la firma Repsol YPF, área de asfaltos de Refinería La Plata.

IV.2.1.a. Métodos clásicos de separación

Método de fraccionamiento con solventes

Uno de los primeros en aplicar esta técnica fue Richardson a principios del siglo XX quien separa los asfaltos en dos fracciones mediante nafta de 88ºB denominando asfaltenos a la fracción insoluble y maltenos a la fracción soluble en la misma.

Esta técnica fue reemplazada rápidamente por el uso de n-pentano para separar las fracciones solubles en hidrocarburos saturados de la fracción insoluble en los mismos o asfaltenos.

Método por absorción química

El fraccionamiento por absorción química sobre tierras de fuller consistió en calentar al betún liquido o solución de betún junto a las tierras de fuller para la absorción y posterior filtrado.

El método puede ser considerado como el principio de las técnicas cromatográficas y anteriormente como el origen de las técnicas de clarificación de aceites.

Método de separación por cromatografía

En un principio la cromatografía fue ideada para separar compuestos químicos de diferente color por disolución de ellos en un solvente adecuado vertiendo la solución en una columna de vidrio conteniendo un polvo fino. Se debe el principio a Cholnoky (1937) quien en su libro de cromatografía expresa: "como los rayos de luz del espectro semejan los varios componentes de una mezcla separadas por luminosidad (dyestuffs) , conforme a la ley de la naturaleza , en una columna de carbonato de calcio pueden determinarse entonces en forma cuali y cuantitativa". Poco más tarde Zechmeister define a la cromatografía como un proceso a través del cual se resuelve el soluto de una mezcla por fijación selectiva y liberación de un sólido sobre una superficie o soporte. Kleinschmidt separa mediante esta técnica los asfaltos en cuatro fracciones, que denomina asfaltenos, resinas asfálticas, aceites oscuros y aceites claros o blancos.

Posteriormente Rostler y White perfeccionan la técnica estudiando la influencia de las relaciones entre los componentes solubles en n-pentano en relación a la tierra fuller empleada en el método.

Más tarde el investigador en el tema, Watson utiliza n-heptano para la separación de los asfaltenos y a través de la columna con silica-gel divide los maltenos en dos fracciones; luego Eby en sus trabajos separa a los maltenos en tres fracciones, en tanto otros investigadores como Dunkel han realizado técnicas combinadas por separación cromatografía y precipitación química (SUBIAGA A., 2005).

Técnicas de separación por precipitación química

El método por precipitación química, a diferencia de los métodos de fraccionamiento físico se basa en que la separación de las fracciones se produce por diferente reactividad química de los distintos componentes del betún; Marcusson y Eickman en una primera etapa separan por precipitación los asfaltenos y luego realizan una separación mediante el empleo de ácido sulfúrico.

En la Figura Nº IV.46 se presenta un esquema de tratamiento; la Figura Nº IV.47 muestra una fotografía de una columna.

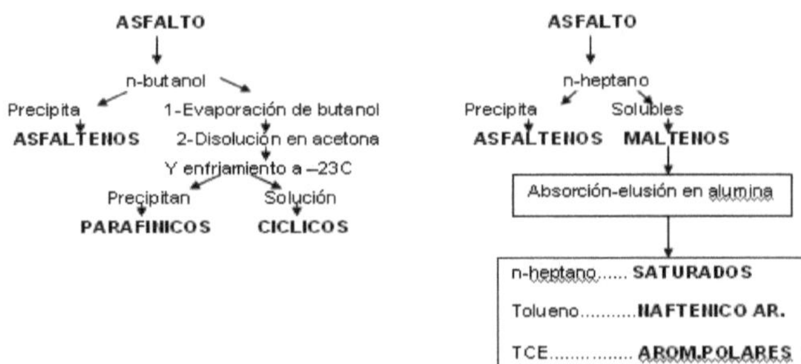

Figura Nº IV.46 - Esquema de tratamiento (Fuente: SUBIAGA A., 2005)

Figura Nº IV.47 - Columna de separación. (Fuente: THE ASPHALT INSTITUTE, 1993)

Acerca de las técnicas de extracción se puede decir que mediante las mismas se puede separar al asfalto en mezclas genéricas y más homogéneas en composición. A pesar de ello, estas fracciones aún son complejas y contienen diferentes especies químicas. La misma fracción puede variar en forma considerable de un asfalto a otro (THE ASPHALT INSTITUTE, 1993).

IV.2.1.b. Métodos instrumentales de análisis

Estos métodos han sido aplicados por diversos centros de investigación para el estudio de los betunes durante su uso, debido a que los componentes y sus relaciones sufren alteraciones por la incidencia sobre la película bituminosa de los agentes climáticos, la luz, el aire, humedad, rayos ultravioletas, etc. sufriendo una evolución cuantitativa de los grupos genéricos considerados. Un análisis de estas modificaciones de ciertos tipos de unión de los compuestos orgánicos y la frecuencia localizada de ciertas bandas, o un seguimiento de la pérdida de volátiles, permite conocer la evolución en el tiempo del cemento asfáltico (RESPSOL-YPF, 2004).

Entre los métodos instrumentales de análisis aplicados a los estudios de composición de los cementos asfálticos se pueden citar:

- DSC- Differential Scanning Calorimetry. Calorimetría de barrido diferencial.
- FTIR-Espectroscopia infrarroja por transformada de Fourier
- NMR- Resonancia magnética nuclear.
- GPC (UV-IR)- Cromatografía de gases/espectroscopía en el ultravioleta/infrarrojo.
- PDA- Photodiode Array Detector. Fotodiodo en serie.
- Cromatografía combinada en película delgada y detector de ionización por llama (CCM / FID)

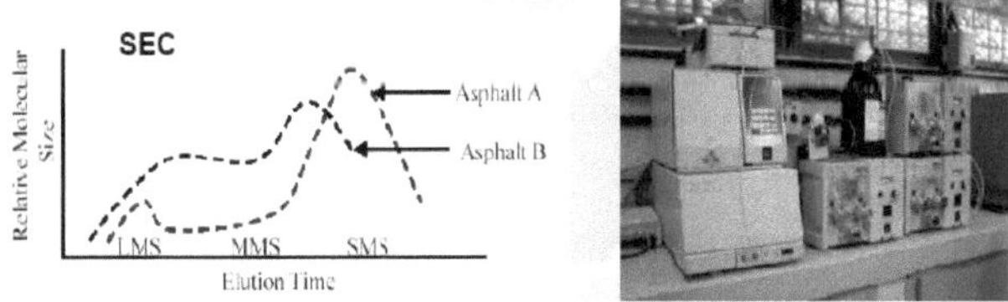

Figura Nº IV.48 – Cromatógrafo. (Fuente: RESPSOL-YPF, 2004).

IV.3. TIPOS DE ASFALTOS

Tratar en forma integral a un material como el asfalto, implica poder conocer (BOTASSO G., 2002):

- Su presentación comercial.
- Su aplicación en la obra.
- Su comportamiento frente a la solicitación a la que será sometido.
- La agresividad del medio al que será expuesto.
- Sus características químicas y físicas.
- Sus características mecánicas.
- Sus características reológicas.

En el caso de los ligantes asfálticos, de estructura coloidal, se registran a diferencia de otros materiales de estructura cristalina por ejemplo, diferentes comportamientos estructurales (AGNUS J. y otros, 1999) en función de:

- Las características inherentes al material.
- Solicitación: carga del tránsito (tiempo de aplicación y frecuencia).
- Ambiental (temperatura, presencia de humedad, grado de precipitaciones).
- Otros agentes (combustible).

Los ensayos a realizar pretenden ser modelizaciones para cuantificar y calificar las características propias y las variaciones de las mismas frente al medio.

El ligante asfáltico, con su estructura coloidal, tendrá variaciones en su comportamiento en función de la variación de los parámetros externos tales como velocidad e intensidad de las cargas del tránsito y las condiciones ambientales.

Así por ejemplo, a cargas altas y a baja velocidad, como lo es el tránsito de camiones, combinado en un rango de temperatura de hasta 60 º C en el pavimento, el asfalto tiene un comportamiento viscoelástico.

Los factores de principal influencia en la variación de las propiedades son los siguientes (BRULÉ B. y otros, 2002):

a) La naturaleza del crudo.
b) El proceso de obtención del asfalto - tipos de destilación.
c) El tratamiento del asfalto en el almacenamiento.
d) El tratamiento del asfalto en la técnica constructiva.
e) La incorporación de aditivos.

IV.3.1. La naturaleza del crudo y el proceso de obtención:

Los asfaltos son una mezcla de hidrocarburos de elevado peso molecular.

Los tipos de hidrocarburos que intervienen en su composición son:

- Parafínicos
- Nafténicos.
- Aromáticos.

Existe una primera destilación mediante precipitación con hidrocarburos saturados. Conviven así dos fracciones; a la fracción soluble se la denomina asfaltenos y a la insoluble maltenos.

Los asfáltenos a temperatura ambiente son un cuerpo negro, frágil y con punto de reblandecimiento elevado; son hidrocarburos aromáticos. Éstos ejercen una influencia muy fuerte sobre las características adhesivas y aglomerantes. Su contenido varía entre el 5% y el 25 % dependiendo del crudo y del proceso de obtención.

Los maltenos, fracción soluble en heptano, son de aspecto aceitoso. Entre ellos se encuentra el malteno aromático; son los de menor peso molecular en el asfalto y representan entre el 40 y el 60 % del ligante, Figura Nº 49. (BERGARECHE E., 2004)

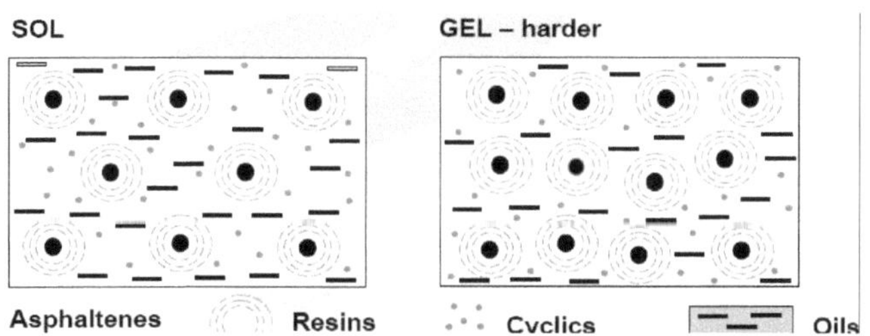

Figura Nº IV.49 - Esquema de la estructura de un asfalto. (Fuente: JAIME GORDILLO, 2001)

De acuerdo a la estructura coloidal los asfaltos pueden clasificarse en:

- *Tipo sol: suficiente contenido de resina y aceite.*
- *Tipo gel: escaso contenido de resina y aceite.*

En las de tipo sol, las mícelas de asfaltenos se encuentran bien peptizadas por las resinas, existiendo alrededor del núcleo de la mícela una buena solvatación de las resinas. En las de tipo gel, hay una gran proporción de mícelas y no existen suficientes resinas capaces de peptizar los asfaltenos, o bien no hay un buena compatibilidad con los aceites, entonces no se logra una buena dispersión de las mícelas y la fuerza de atracción entre ellas tienden a formar una estructura continua micelar. (JAIME GORDILLO, 2001)

La estructura coloidal está relacionada con las propiedades de los betunes asfálticos, en especial con las reológicas.

Así aparecen asfaltos con comportamiento newtoniano, como los tipos sol, y los viscoelásticos, como son los tipos gel.

Se puede hacer una apreciación de la inestabilidad coloidal realizando un análisis del índice de inestabilidad coloidal (CHIMAN A. y otros, 2004).

$$Ic = \frac{asfaltenos + aceites}{Resinas} \qquad \textit{Fórmula Nº IV.4}$$

Ic = índice de inestabilidad coloidal

La siguiente expresión se ajusta en detalle a las determinaciones realizadas en la presente investigación:

$$IC = \frac{Asfaltenos + Saturados}{Nafteno\text{-}aromáticos + Polar\text{-}aromáticos} \qquad \textit{Fórmula Nº IV.5}$$

IV.3.2. El proceso de obtención

Los asfaltos de acuerdo a su origen pueden ser naturales o artificiales.

Asfaltos naturales

Cuando el proceso de evaporación o destilación se efectúa en forma natural, generalmente durante siglos, aparecen los depósitos de asfaltos en forma de lagos, con contenidos de betún entre 50 y 99% o bien impregnando rocas, donde el porcentaje de contenido de betún es menor. Los yacimientos de buen rendimiento pueden llegar hasta un 15% (CORTÉ J. F., 1994).

Los asfaltos así obtenidos no siempre pueden utilizarse directamente debido a las impurezas que contienen por lo que deben someterse a tratamientos especiales que varían según esas impurezas y los fines a que serán destinados.

En Estados Unidos hay lagos en Utah y California con 99% de betún (densidad entre 1,04 y 1,17 g^*cm^{-3} y penetración de 0 a 0,1 de mm., que no se utilizan en caminos, sino como hidrófugos; en Venezuela se encuentra el Bermúdez, con 94% de betún. En Trinidad existe uno de los más importantes yacimientos del mundo formado en la boca de un volcán extinguido, con 56% de betún y alta densidad 1,4 g^*cm^{-3}.

En Argentina existen algunos yacimientos como El Sosneado (Mendoza); La Brea y Garrapatal (Jujuy); Las Máquinas (Neuquén) y Salitral Negro (La Pampa), que hasta el presente no son explotados comercialmente (Boletín De Recursos Naturales, 2003).

Figura Nº IV.50 - Lago de asfalto natural en Trinidad. (Fuente: Boletín De Recursos Naturales, 2003)

Asfaltos artificiales:

Los Asfaltos se obtienen como residuo de la destilación o evaporando las materias volátiles que contienen los petróleos.

Se obtienen a través de procesos industriales aplicados a los petróleos, distinguiéndose tres métodos: a) destilación; b) oxidación; c) "craqueo" (rotura).

a) Destilación:

Extraído el petróleo del pozo es remitido como crudo a través de buques tanques, camiones cisternas u oleoductos a las destilerías (La Plata, Luján de Cuyo, Campana, Dock Sud) que son grandes plantas donde se lo procesa y se extraen sus principales derivados, conociéndose esta operación como destilado.

Antes de su ingreso a la torre, el petróleo crudo es precalentado en hornos que queman gas natural. Los gases que salen de la torre también se utilizan en el precalentamiento del crudo, antes de entrar al horno. Ello implica un ahorro de gas natural. Así, en ocasiones el crudo se aprovecha para condensar el gas que sale por la parte superior de la torre y para enfriar el resto de las corrientes de salida. En este trayecto el crudo se precalienta y está listo para entrar al horno, y finalmente a la torre de destilación primaria y tren de calentamiento de crudo. En el interior de la torre existen dos corrientes que fluyen en direcciones opuestas. Hacia arriba marcha la fase gaseosa, impulsada por el rehervidor de la parte inferior. Hacia abajo cae por gravedad la fase líquida, alimentada por el condensador de la parte superior. En cada plato de la torre el gas y el líquido entran en contacto íntimo. El resultado es que los compuestos más volátiles y ligeros pasan a la fase gaseosa, con lo que continúan su ascenso hacia el plato superior, mientras que los menos volátiles se condensan como líquidos y acompañan esta fase hacia el plato inferior (RESPSOL-YPF, 2004).

Figura Nº IV.51 - Torre de destilación. (Fuente: RESPSOL-YPF, 2004)

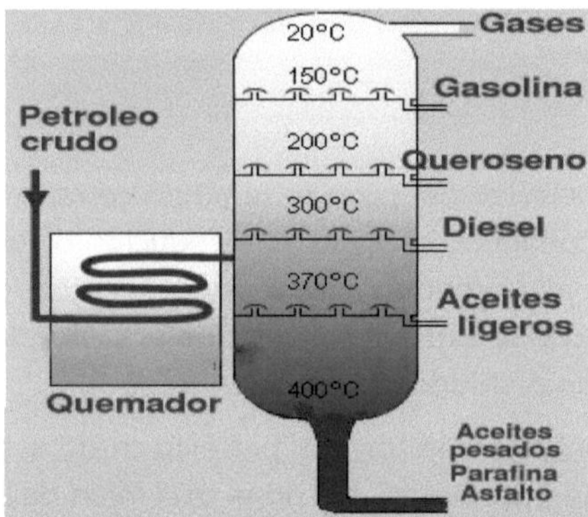

Figura Nº IV.52-Torre de destilación. (Fuente: GOLEEN S. W., 2005)

La temperatura cambia a lo largo de la torre. En la parte superior se tiene la más baja, donde se encuentran en equilibrio los componentes más ligeros (y de menor punto de ebullición). Por el contrario, en la parte inferior la temperatura es mucho más alta y lo es también la proporción de los componentes pesados y menos volátiles. Como se colocan diversas salidas laterales en la torre, el petróleo crudo logra separarse en varias fracciones, cada una con un diferente intervalo de temperaturas de ebullición e hidrocarburos de diferente número de carbonos en su cadena, Tabla Nº IV.11, (GOLEEN S. W. y otros, 2005).

Tabla Nº IV.11- Fracciones de petróleo que abandonan la torre de destilación. (Fuente: GOLEEN S. W., 2005)

Nombre	Intervalo de temperatura de ebullición (°C)	Número de carbonos	Uso
Gas incondensable	menor de 20	1 a 4	Combustible
Éter de petróleo	20 – 80	5 a 7	Disolvente
Naftas	35 – 220	5 a 12	Combustible de autos
Kerosén	200 – 315	12 a 16	Combustible de aviones
Gas oil	250 – 375	15 a 18	Combustible diesel
Aceite lubricante y grasas	mayor de 350	16 a 20	Lubricante
Parafinas	sólido que funde entre 50 y 60	20 a 30	Velas
Asfalto	sólido viscoso	-----	Pavimento
Residuo	Sólido	-----	Combustible

b) Oxidación o "soplado"

Es otro método consistente en hacer pasar una corriente de aire caliente a través del fluido, convirtiendo un asfalto muy fluido en uno menos fluido, semisólido o casi sólido.

c) Cracking o destilación secundaria o destructiva

Mediante este proceso el gasoil y fueloil se calientan a 500°C y presiones de 500 atm, en presencia de catalizadores y se envían a torres de fraccionamiento para separar gases, naftas y residuos incorporables a nuevas porciones de gasoil y fueloil. Este procedimiento se utiliza para los petróleos que producen poca cantidad de nafta.

En Argentina se dispone de petróleos parafínicos en Mendoza y en Salta, que rinden más nafta que asfalto, mientras que con los petróleos asfálticos de Chubut y Santa Cruz, se obtiene poca nafta en la destilación primaria y abundante fueloil, quedando asfalto como residuo. Se obtienen petróleos mixtos con características intermedias entre lo nombrados en Comodoro Rivadavia (donde se obtiene un 35 a 38 % de asfalto de petróleo) o en Medanito cuenca del Río Negro donde se obtiene de un 25 a 30 % de asfalto. La Argentina dispone de medio millón de m3 anuales de asfaltos, con diferentes usos. Principalmente se aplican para pavimentaciones o bien impermeabilización de techos como fieltros asfálticos o en recubrimiento de cañerías, en aislaciones, en pinturas, etc. (BACHETTA, G., 2001).

IV.3.3. El tratamiento del asfalto en el almacenamiento

Tanto el almacenamiento en destilería como en la planta asfáltica debe ser cuidadosamente tratado, ya que la combinación de prolongados tiempos de exposición a altas temperaturas pueden producir pérdidas de componentes volátiles, oxidación y otros procesos que envejecen el asfalto. Existen formas de evaluar estos efectos.

La necesidad de recirculación que a veces se presenta al incorporar mejoradores de adherencia y/o modificadores pueden acelerar este proceso.

También procesos de fabricación alternados, en donde se recalienta sucesivamente al asfalto, pueden ocasionar deterioro de las propiedades del asfalto (BOTASSO, G., 2002).

IV.3.4. El tratamiento del asfalto en la técnica constructiva

Durante la utilización del asfalto en la construcción de cualquier tipo de mezcla, se puede producir un deterioro en las propiedades del mismo.

El choque con el árido en el proceso de mezclado, según el tipo de fabricación la exposición en el mismo recipiente con los quemadores, pueden producir procesos de envejecimiento y deterioro de las propiedades reológicas.

La utilización de planchas para calefacción en equipos de aplicación en calzadas también se suma a los efectos a contemplar.

Con esto se tiene que considerar que cualquier choque térmico producido en el proceso de fabricación, indefectiblemente afectará las características locales del ligante asfaltico, para modificar el comportamiento general del mismo.

IV.3.5. La incorporación de adiciones

Las adiciones buscan mejorar el comportamiento o grado de performance de un asfalto en servicio.

Es muy importante controlar el proceso de adición pues puede transformarse en una desventaja enmascarada y difícil de detectar.

Las principales adiciones son (BOTASSO, G., 2002):

- Mejoradores de adherencia.
- Filler o polvos calcáreos.
- Asfaltitas.
- Polímeros o co-polímeros.
- Cauchos.
- Gomas.

Cada uno de ellos desarrolla una acción sobre el asfalto, modificando su performance en diferentes escalones de tensiones y temperaturas de servicio.

Se considerará su desarrollo en el apartado IV.5.

IV. 4. CLASIFICACIÓN DE LOS CEMENTOS ASFÁLTICOS

IV.4.1. Valoración química

Se han visto las variadas técnicas ensayadas con el fin de determinar las partes fundamentales de un asfalto para uso vial; de todas ellas han sido normalizadas, las siguientes:

- Técnica de extracción: ASTM D-2006 basada en el método de Rostler y Stemberg (hoy discontinuada).
- Técnica de absorción: ASTM D-4124 basada en el método de Corbett y Swarbrick.

Se ha seleccionado la técnica de extracción selectiva por absorción-deserción de Corbett, debido a que la misma se encuentra normalizada. Los resultados se presentan en el capítulo VIII.

El método consiste en la precipitación de los asfaltenos mediante n-heptano: solvente parafínico que como su nombre lo indica de poca afinidad, de la familia de los alifáticos. La fracción soluble se fluye a través de la columna cromatográfica rellena con una alúmina de características especiales con el fin de separar mediante solventes de polaridad creciente las diferentes fracciones que componen a la fase malténica de la siguiente forma:

- Parafinas o saturados: La fracción que primero fluye de la columna cromatográfica con n-heptano; es incolora.
- Naftenico aromáticos: Esta fracción fluye a través de la percolación con un solvente de mayor polaridad como el tolueno; es de color amarillo al ámbar.
- Polar aromáticos: Esta fracción fluye a través de columna por elusión con un solvente de mayor polaridad aún, el tricloroetileno; y es de color oscuro casi negro y viscosa.

Estas cuatro partes fundamentales del asfalto, cada una con sus propiedades, constituyen el asfalto formando un sistema coloidal; Nellensteyn (1924) sugiere este modelo aún vigente, basado en que la presencia de los asfaltenos o hidrocarburos de mayor peso molecular se encuentran rodeado de los compuestos de hidrocarburos de mayor peso molecular de la fase malténica denominando a este complejo de compuestos micelas; en tanto la fase continua está formada por los compuestos de menor peso molecular de los fase malténica denominándola fase intermicelar (NAVARRO, LINA, 2004).

Tabla Nº IV.12 - Fracciones del asfalto. (Fuente: NAVARRO, LINA, 2004)

FRACCIÓN	DESCRIPCIÓN	REACTIV.QCA	FUNCIÓN PRINCIPAL
ASFALTENOS	HC de mayor peso molecular	Baja	Centro o cuerpo de la micela
SATURADOS	HC saturados	Baja	Fase dispersante
NAFTENICO AROMATICO	HC Nafténico Aromáticos	Media	Contribuye a la peptización / Fase dispersante.
POLARES	HC aromáticos de bases nitrogenada	Alta	Peptizante

Figura Nº IV.53 - Separación de las distintas fracciones y determinación de los pesos moleculares de cada fracción ASTM D-4124. (Fuente: NAVARRO, LINA, 2004)

IV.4.2. Valoración físico-mecánica

Comportamiento mecánico de los ligantes asfálticos.

Las características mecánicas y funcionales de un ligante asfáltico son decisivas para el comportamiento que la mezcla asfáltica tendrá al momento de entrar en servicio. Por esta razón se presta una mayor atención a la caracterización mecánica y resistente de los ligantes asfálticos, en especial a su deformación a baja carga (reología), su poder aglomerante y su comportamiento y resistencia a la rotura.

Comportamiento reológico.

La reología estudia la respuesta mecánica de un material, cuyas propiedades varían en función de la temperatura y el tiempo de aplicación de una carga, excluyéndose los fenómenos de rotura. Los ligantes asfálticos son materiales visco-elásticos que presentan un comportamiento reológico muy complejo. La respuesta de un asfalto frente a una solicitación, depende de la temperatura, de la magnitud y el tiempo de aplicación de la carga. Para caracterizar un asfalto a una temperatura y un tiempo determinados, se deben caracterizar al menos dos propiedades: la resistencia del material a la deformación y la distribución entre sus componentes elástica y viscosa.

El comportamiento visco-elástico se puede caracterizar por al menos dos propiedades: la resistencia total a la deformación (G* llamado módulo complejo) y la distribución relativa en esa resistencia, entre la parte viscosa y la parte elástica (δ llamado ángulo de fase) (ASPHALT INSTITUTE, 1997).

Viscous Behavior
G*
Phase Angle
Elastic Behavior

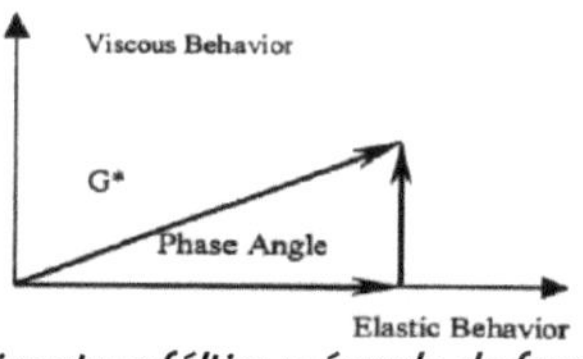

Figura Nº IV.54 - Rigidez del ligante asfáltico y ángulo de fase. (Fuente: ASPHALT INSTITUTE, 1997).

La forma experimental más extendida de caracterizar este comportamiento es a través de ensayos dinámicos de oscilación, en los que se mide un módulo complejo G* que representa la relación entre la tensión aplicada y la deformación experimentada por el material y un ángulo de fase δ, que es la diferencia de fase entre la tensión y la deformación, y que da una idea sobre la distribución de las dos componentes, elástica y viscosa del material. La componente elástica está en fase y tiene un valor de δ = 0 grados, mientras que la viscosa tiene un ángulo de fase δ = 90 grados.

Hay que destacar que la dependencia de estas variables en función del tiempo o de la temperatura pueden relacionarse debido al principio de superposición frecuencia / temperatura.

Se puede observar en la siguiente figura los cambios en la rigidez de los ligantes asfálticos debidos a los cambios en la temperatura.

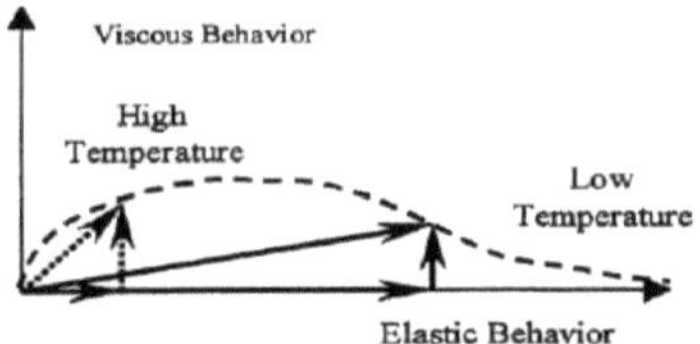

Figura Nº IV.55. Cambio de la rigidez del ligante asfáltico debido a la temperatura. (Fuente: ASPHALT INSTITUTE, 1997).

A bajas temperaturas y altas frecuencias los asfaltos tienden a un G* límite próximo a 1,0 GPa y a un δ = 0 grados. Este valor de G* refleja la rigidez de los enlaces carbono – hidrógeno al alcanzar los ligantes su volumen mínimo. Al aumentar la temperatura o disminuir la frecuencia G* disminuye de forma continua y aumenta δ. La forma en que cambien será función de la composición del ligante; algunos lo hacen en forma muy rápida y otros en forma más lenta, lo que hace que distintos asfaltos puedan tener distintos G* y δ (GEBHARD, 1994).

A altas temperaturas el valor de δ se acerca a 90 grados para todos los asfaltos, lo que refleja el comportamiento completamente viscoso del material, pero los valores de G* varían, lo que implica una diferencia en la consistencia de los asfaltos.

A continuación se presentan los diferentes intervalos de temperatura relacionados con las propiedades reológicas de un ligante asfáltico incluyendo también el posible deterioro del pavimento que puede originarse.

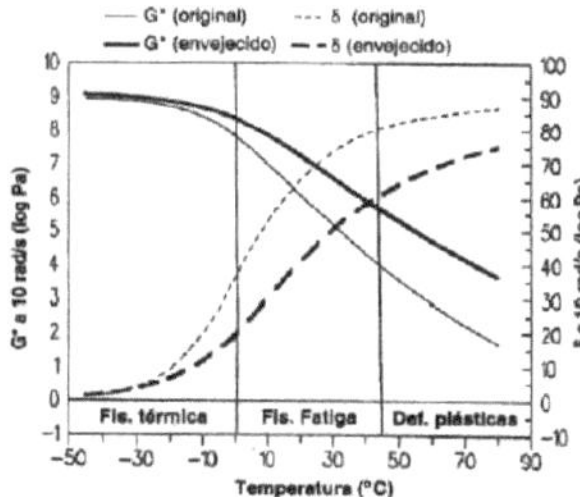

Figura Nº IV.56. Propiedades del ligante en función de la temperatura. (Fuente: KENNEDY T., 1994)

- A temperaturas superiores a 100º C, todos los asfaltos se comportan como fluidos newtonianos, y por lo tanto su viscosidad es independiente del tiempo de aplicación de la carga; dado que estas temperaturas no se producen en carreteras en servicio, es suficiente las medidas de viscosidad para estudiar su trabajabilidad.
- A temperaturas entre 45º y 85º C, las mayores fallas en las carreteras se deben a las deformaciones plásticas y se necesita medir tanto G* como δ. Un valor alto de G* es bueno pues representa una mayor resistencia a la deformación y un valor bajo de δ también porque significa un comportamiento más elástico del ligante.
- A temperaturas intermedias entre 0º y 45º C, los asfaltos son más duros y elásticos que a mayores temperaturas y el mayor problema es la fisuración por fatiga causada por la repetición de ciclos de cargas. De nuevo son importantes tanto G* como δ, pues el daño producido por la carga estará en relación de cuánta deformación se produce y cuánta de esa deformación es recuperable.
- A temperaturas por debajo de los 0º C, el mayor problema es la fisuración térmica debido a las tensiones que se producen en las capas de pavimento por la contracción térmica que ocurre al bajar las temperaturas. La magnitud de estas tensiones está dada por la rigidez, la resistencia a la deformación del ligante y por su habilidad para relajar estas tensiones disipando la energía producida en un flujo permanente, es decir se necesita un G* pequeño y un δ alto.

Debido a que interviene el problema de la fisuración por movimientos térmicos hay que considerar tiempos de solicitación más largos.

Se ha indicado también que las propiedades del asfalto dependen del tiempo de aplicación de las cargas y por eso se debe tener en cuenta al estudiarlas en los distintos intervalos de temperatura descritos (KENNEDY T. y otros, 1994).

IV.4.2.1.Clasificación de los asfaltos

Comercialmente se designan los asfaltos sólidos bajo distintos nombres de acuerdo a su grado de penetración o por viscosidad.

La norma IRAM 6604 "Asfalto para uso vial – Clasificados por penetración – Requisitos" establece los siguientes 5 tipos de asfaltos:

Tabla Nº IV.13 - Tipos de asfaltos según su penetración. (Fuente: IRAM 6604)

Tipo	Ámbito de penetración (0,1 mm)
I	40 - 50
II	50 – 60
III	70 – 100
IV	150 - 200
V	200 – 300

Requisitos generales. El producto se presenta, a simple vista, con aspecto homogéneo, libre de agua y de sustancias extrañas y calentado hasta 170 ºC, no deberá formar espuma.

Requisitos particulares. De acuerdo al tipo de asfalto, el producto debe cumplir con lo establecido en la Tabla Nº IV.14.

Tabla Nº IV.14 - Clasificación por penetración de los cementos asfálticos. (Fuente: IRAM 6604)

Característica	Unidad	Tipo de asfalto										Método de ensayo
		Tipo I		Tipo II		Tipo III		Tipo IV		Tipo V		
		mn	mx	mn	mx	mn	mx	mn	mx	mn	mx	
Penetración a 25°C, 5 seg, 100g	0,1 mm	40	50	50	60	70	100	150	200	200	300	IRAM 6576
Índice de penetración de Pfeiffer (1)	-	-1,5	+0,5	-1,5	+0,5	-1,5	+0,5	-1,5	+0,5	-1,5	+0,5	6.1
Ensayo de Oliensis	-	Negativo										IRAM 6594
Ductilidad a 25ºC, 5 cm/min	cm	100	-	100	-	100	-	100	-	100	-	IRAM 6579
Densidad a 25ºC/25ºC	1	0,99	-	0,99	-	0,99	-	0,98	-	0,98	-	IRAM 6586
Solubilidad en tricloroetileno	g/100 g	99	-	99	-	99	-	99	-	99	-	6.2
Punto de inflamación Cleveland vaso abierto	ºC	230	-	230	-	230	-	230	-	230	-	IRAM IAP A 6555
Ensayo sobre el residuo de pérdida por calentamiento – RTFOT												IRAM 6839
Penetración retenida A 25°C	% de la penet. original	50	-	50	-	50	-	40	-	35	-	IRAM 6576
Pérdida por calentamiento	g/100 g	-	0,8	-	0,8	-	0,8	-	0,8	-	0,8	IRAM 6839
Ductilidad del residuo a 25ºC, 5 cm/min	cm	50	-	50	-	75	-	100	-	-	-	IRAM 6579

La tendencia actual es clasificar los asfaltos de acuerdo a su viscosidad, pero hay que tener en cuenta que no hay una relación directa entre los ensayos de viscosidad y penetración, porque mientras el de viscosidad es un método científico, el de penetración es empírico. Además la relación entre la penetración y la viscosidad varía para distintos asfaltos obtenidos de crudos de distintas fuentes. La viscosidad se mide en Poises a 60ºC. La unidad de viscosidad en el sistema c.g.s es el poise (P) equivalente a 1g*cm-1*s-1 y en el SI es 1 Pa.s.

La norma IRAM 6835 "Asfaltos para uso Vial Clasificados por Viscosidad – Requisitos" clasifica los asfaltos de la siguiente manera:

Tabla Nº IV.15 - Rangos por viscosidad. (Fuente: IRAM 6835)

Clase	Ámbito de viscosidad (dPa s)
CA- 5	400 - 800
CA-10	800 - 1 600
CA-20	1 600 - 2 400
CA-30	2 400 - 3 600
CA-40	3 600 - 4 800

Los requisitos a cumplir son los siguientes:

Requisitos generales. El asfalto debe ser homogéneo, libre de agua, y no formar espuma cuando se lo calienta a 175°C.

Requisitos particulares. El asfalto según la clase debe cumplir con los requisitos dados en la tabla siguiente.

Tabla Nº IV.16 - Clasificación de acuerdo con la viscosidad a 60 ºC. (Fuente: IRAM 6835)

Característica	Unidad	Clase de asfalto										Método de ensayo
		CA-5		CA-10		CA-20		CA-30		CA-40		
		mn	mx	mn	mx	mn	mx	mn	mx	mn	mx	
Viscosidad a 60 ºC	dPa s	400	800	800	1600	1600	2400	2400	3600	3600	4800	IRAM 6836 ó IRAM 6837
Viscosidad a 135 ºC	mPa s	175	-	250	-	300	-	350	-	400	-	IRAM 6836 ó IRAM 6837
Indice de Penetración de Pfeiffer	-	-1,5	+0,5	-1,5	+0,5	-1,5	+0,5	-1,5	+0,5	-1,5	+0,5	5.1
Ensayo de Oliensis	-	Negativo										IRAM 6594
Solubilidad en tricloroetileno	g/100 g	99	-	99	-	99	-	99	-	99	-	5.2
Punto de inflam. Cleveland vaso abierto	ºC	230	-	230	-	230	-	230	-	230	-	IRAM IAP A 6555
Ensayo sobre el residuo de pérdida por calentamiento – RTFOT												IRAM 6839
Índice de durabilidad	-	-	3,0	-	3,0	-	3,0	-	3,0	-	3,0	5.3
Ductilidad del residuo a 25ºC, 5 cm/min	cm	50	-	50	-	75	-	100	-	-	-	IRAM 6579

Ensayos físicos de cementos asfálticos

Los principales ensayos físicos a que se someten corrientemente los asfaltos sólidos o sobre el residuo que se obtiene por la destilación de un asfalto líquido son:

Peso específico: Norma IRAM 6587

Peso específico es la relación que existe entre el peso de un volumen dado de asfalto a una temperatura de 25°C, y el peso de un volumen igual de agua destilada a la misma temperatura.

Figura Nº IV.57 – Picnómetro.

Figura Nº IV.58 – Penetrómetro.

Penetración: Norma IRAM 6576

Por medio de este ensayo se determina la consistencia de los materiales bituminosos. Consiste en apoyar una aguja estándar de 1mm de diámetro y 100 g de peso, dejándola penetrar durante 5 segundos sobre la muestra de asfalto calentado a 25°C y se mide luego la penetración de la aguja en la muestra. La lectura se hace al 0,1 mm.

Ductilidad: Norma IRAM 6579

Consiste en someter una probeta de asfalto de forma parecida al ocho y dimensiones normalizadas, a un alargamiento con una velocidad de 5 cm por minuto y a una temperatura 25 ± 0,5°C, hasta el momento en que se produce el corte del material. La distancia expresada en centímetros se toma como ductilidad del asfalto.

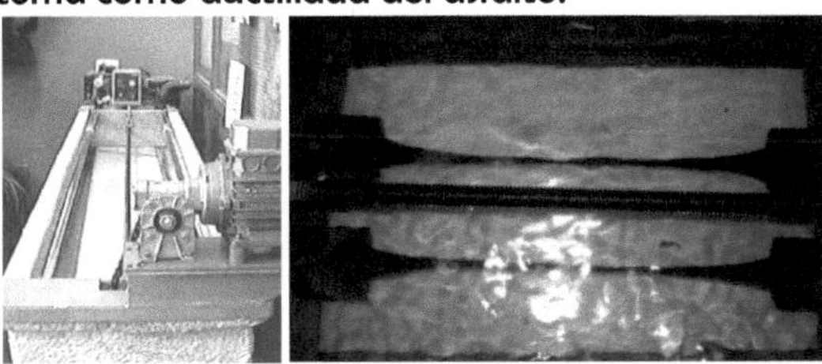

Figura Nº IV.59 Ductilómetro.

Punto de ablandamiento: Norma IRAM 6841

Este ensayo determina la "consistencia" de los betunes. Se considera como punto de ablandamiento la temperatura a la cual el betún colocado en un anillo se hace lo suficientemente blando como para permitir el paso de una esfera de diámetro y peso dado.

Figura Nº IV.60 - Punto de ablandamiento.

Índice de Penetración

$$IP = \frac{20\,u - 300\,v}{u + 30\,v} \qquad \textit{Fórmula Nº IV.6}$$

Log 4 (tAB - tp) = u

Log 800 - log PT = v

Dónde:

tAB: temperatura del punto de ablandamiento, en ºC

tp: temperatura en ºC a la cual se realiza el ensayo de penetración, usualmente 25,

PT: penetración a la temperatura tp

El índice de penetración expresa también la susceptibilidad térmica del asfalto, pues da la pendiente al unir dos puntos de diferente penetración a diferente temperatura.

Los valores negativos de IP expresan asfaltos más susceptibles térmicamente, mientras que valores positivos expresan asfaltos con menor variación de consistencia frente a los cambios de temperatura.

Además de calcular, es posible determinar el IP mediante el grafico:

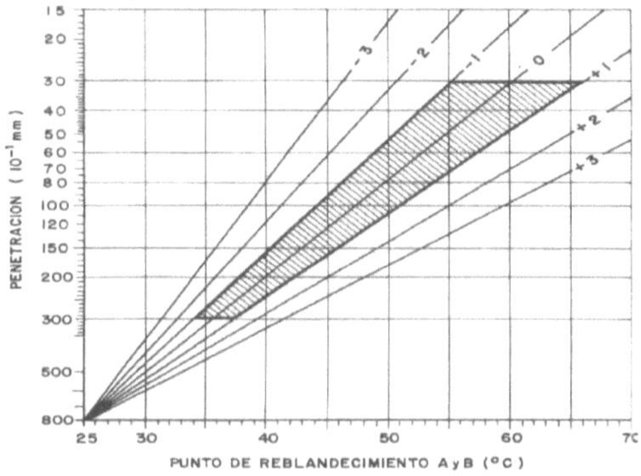

Figura IV.61 - Diagrama para calcular el índice de penetración. (Fuente: KRAEMER; DEL VAL)

<u>Oliensis: Norma IRAM 6594</u>

Este ensayo permite individualizar los betunes asfálticos que han sufrido un proceso de "cracking" o sobrecalentamiento durante su elaboración o aplicación, por la observación del tipo de mancha que produce una gota del mismo luego de efectuada una dilución.

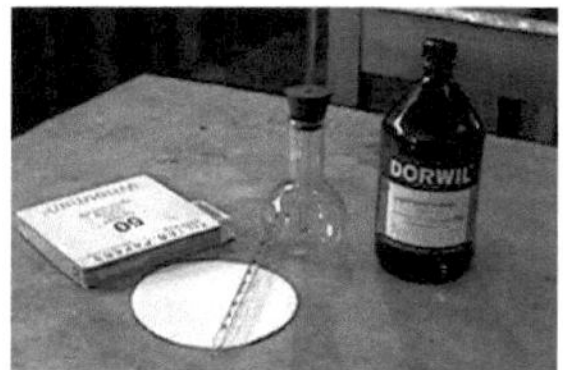

Figura Nº IV.62 - Elementos del ensayo de Oliensis.

Si la gota forma una mancha circular o marrón amarillento con un núcleo interior oscuro en el centro (Figura IV.63.b) el ensayo debe considerarse positivo. Si en cambio la gota forma una mancha circular uniforme, el ensayo será negativo (Figura IV.63.a).

Una mancha positiva indica un defecto en la elaboración del producto asfáltico o heterogeneidad en el mismo (productos de topping o cracking); en cambio una mancha negativa indica homogeneidad en el asfalto.

Figura IV.63 - a: Negativo b: Positivo.

Viscosidad: Norma IRAM 6544

Se define viscosidad aparente a la relación entre el esfuerzo aplicado y la velocidad de cizallamiento específica de un fluido newtoniano o no-newtoniano.

Se utilizan aparatos denominados viscosímetros; los viscosímetros capilares y actualmente los viscosímetros rotacionales.

Las especificaciones de los cementos asfálticos clasificados según su viscosidad se basan por lo común en los rangos de viscosidad a 60ºC. También se especifica generalmente una viscosidad mínima a 135ºC. El propósito es dar valores límites de consistencia a estas dos temperaturas. Se elige la temperatura de 60ºC porque se aproxima a la máxima temperatura superficial de las calzadas en servicio pavimentadas con mezclas asfálticas en los Estados Unidos y en cualquier otra parte del mundo en donde la construcción de caminos progresa y la de 135ºC porque se aproxima a la de mezclado y distribución de mezclas asfálticas en caliente para pavimentación.

Para el ensayo de viscosidad a 60ºC se emplea un viscosímetro de tubo capilar. Los dos tipos más comunes en uso son el viscosímetro de vacío del Asphalt Institute y el viscosímetro de vacío de Cannon-Manning. Se calibran con aceites normalizados. Para cada viscosímetro se obtiene un "factor de calibración".

Generalmente, los viscosímetros vienen calibrados por el fabricante, quien suministra estos factores.

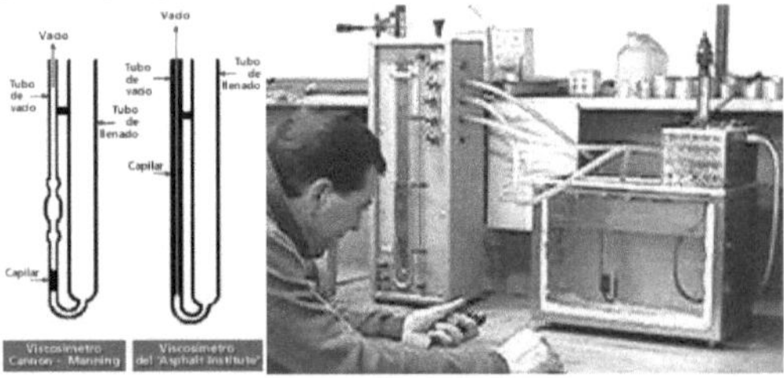

Figura Nº IV. 64 Y 65 - Viscosímetro capilar.

La viscosidad aparente se realiza empleando el viscosímetro rotacional con cámara termostatizada, de tipo Brookfield Thermosel o similar. El ensayo está normalizado según ASTM D-4402 - IRAM 6637.

Este método se utiliza para determinar la viscosidad aparente de asfaltos a una temperatura comprendida entre 38ºC y 200ºC, debido a que algunos asfaltos pueden exhibir comportamiento no-newtoniano, en las condiciones de este ensayo, y no siendo estos valores únicos del material sino que reflejan el comportamiento del fluido y del sistema de medición, no siempre predicen el comportamiento de las condiciones de uso del material.

Figura Nº IV.66-Viscosímetro rotacional *Figura Nº IV.67 - Aguja viscosímetro.*

Si se dispone de este equipamiento para el control de la consistencia de un asfalto para uso vial, son menores las limitaciones para un adecuado estudio del comportamiento del cemento asfáltico.

Un paso significativo con el uso de este viscosímetro ha sido la posibilidad de obtener diferentes viscosidades a cualquier temperatura dentro del rango especificado. En este sentido se puede obtener la curva de viscosidad-temperatura, la cual permite obtener datos importantes para las diferentes etapas de manipulación del cemento asfáltico tales como el bombeo, el choque con los agregados en las usinas asfálticas y los procesos de compactación en las capas de rodamiento (LESAGE M. y otros, 1996).

Es muy importante conocer la variación de la viscosidad con la temperatura, que entre otras cosas, nos da la información sobre la susceptibilidad térmica de los asfaltos.

Esta susceptibilidad térmica es la que permite su empleo como ligantes; a elevadas temperaturas se alcanzaran viscosidades tan bajas que permiten la envuelta de los áridos y la posterior extensión y compactación de las mezclas asfálticas; al enfriarse aumenta considerablemente su viscosidad y actúan como aglomerante de los áridos dando cohesión a la mezcla. (JAIME GORDILLO, 2001)

Los valores que garantizan una adecuada envuelta del ligante a los áridos es de 2 Poises y mientras que deberá ser de 3 Poises para garantizar un adecuado proceso de compactación de la mezcla (COOPER K. E. y otros, 1985).

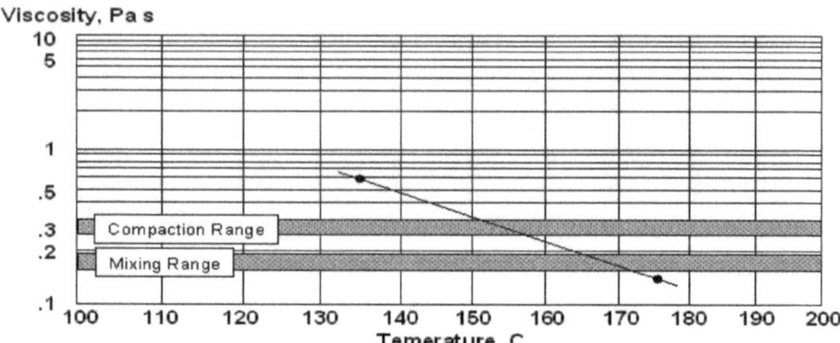

Figura Nº IV.68 - Variación de la viscosidad con la temperatura. (Fuente: COOPER K. E., 1985).

Esta construcción guarda estrecha relación con la del Bitumen Test Date BTDC de la compañía SHELL Holandesa. La pendiente de la recta mostrada en la Figura Nº IV.68 es propia de cada tipo de asfalto.

<u>Reómetro de corte viscoanalizador</u>

Reómetro electrodinámico de baja fricción para la determinación de las propiedades viscoelásticas a distintas frecuencias y temperaturas de materiales sólidos, semisólidos y líquidos.

Formado por un marco de ensayos de elevada rigidez, una cámara termostática, un módulo de control de temperaturas, un módulo de control de potencia e interfase y diversos accesorios de preparación y ensayo de muestras (cizallamiento anular, tracción-compresión, bombeo anular, flexión tres puntos, etc). Dispone además de diversos programas reológicos en entorno Windows para la obtención y el tratamiento de datos (LESAGE M. y otros, 1996).

Figura Nº IV.69 - Reómetro de Corte.

Determinación de las características viscoelásticas de los ligantes bituminosos, en especial de los betunes asfálticos modificados con polímeros.

Permite obtener el módulo dinámico y el ángulo de desfase a distintas frecuencias y temperaturas, los diagramas de Black, curvas maestras, etc., realizando una completa y exhaustiva caracterización reológica del material.

El ensayo de cizallamiento dinámico, realizado con el equipamiento Reómetro de Cizallamiento Dinámico (DSR, Dynamic Shear Rheometer) simula la acumulación de deformación permanente del cemento a temperaturas máximas en servicio y a tasas de carga compatibles con el tráfico (t = 0,1 s; v = 80 km*h-1), siendo estipulados valores mínimos de la resistencia a la deformación permanente antes del envejecimiento en estufa de película fina rotativa (RTFOT). También simula el fenómeno de fatiga del revestimiento a temperaturas medias del pavimento en servicio, realizando el ensayo después del envejecimiento en vaso de presión y en estufa de película fina rotativa. En este caso, son fijados valores máximos de rigidez para prevenir la aparición de fisuras por fatiga (KENNEDY T. y otros, 1994).

En el ensayo DSR el asfalto es colocado (comprimido) entre dos placas paralelas, una fija y otra oscilante. La velocidad de oscilación (frecuencia) es de 10 radianes por segundo, lo que equivale aproximadamente a 1,59 Hz. La especificación Superpave establece ensayos bajo tensión controlada, en la que el reómetro aplica una fuerza de torsión constante para mantener la placa oscilante.

El DSR es usado para caracterizar tanto el comportamiento viscoso como el elástico, a través de la medida del módulo de cizallamiento complejo (G*) y del ángulo de fase (δ) de los cementos asfálticos. El módulo G* es la medida de la resistencia total del material a la deformación cuando son expuestos a pulsos repetidos de tensiones de cizallamiento, y consta de un componente elástico (recuperable) y otro viscoso (no-recuperable). El δ es un indicador de la cantidad relativa de deformación recuperable y no-recuperable (CEDEX, 1995).

Según la metodología SUPERPAVE el parámetro G*/sen δ parámetro de control de la deformación permanente. Este mecanismo de falla ocurre a edad temprana del pavimento en asfalto original o no envejecido y es crítico a altas temperaturas. Debe ser como mínimo de 1 kPa en ligantes vírgenes y 2,2 kPa en ligantes envejecidos en RTFOT (BRÙLÉ, B. y otros, 2002).

De acuerdo con la norma AASHTO TP5-98 para cementos asfálticos originales y residuos de RTFOT se utiliza el disco de 25 mm y separación entre disco de 1mm.

Las determinaciones se realizan a diferentes temperaturas, a fin de determinar para qué temperaturas se cumplen las condiciones citadas, determinando el Grado de Performance del ligante.

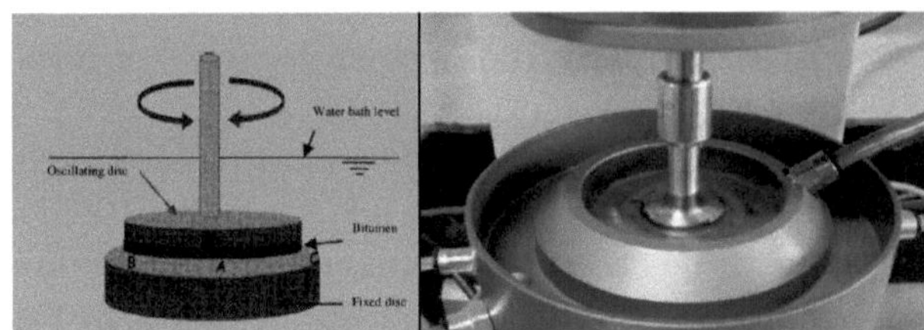

Figura Nº IV.70 - Detalle del reómetro de corte.

Ensayo de punto de inflamación

Cuando se calienta un asfalto, libera vapores que son combustibles. El punto de inflamación, es la temperatura a la cual puede ser calentado con seguridad un asfalto, sin que se produzca la inflamación instantánea de los vapores liberados, en presencia de una llama libre. Esta temperatura, sin embargo, está bastante por debajo, en general, de la que el material entra en combustión permanente. Se la denomina punto de combustión (fire point) y es muy raro que se use en especificaciones para asfalto.

El ensayo más usado para medir el punto de inflamación del cemento asfáltico es el de "vaso abierto Cleveland" (COC), que consiste en llenar un vaso de bronce con un determinado volumen de asfalto, y calentarlo con un aumento de temperatura normalizado. Se pasa una pequeña llama sobre la superficie del asfalto a intervalos de tiempo estipulados. El punto de inflamación es la temperatura a la cual se han desprendido suficientes volátiles como para provocar una inflamación instantánea.

Figura Nº IV.71 Vaso de Cleveland.

<u>Ensayo de película delgada rodante en horno RTFOT</u>

Permite valorar el envejecimiento del ligante asfáltico combinando efectos de temperatura e inyección de aire.

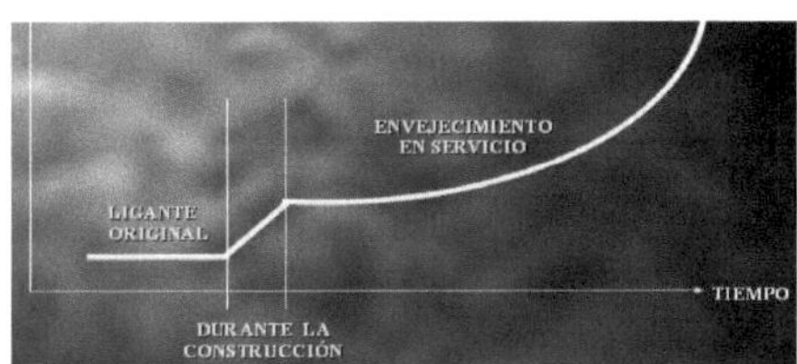

Figura Nº IV.72 - Proceso de envejecimiento del cemento asfáltico. (Fuente: BOTASSO, 2002)

El envejecimiento del ligante asfáltico se da por dos procesos fundamentales (BOTASSO, 2002):

- Pérdidas de los volátiles
- Ganancia de oxígeno

La capacidad de aglomerar del ligante está directamente relacionada con la presencia de la fracción resinosa y aromática del mismo. Su pérdida implica una disminución en la durabilidad de las mezclas asfálticas.

La exposición del ligante a las condiciones atmosféricas en grandes superficies, como las de las capas de rodadura de un pavimento, hacen que la incorporación de oxígeno sea uno de los procesos más preponderantes en la vida útil de la mezcla.

Si se le suma a éstos las exposiciones durante el traslado desde la petrolera a procesos de elevadas temperaturas, los calentamiento en las usinas asfálticas, el choque con los agregados calientes, las planchas calefaccionadoras de las extendedoras del concreto, se dispone de una serie de procesos térmicos y de mezclado que originan un envejecimiento, al cual hay que reducir a su mínima expresión a fin de dotar al sistema de la mayor vida útil.

El horno usado para el ensayo de película delgada rodante posee frascos de diseño especial para contener la muestra. Se vuelca en el frasco una determinada cantidad de cemento asfáltico y se lo coloca en un soporte que rota con cierta velocidad alrededor de un eje horizontal, con el horno mantenido a una temperatura constante de 163ºC. Al rotar el frasco, el cemento asfáltico es expuesto constantemente en películas nuevas. En cada rotación, el orificio del frasco de la muestra pasa por un chorro de aire caliente que barre los vapores acumulados en el recipiente (GEBHARD y otros, 1994).

Figura Nº IV.73 – Horno de película delgada rotatoria.

<u>Solubilidad en tetracloruro de carbono (IRAM 6535)</u>

Esta determinación permite observar también el contenido soluble e insoluble del asfalto como se observa en la Figura Nº IV.74.

Figura Nº IV.74 - Solubilidad en tetracloruro de carbono.

IV.5. LOS ASFALTOS MODIFICADOS

Es un asfalto al cual se le ha añadido de manera homogénea y estable, en un cierto porcentaje previamente analizado, algún tipo de aditivo para mejorar sus propiedades reológicas. El asfalto es un material muy susceptible a los cambios de temperatura, sufre envejecimiento por intemperismo, es afectado por la oxidación y la fotodegradación (GARNICA ANGUAS P. y otros, 2004).

Sus propiedades mecánicas son muy pobres: es quebradizo a bajas temperaturas y fluye un poco por encima de la temperatura del medioambiente, además de tener una baja recuperación elástica, lo que limita ampliamente su rango de utilidad.

Por estas razones el material asfáltico, en ocasiones, tiene que ser modificado mediante la adición de un agente químico para mejorar sustancialmente sus propiedades reológicas, es decir, que mejoren su comportamiento para una amplia gama de condiciones de temperatura o de aplicación de las cargas (altos desempeños en su funcionamiento al momento de estar en servicio, recibiendo las cargas del tráfico y soportando los posibles gradientes de temperatura).

El término aditivo es general y puede referirse a muy diversos materiales. Con el rápido desarrollo de la tecnología existen en el mercado numerosos productos que pueden tener efectos beneficiosos, aunque deban usarse con prudencia y con el pleno conocimiento de su comportamiento.

Los principales tipos de adiciones de un cemento asfáltico (BOTASSO, 2002) son las siguientes:

- Mejoradores de adherencia
- Filler, polvos calcáreos o espesantes

- Asfaltitas
- Polímeros

Mejoradores de adherencia

Los agentes de superficie se incorporan a ligantes asfálticos en caliente, ya que uno de los motivos de degradación de las mezclas asfálticas es el fenómeno de desprendimiento también denominado "stripping".

El descubrimiento está ligado no solamente a los fenómenos vinculados con el equilibrio físico-químico de las fases presentes (agregado mineral, ligante, agua, polvos arcillosos) sino también a los fenómenos relacionados con la cinética físico-química, donde desempeñan un fuerte papel las acciones mecánicas debidas al tránsito y la viscosidad del ligante. Cuando el ligante es muy viscoso, de tender a producirse el descubrimiento, será mucho más lento; desde este punto de vista se dará preferencia al uso de ligantes más viscosos.

Tendiente a mejorar este fenómeno se utilizan productos conocidos como "Aditivos mejoradores de adherencia", éstos productos (tensioactivos) son agentes de superficie, que incorporados al asfalto mejoran la interacción de éste con los áridos.

Los surfactantes en general son compuestos químicos de estructura polar - no polar de carácter inorgánico (en su mayoría) y orgánico, que poseen la propiedad de disminuir la tensión superficial del líquido en que se encuentran.

Para que una sustancia sea considerada surfactante de tipo catiónico o aniónico es necesario que contenga dos grupos funcionales básicos: uno hidrófilo o polar y uno hidrófobo o no polar.

Pueden ser aminas, diaminas, amido-aminas, entre otros (LESAGE M. y otros, 1996).

Filler, polvos calcáreos o espesantes

El aporte de finos en las mezclas asfálticas hace que se conforme con el ligante asfáltico, el denominado mastic asfáltico, que es el encargado de aglomerar los agregados gruesos de las mezclas asfálticas y dar las características de micro asperezas a efectos de disminuir la distancia de frenado. El pasante por el tamiz 200 de ASTM califica al filler, y mediante la determinación de la concentración crítica de filler se puede estimar la máxima admisión del polvo de aportación.

En la actualidad se ve como conveniente la obligatoriedad de incorporación de filler de aportación a las mezclas a fin de garantizar las fuerzas de cohesión, la adhesividad árido ligante y por ende la durabilidad de las mezclas (LINDEN F. y otros, 1987).

Asfaltitas

Conocida internacionalmente como Gilsonita por su marca comercial en USA, Gilsonite, es un asfalto natural en estado sólido. Se encuentran yacimientos de asfaltita en varias regiones del planeta, así por ejemplo, en Neuquén (Argentina) en la Cordillera de los Andes. Poseen un alto contenido de asfaltenos en aproximadamente un 95 %, lo que las hace duras, y molidas a malla 100 de ASTM, puede modificar el ligante asfáltico, incorporándolas con muy baja energía, con un simple mezclado. Tiene así el sistema un óptimo comportamiento a altas temperaturas ambientes, una mala performance a baja temperaturas rigidizando las mezclas, con un alto módulo resiliente (BOTASSO, 2002).

Fibras

La adición de fibras de celulosa es otra técnica de modificación de los asfaltos y por ende de las mezclas asfálticas. El objeto de su adición es lograr mezclas con mayor capacidad de retención de asfalto a efectos de dotar a las mismas de mayor durabilidad y brindar mayor impermeabilidad a la estructura del pavimento protegiendo las capas ligadas de aporte estructural. Con esta tecnología se pueden formular las mezclas tipos Stone Mastic Asphalt, de bajo espesor, y de características superficiales de adecuada macro y micro textura (BOLZÁN, P., 2002).

IV.5.1. Los asfaltos modificados con polímeros

Los objetivos que se persiguen con la modificación de los asfaltos con polímeros son contar con ligantes más viscosos a temperaturas elevadas para reducir las deformaciones permanentes (ahuellamiento) de las mezclas que componen las capas de rodamiento, aumentando la rigidez y por otro lado disminuir el fisuramiento por efecto térmico a bajas temperaturas y por fatiga, aumentando su elasticidad. Finalmente también permite disponer de un ligante de mejores características adhesivas y de mayor durabilidad. Todas estas son fundamentales en las mezclas de bajo espesor, y en especial en los microconcretos, como se verá en capítulos posteriores.

En la Figura Nº IV.75.a se puede esquematizar las variaciones de consistencia en función de las variaciones de temperatura. Un asfalto convencional experimenta para una misma variación de temperatura un cambio en su viscosidad mayor al de un betún ideal al que tiende el comportamiento de un asfalto modificado (GARNICA P., 2004). En la figura Nº IV.75.b puede observarse un esquema de este mismo comportamiento incorporándose la gráfica de un asfalto modificado.

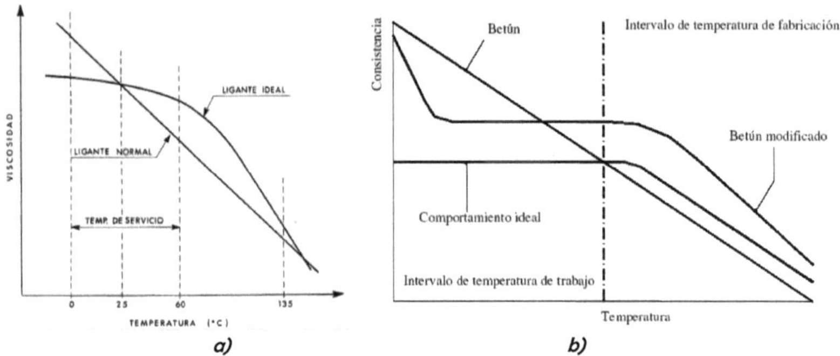

Figura Nº IV.75 - Variación de la susceptibilidad térmica en betunes. (Fuente: GARNICA P, 2004)

Los principales polímeros que se incorporan a los asfaltos, fundamentalmente por su afinidad son (BOTASSO, 2002):

- Naturales: caucho natural, celulosa, glucosa, sacarosa, ceras y arcillas son ejemplos de polímeros orgánicos e inorgánicos naturales
- SBS:(estireno-butadieno-estireno) o caucho termoplástico. Éste es el más utilizado de los polímeros para la modificación de los asfaltos, ya que es el que mejor comportamiento tiene durante la vida útil de la mezcla asfáltica.
- EVA: etileno-acetato de vinilo.
- SBR: caucho sintético con 25% de estireno y 75% de butadieno; para mejorar su adhesividad se le incorpora ácido acrílico
- EPDM: (polipropileno atáctico) es muy flexible y resistente al calor y a los agentes químicos
- EMA: etileno-acrilato de metilo

- PE: polietileno
- PP: Polipropileno

El EVA (etileno-acetato de vinilo) y SBS (estireno-butadieno-estireno) son los que han presentado mayor desarrollo como aditivo modificante, principalmente el SBS. La compatibilidad entre un asfalto y un polímero significa que ambos se pueden mezclar para formar un producto homogéneo en que las propiedades se encuentran mejoradas con respecto a las del asfalto base y en el que la mezcla se puede manipular sin precauciones excesivas.

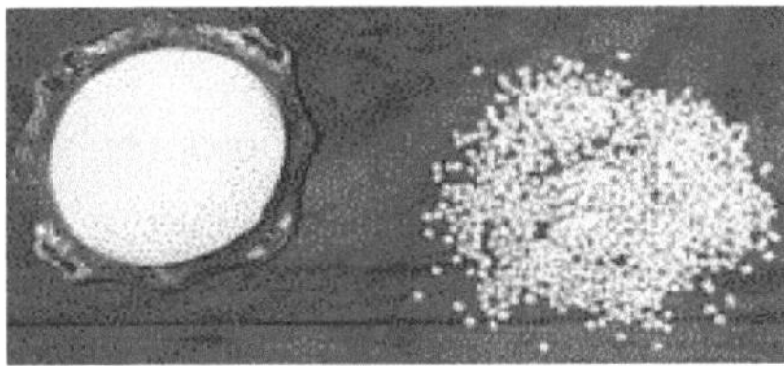

Figura Nº IV.76. Emulsión de EVA y pelets de SBS comercializados en Argentina. Origen Corea. Marca Comercial Taypol

Las principales ventajas de los asfaltos modificados en servicio (Kandhal P. S., 1990) son las siguientes:

- Decrece la susceptibilidad térmica
- Disminuye la exudación del asfalto por la mayor viscosidad de la mezcla, su menor tendencia a fluir y su mayor elasticidad.
- Mayor elasticidad debido a los polímeros de cadenas largas.
- Más alta adherencia debido a los polímeros de cadenas cortas.
- Elevada cohesión ya que el polímero refuerza la cohesión de la mezcla.
- Mejor trabajabilidad y compactación: por la acción lubricante del polímero o de los aditivos incorporados para el mezclado.
- Mejor impermeabilización en los sellados bituminosos, absorbe mejor los esfuerzos tangenciales, evitando la propagación de las fisuras.
- Mayor resistencia al envejecimiento: mantiene las propiedades del ligante, pues los sitios más activos del asfalto son ocupados por el polímero.

- Mayor durabilidad, los ensayos de envejecimiento acelerado en laboratorio, demuestran su excelente resistencia al cambio de sus propiedades características.
- Mejora la vida útil de las mezclas: menos trabajos de conservación.
- Mayor espesor de la película de asfalto sobre el agregado.
- Mayor resistencia al derrame de combustibles.
- Reduce el costo de mantenimiento.
- Disminuye el nivel de ruidos: sobre todo en mezclas abiertas.
- Aumenta el módulo de la mezcla.
- Mejor sellado de las fisuras.
- Buenas condiciones de almacenamiento a temperaturas moderadas.

La modificación del asfalto con polímeros es un proceso que se lleva a cabo a una alta temperatura, entre 180º y 200º C, y con altos esfuerzos de corte.

Las características físicas resultantes de la mezcla asfalto-polímero dependen del tipo de asfalto, de la cantidad y tipo de polímero, de la compatibilidad entre los constituyentes, del proceso de mezclado y de las historias térmicas de los materiales. Los asfaltos modificados con polímeros deben ser bajos en contenido de asfaltenos y deben de poseer suficientes aceites aromáticos para microdispersar el polímero a las temperaturas de mezclado.

El polímero debe tener cierto grado de compatibilidad con el asfalto de tal forma que no ocurra una completa separación de fases, ya que en este caso las propiedades del compuesto no son mejoradas; esta compatibilidad parcial se logra mediante la humectación del polímero por los aceites malténicos del asfalto.

Para extender el rango de aplicaciones del asfalto es necesario conocer la manera en que el polímero está interactuando con él. Una de las formas de conocer el grado de compatibilidad entre los dos materiales es visualizando la microestructura del compuesto (SCHIMIZZE, R. R., 1994).

En particular se señala que un efecto buscado en el presente trabajo, es la inclusión de un modificador como el reciclado de neumático, sustituyendo a los utilizados normalmente, para llegar a un ligante asfáltico adecuado que permita mantener en el tiempo las variables de servicio (superficial y estructural), en el tipo particular de mezcla propuesta, un microconcreto discontinuo en caliente. Este asfalto modificado permitirá evitar posible riesgo de escurrimientos y segregación; esto es debido al bajo contenido en mortero de estas mezclas, que puede incidir en la cohesión y durabilidad. Por otro lado, predecir el comportamiento de la mezcla bajo un simulador de tránsito y observar los gradientes de deterioro de la macrotextura y de la mircrotextura cuando se produce dicha sustitución.

IV.5.1.a. Clasificación de los asfaltos modificados y determinaciones adicionales

La clasificación de los asfaltos modificados según la Normas IRAM 6596/00 es:

Tabla Nº IV.17 - Clasificación de asfaltos modificados de uso vial. (Fuente: IRAM 6596/00)

ENSAYO	UNIDAD	NORMA	AM 1	AM 2	AM 3	AM 4
ASFALTO ORIGINAL						
Penetración (25ºc,100g,5s)	0.1 mm	IRAM 6576	35-50	50-80	50-80	120-150
Punto de ablandamiento (A y B)	ºC	IRAM 6841	>60	>60	>65	>60
Punto de Fragilidad Frass	ºC	IRAM 6831	<-5	<-10	<-12	<-15
Recuperación elástica por torsión 25 ºC	%	IRAM 6830	>10	>40	>70	>60
Contenido de agua en volumen	%	IRAM 1575	<0.2	<0.2	<0.2	<0.2
Punto de inflamación	ºC	IRAM 6555	>230	>230	>230	>230
Densidad 25ºC	g/cm3	IRAM 6587	>0.99	>0.99	>0.99	>0.99
Estabilidad al almacenamiento						
Diferencia de punto ablan.	ºC	IRAM 6841	<5	<5	<5	<5
Diferencia de penetración	0.1 mm	IRAM 6576	<8	<10	<10	<15
Ensayos sobre el residuo después del RTFOT						
Variación de masas	%	IRAM 6582	<1	<1	<1	<1
Penetración	%p.o.	IRAM 6576	>70	>65	>65	>60
Variación punto ablan.	ºC	IRAM 6841	-5/+10	-5/+10	-5/+10	-5/+10

Como se observa en la tabla, para que un asfalto se encuadre dentro de uno de los grupos debe cumplir con los límites propuestos en cada uno.

Alcanzar esos límites implica, descartar procesos enmascarados que pueden aparecer en los ligantes y simular mayor dureza o mayor punto de ablandamiento por ejemplo. De hecho cuando un asfalto pierde maltenos o fracciones aceitosas o resinosas por procesos de calentamiento excesivo o inadecuado puede elevar su punto de ablandamiento pero no podrá mantener los límites de penetración propuestos. Ésto sólo se logra modificando el ligante asfáltico con un polímero.

A su vez, se suman dos determinaciones fundamentales a la hora de probar la estabilidad de la dispersión y la presencia de agentes modificadores poliméricos como lo son la estabilidad al almacenamiento, la recuperación elástica por torsión y en algunos casos se puede agregar la microscopía óptica y la recuperación elástica lineal.

Estabilidad al almacenamiento

La adición de cualquier polímero al ligante asfáltico implica la micro dispersión del polímero en el ligante con temperatura y esfuerzo de corte específicos como se señalará en el próximo capítulo.

Para verificar que la micro dispersión permanezca en el tiempo se realiza el ensayo de estabilidad al almacenamiento, no sólo para conservar las propiedades del ligante sino para garantizar las condiciones de trabajabilidad en el tiempo, con el objeto de que no se taponen los sistemas de bombeo de las usinas asfálticas y de los equipos regadores.

Es decir, durante el almacenamiento a elevadas temperaturas pueden producirse en los ligantes modificados con polímeros fenómenos de flotación o sedimentación, enriqueciéndose el ligante en polímero en la parte superior o inferior del tanque, dependiendo de la densidad del polímero respecto al ligante. Las causas más frecuentes de esta desestabilización pueden ser debidas, bien por falta de compatibilidad entre ambos, por dispersión incorrecta del polímero o porque el sistema y condiciones de mezclado sean deficientes. (GORDILLO J., 2001).

Figura Nº IV.77 - Torre de depósito para medir estabilidad al almacenamiento.

Recuperación elástica lineal y torsional

Uno de los efectos que más se evidencian de un ligante modificado es el aumento de las fuerzas de cohesión.

Esto cobra especial importancia en mezclas del tipo discontinuo, de alta macro textura y en la eficiencia de los diferentes tipos de riegos asfálticos en las obras.

De acuerdo a la forma de la cadena polimérica serán los valores de recuperación elástica lineal y torsional y las relaciones que se establezcan entre las mismas.

Figura Nº IV.78 - Recuperación elástica por torsión.

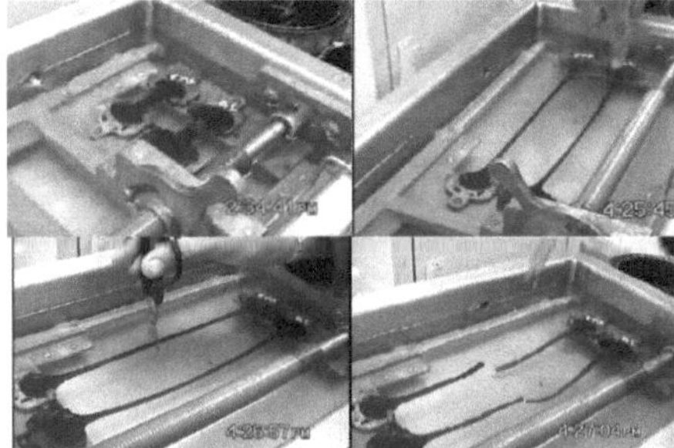

Figura Nº IV.79 - Recuperación elástica lineal.

<u>Compatibilidad del sistema asfalto - polímero</u>

La compatibilidad asfalto/polímero puede variar ampliamente, dependiendo de la composición química del asfalto y del polímero en particular. La compatibilidad de un polímero con un asfalto depende de su estructura, pudiéndose decir que un polímero será tanto más compatible con un asfalto cuanto más bajo sea su peso molecular, aunque si este es excesivamente bajo, el polímero podría desempeñar un mero papel de agente plastificante, dotando al ligante de una cohesión muy baja.

La compatibilidad de un polímero con un asfalto no implica que el asfalto sea compatible con otros tipos de polímero.

Es compatible un polímero con un asfalto cuando no se producen alteraciones en la estructura coloidal del asfalto.

La incompatibilidad se manifiesta por precipitación de los asfaltenos, exudación de aceites y sedimentación o flotación del polímero.

En el asfalto, la compatibilidad depende de la aromaticidad de la fase malténica; baja aromaticidad trae aparejada baja compatibilidad. Cuanta menos cantidad de asfaltenos posea un asfalto mejor será la compatibilidad. O sea, cuando mayor características tipo sol posea mejor es la dispersión (BERGARECHE E., 2004).

Los asfalto serán tanto más compatibles cuanto menor sea su contenido en asfaltenos. Los investigadores Van Breen y Brasser han establecido de forma empírica que las mezclas asfalto – SBS estables se producen cuando:

$I_a > 0{,}28 + 0{,}004\ A$

con una relación:

$I_a/N_m > 4 \times 10^{-4}$

En donde:

N_m: peso molecular de los maltenos.

A: contenido de asfalto determinado con N – heptano.

I_a: índice de aromaticidad.

Los asfaltos con un índice de aromaticidad Ia > 0,28 + 0,004 A y relación Ia/Nm > 8 x 10-4 conducen a mezclas estables, pero las propiedades reológicas del asfalto mejoran poco debido a que los segmentos de poliestireno quedan hinchados o disueltos y no actúan como agentes de reticulación.

De acuerdo con Burle los asfaltos modificados con polímeros son, a temperatura ordinaria, mezclas físicas bifásicas, en donde una de las fases la constituye el polímero hinchado por una parte de los aceites del asfalto y la otra por los constituyentes del asfalto que no intervienen en la solvatación del polímero.

Para contenidos pequeños de polímeros el asfalto representa la fase contínua, el polímero se hincha por las fracciones más ligeras del asfalto, produciéndose un aumento de elasticidad y la resistencia al flujo. A medida que se va aumentando el contenido en polímero se observa un punto de inversión a partir del cual es la fase polímero quien constituye la fase contínua, acompañada esta transición por una modificación importante de las propiedades físicas de la mezcla, que tienden a alcanzar las del polímero.

Técnicas de valoración

a) Microscopía óptica de reflexión mediante un microscopio Leica DMRX. Utiliza el espectro visible de la luz y permite diferenciar compuestos con distintas reflectividades. Tanto el caucho como el bitumen presentan diferentes reflectividades, lo que nos permite disponer de una técnica sencilla para diferenciar ambos compuestos.

b) Microscopía de fluorescencia mediante un microscopio. Esta técnica permite la utilización de un amplio espectro de longitudes de onda del espectro visible y no visible. Es una técnica utilizada para visualizar y diferenciar mezclas de bitumen con ciertos polímeros orgánicos.

También emplea la radiación emitida por la lámpara de este accesorio es filtrada en un estrecho intervalo de longitudes de onda (filtro UV de 360 nm o filtro azul de 470 nm). Este haz de luz llega a la muestra a través del objetivo por el que se observa simultáneamente la luz emitida por la muestra a longitudes de onda distintas de la de irradiación. Este fenómeno de fluorescencia y/o dispersión de la luz permite observar la micromorfología superficial de muestras aparentemente homogéneas. (BERGARECHE E., 2004).

Figura Nº IV.80 - Microscopio óptico de transmisión por accesorio óptico de epifluorescencia para reflexión. Modelo: NIKON LABOPHOT. (Fuente: BERGARECHE E., 2004).

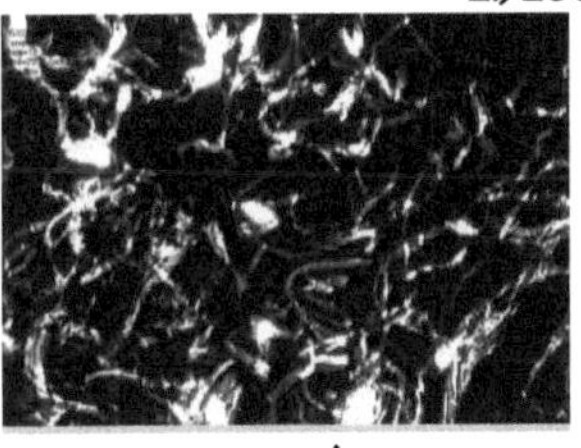

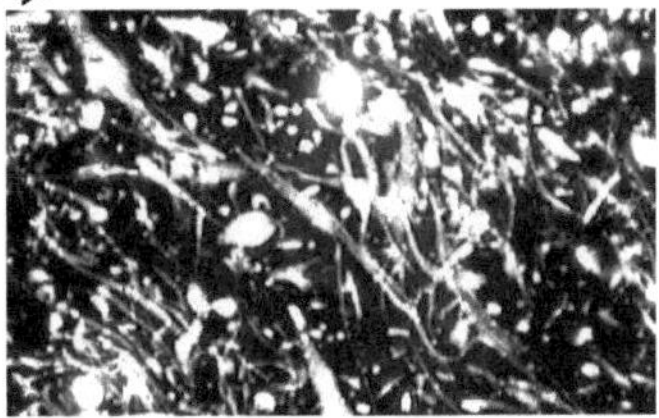

a) b)

Figura Nº IV.81: Sistemas multifásicos con una fase polimérica hinchada por la fracción malténica. (Fuente: CORTÉ J. F., 1994)

La Figura Nº IV.81 muestra un polímero EVA en un mismo porcentaje en dos asfaltos diferentes donde se puede observar la capacidad de humectación en la fotografía b), del EVA con lo maltenos. En este caso es mayor el grado de difusión del polímero dentro de la masa de asfalto.

c) <u>Microscopía electrónica de barrido</u> mediante un microscopio. Esta técnica permite visualizar los componentes que componen el agregado asfáltico a un número de aumentos no viable a partir de otro tipo de microscopía. Además, permite realizar, de manera semicuantitativa, una caracterización del espectro composicional que compone cada sustancia (CORTÉ J. F., 1994).

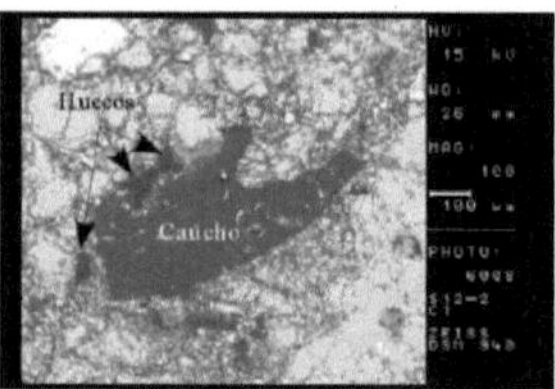

Figura Nº IV.82 - Micrografía de MBE de una partícula de caucho parcialmente modificado, en una muestra maceradas a 1,5 horas. (Fuente: CORTÉ J. F., 1994)

<u>Sintetizando:</u>

Introducidos en el proceso de obtención de los ligantes asfálticos, su composición, la forma en que se caracteriza el ligante virgen y su valoración desde el punto de vista químico, físico mecánico y reológico; resulta relevante de esta capitulo que:

- Los asfaltos son compuestos orgánicos que interactúan con el ambiente en el que estarán trabajando.
- Sus fracciones volátiles y la ganancia de oxigeno son los procesos de envejecimiento principales.
- El desempeño del asfalto depende de su composición, del tipo de solicitación (intensidad y frecuencia del tránsito, temperatura y humedad) y del tipo de mezclas asfáltica que genere.
- El índice de inestabilidad coloidal resulta ser una medida a incorporar en las normas de clasificación a efectos de valorar las características tipo gel y tipo sol del mismo.

- Al incorporar polímero al asfalto se busca modificar su susceptibilidad térmica.
- Esos polímeros pueden ser vírgenes o reciclados, como en el caso del NFU.
- Este capítulo permite describir el proceso de evaluación que es necesario desarrollar a efectos de evaluar la posibilidad de dispersar un polímero reciclado en un asfalto.

La inclusión de un modificador como el reciclado de neumático, sustituyendo a los utilizados normalmente, tiene por fin llegar a un ligante asfáltico adecuado que permita mantener en el tiempo las variables de servicio (superficial y estructural), en el tipo particular de mezcla propuesta, un microconcreto discontinuo en caliente. Este asfalto modificado permitirá evitar posible riesgo de escurrimientos y segregación en la mezclas; esto es debido al bajo contenido en mortero de estas éstas que incide en la cohesión y durabilidad. Por otro lado, predecir el comportamiento de la mezcla bajo un simulador de tránsito y observar los gradientes de deterioro de la macrotextura y de la mircrotextura cuando se produce dicha sustitución; elaborando un modelo que permita representar y estudiar dicho comportamiento

Se busca entonces lograr una dispersión del NFU en un ligante asfaltico, para remplazar y lograr características similares al asfalto tipo AM3, es por esto que es necesario conocer las características del asfalto y las de los polímeros, la compatibilidad entre ellos, el proceso de mezclado y así obtener las características físicas de la mezcla resultante asfalto – polímero.

Capítulo V: DISEÑO DE LA TECNOLOGIA DE LA DISPERSION UTILIZADA

V.1. INTRODUCCION

Lograr una dispersión adecuada de los polímeros en los ligantes asfalticos dependerá de factores tales como la interacción físico-química entre el ligante y el polímero, el tipo de ligante asfaltico y de polímero, la temperatura a la que se realiza la dispersión, el tamaño de las partículas del polímero, del sistema de incorporación del polímero, etc.

Hay dos sistemas básicos para usar el NFU en procesos de fabricación de mezclas asfálticas en caliente. Los sistemas de incorporación son (BIEL, T. D. y otros, 1994):

a. Proceso por vía seca.
b. Proceso por vía húmeda.

Cada uno comienza con caucho triturado de la forma que se ha indicado en el Capítulo III. En estos procesos de molienda habrá diferentes grados de separación de las fracciones presentes tales como telas, mallas metálicas y el caucho propiamente dicho. Las granulometrías obtenidas serán también diferentes en función del tipo de molino utilizado y las características ambientales del proceso.

La incorporación del caucho triturado por vía seca se hace en las tolvas de agregados de las usinas asfálticas, como se presenta en la figura Nº V.83, o en las cintas transportadoras de agregados. De esta forma el caucho triturado actúa en la mezcla de agregados y asfalto como un componente más, no modificando al asfalto prácticamente, ya que no están dadas las condiciones de temperatura y energía de mezclado necesarias para tal fin.

La mezcla asfáltica obtenida puede obtener mejoras en su comportamiento mecánico y en su durabilidad, pero los efectos obtenidos son inferiores a los alcanzados con la incorporación del caucho por vía húmeda.

La simpleza del proceso de mezclado, los incipientes beneficios en la prestación y en el aspecto ambiental obtenidos, hace que sea una buena alternativa a la hora de utilizar el caucho triturado a temperatura ambiente. En Argentina se conocen dos experiencias al respecto, una realizada por AUSA (Autopista de Buenos Aires), en la Autopista Illia y otra realizada en la Municipalidad de La Plata, en la calle 60 entre calles 1 y 116 en conjunto con la Universidad Tecnológica Nacional Facultad Regional La Plata, LEMaC, Centro de Investigaciones Viales en el año 1996 (BOTASSO, G., 2002).

Figura Nº V.83 - Tolvas de agregados y adición de caucho en planta asfáltica.

V.2. MICRO DISPERSIÓN DE CAUCHO POR VÍA HÚMEDA

La micro dispersión de caucho por vía húmeda es la tecnología utilizada en la presente investigación.

La vía húmeda garantiza una adecuada interacción entre las fracciones de caucho y las fracciones malténicas y resinosas del asfalto, dándose el proceso de humectación e hinchamiento descripto en el Capítulo IV. Se busca de esta forma lograr que el caucho pueda interactuar con el asfalto y lograr la modificación del mismo.

El sistema de micro dispersión fue desarrollado con un acuerdo de transferencia de tecnología con la empresa E-ASFALTO S.A. y el LEMaC de la Facultad Regional La Plata.

El sistema de micro dispersión diseñado a escala de laboratorio se ha construido en acero inoxidable, según se muestra en la figura Nº V.84

Figura Nº V.84 – Vista del dispersor en su conjunto, rotor y estator.

El dispersor consta de un motor monofásico de 7,5 HP con posibilidad de regulación de la velocidad entre 3000 y 7500 rpm. Este motor permite dispersar, emulsionar o mezclar, sistemas líquido-líquido y sólido-líquido. Es adecuado para la capacidad de la cuba de 2 litros. Esta es de acero inoxidable de pared doble capaz de albergar aceite del tipo multigrado pesado de tal forma que el mechero calefaccionador eleve la temperatura del mismo y no exponga en forma directa el asfalto y el polímero.

El rotor es de acero inoxidable y se aloja concéntricamente con el eje del motor en la punta del cabezal; lo rodea el estator, variado su tipo en función de la presentación del polímero virgen o caucho reciclado a incorporar. Las aberturas mayores corresponden a presentaciones del polímero en forma de pelets, mientras que las menores a presentaciones en forma de polvo o líquido (BOTASSO G. y otros, 2005).

En la figura Nº V.85 se presentan diferentes etapas en el proceso de modificación utilizado en esta investigación.

Figura Nº V.85 – Etapas del proceso de dispersión.

El proceso se puede sintetizar en los siguientes pasos:

a) Definición de la posición del rotor-estator en la cuba

Esta es una instancia de gran importancia, a fin de determinar si las etapas de la micro dispersión enmascara algún proceso de envejecimiento en el ligante asfáltico. Esto podría darse, si la agitación formara un vórtice que provoque la incorporación de oxígeno, motivo por el cual, como se citara en el Capítulo IV, se generaría el envejecimiento del ligante. A tal fin se procedió a someter al proceso de agitación al ligante asfáltico sólo, sin ningún tipo de adición, sometiendo la muestra de asfalto de 2 litros a la velocidad máxima de mezclado de 7500 rpm debido a que resulta más severa en la dispersión de cualquier polímero.

La temperatura de mezclado se estableció también en la máxima permisible, a fin de no provocar la volatilización de la fracción aromática (resinas y aceites de la fracción malténica). Superados estos umbrales se provocaría el envejecimiento del ligante por la otra componente descripta en el Capítulo IV, la volatilización.

De esta forma la máxima velocidad otorgada fue de 7500 rpm en el mezclado y una temperatura máxima de 190ºC.

En estas condiciones se fue variando la posición del rotor-estator con respecto al fondo interno de la cuba, observando la presencia o ausencia del vórtice en superficie y también variando el tiempo de mezclado.

En estas condiciones se midió sobre el blanco, el asfalto sin mezclar, la penetración y el punto de ablandamiento y luego sobre las muestras sometidas al proceso de agitación las mismas variables a fin de observar que no se registrara una variación mayor al 2% entre cada paso comparativo.

Las condiciones de operación obtenidas como las máximas permitidas son las que se expresan a continuación.

Velocidad más elevada de mezclado	7500 rpm
Temperatura máxima de mezclado	190º C
Posición del cabezal respecto del fondo de la cuba	2 cm
Tiempo mayor de mezclado	45 minutos

Una vez comprobadas que las variaciones sean inferiores al 2% en la penetración y el punto de ablandamiento, se procedió a verificar sobre la muestra que cumplió con dicho requisito, los cambios en la composición del ligante, expresada en contenidos de maltenos.

En la Tabla Nº V.18 se presentan los valores obtenidos para la muestra expuesta a este procedimiento que ha cumplido con las limitaciones requeridas. Se ve como aceptable una variación en los valores del punto de ablandamiento y de la penetración máxima del 2% por actividades de mezclado y de recirculación sin incorporación de aditivos.

Tabla Nº V.18 – Comparación de variables antes y después del mezclado en el dispersor según las condiciones operativas descriptas.

	Penetración [0,1 mm]	Punto de ablandamiento [º C]	Saturados [%]	Nafteno Aromáticos [%]	Polar aromáticos [%]
Antes del mezclado	79	47	19,6	58,3	14,8
Después del mezclado	80	47	19,2	57,9	14,1

b) Ajuste de las piezas del cabezal

Se ajusta a la posición señalada como óptima para que no produzca vórtice.

c) Calentamiento del ligante asfáltico

El ligante asfáltico se coloca en estufa en vasos de 3 kg. Se lo calienta hasta 150ºC, hasta que toda la masa de asfalto haya homogenizado su temperatura. Luego como se observa en la Figura Nº V.85, se lo vierte en la cuba (2 Kg en total).

d) Calentamiento

Se coloca la cuba bajo el cabezal y se enciende el mechero de forma que el ligante asfáltico registre un crecimiento de 2 grados por minuto, hasta alcanzar la temperatura de 170º C.

e) Incorporación del caucho

Se pesa la cantidad de caucho recuperado necesaria de acuerdo a la dosificación establecida y se incorpora el caucho por la parte superior en forma de lluvia.

f) Tiempo de mezclado

Se mezcla durante 45 minutos tomando el tiempo desde que se comienza a incorporar el caucho y se va aumentando la velocidad de circulación del rotor hasta 5000 rpm, a una distancia de 2 cm del fondo de la cuba.

g) Finalización de la dispersión:

Se retira el cabezal y se vierte el contenido en un vaso preparado al efecto. La dispersión está finalizada y el asfalto modificado al cual se le realizará los ensayos de caracterización como se verá en el capítulo VIII. (BOTASSO G., 2005).

V.2.1. Descripción del proceso de fabricación

El proceso de fabricación de un material con adiciones, es la etapa de mayor importancia, porque como ya se mencionó aquí puede darse un proceso de envejecimiento tanto por oxidación como por volatilización de la fracción aromática, y es en esta fase donde se deben extremar los cuidados en pos de una producción sin sobresaltos. Se analizarán los tiempos totales de duración del proceso de fabricación, los tiempos de adición de los distintos productos y las temperaturas de mezclado.

Se deberá fijar el tiempo total que puede durar el proceso. Se valora el máximo tiempo de mezclado "tolerable" por el ligante asfáltico, que será aquel para el cual éste conserve sus propiedades básicas de consistencia (penetración, punto de ablandamiento, etc.), como se mencionó anteriormente. Luego, se está en condiciones de comenzar a realizar las aditivaciones.

La determinación del tiempo antes mencionado debe realizarse con sumo cuidado. En primer lugar debe tenerse caracterizado el ligante a utilizar para luego fijar tiempos de mezcla en función de la experiencia que el operador tenga con el equipo.

Con los tiempos de mezclado establecidos y manteniendo fijas las revoluciones por minuto (rpm) y la temperatura, se coloca en el recipiente la cantidad de ligante asfáltico a utilizar en una aditivación normal y se procede a realizar una simulación de mezcla, en esta etapa no se utiliza aditivo. Cumplimentados los tiempos prefijados, se procede a determinar las propiedades mencionadas anteriormente para análisis de las características del ligante asfáltico.

Los resultados obtenidos serán indicadores que orienten en la búsqueda del tiempo final que durará el proceso, puede ser factible modificar los tiempos, o no; de ser modificados, se realiza nuevamente la simulación de proceso de fabricación, realizándose nuevamente las determinaciones para la evaluación del ligante asfáltico (BOTASSO G., 2005).

V.2.2. Duración del proceso de fabricación

Se trata de establecer el tiempo máximo de mezclado tolerable por el cemento asfáltico base, sin sufrir variaciones en sus características físicas y mecánicas.

Se fija una velocidad de mezclado de 5000 rpm, el volumen de asfalto interviniente y la posición del equipo durante el período de mezcla; se realizan los mezclados a 30, 40, 50, 60 y 90 minutos, encontrándose variaciones en las características del asfalto superando los 40 minutos de mezclado, por lo cual se fijó a este como el tiempo máximo de mezcla.

V.2.3 Funcionamiento del dispersor

Para la interpretación de la forma de trabajo del equipo, consideremos las tres etapas del ciclo de mezclado:

Etapa 1: los materiales son colocados por succión en el fondo del cabezal de trabajo y sometidos a una intensa acción de mezclado por la rotación a alta velocidad de las hojas en el espacio cerrado, como se presenta en la figura Nº V.86.

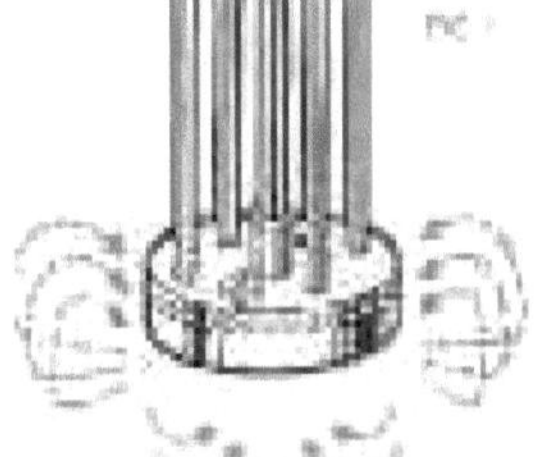

Figura Nº V.86 – Acción de mezclado por la rotación.

Tipos de cabezales

En la figura Nº V.87. se presenta el cabezal Desintegrador, excelente para procesos de mezclas generales, rápida reducción de partículas sólidas de gran tamaño y flujo vigoroso.

Figura Nº V.87 - Cabezal desintegrador.

En la figura Nº V.88. se presenta el cabezal Ranurado, proporciona la mejor combinación de esfuerzo de corte. Equipado para emulsiones y mezclas de mediana viscosidad.

Figura Nº V.88 - cabezal ranurado.

En la figura Nº V.89. se presenta el cabezal Desintegrador Ranurado Rectangular, es ideal para aplicaciones que requieren un flujo y esfuerzo de corte importante.

Figura Nº V.89 - Cabezal desintegrador ranurado.

El cabezal desintegrador se utilizó en la dispersión de esta investigación; la función de este dispositivo es fundamentalmente dar una intensa acción de mezcla para dispersar masas de sólidos, esto es, desintegrar materiales sólidos de partícula mayor al tamaño de polvo, tales como minerales, gomas, maderas, fibras, asfaltos, neoprenos, caucho butílico, etc. Si el material sólido es soluble, el resultado es una solución sin la ayuda del calentamiento y si es insoluble, este es reducido a una suave pulpa o suspensión. La entrada continua de sólidos en el cabezal mezclador da una progresiva reducción del tamaño de la partículamientras el batch entero se mantiene en circulación y la sedimentación no ocurre.

Figura Nº V.90 – Cabezal desintegrador, de trabajo.

Etapa 2: durante la expulsión desde el cabezal de trabajo, las hojas del rotor dan al material una intensa acción de corte a alta velocidad, lo que garantiza una rápida y total disolución. El cabezal desintegrador asiste al proceso, disolviendo aglomerados, removiendo grandes tamaños de partículas de manera de producir una dispersión homogénea en minutos, dando la posibilidad de trabajar con tamaños de partículas variables, con el único cambio del anillo del cabezal (ranuras u orificios).

Etapa 3: los materiales procesados son luego expedidos con gran fuerza y velocidad dentro del cuerpo de la mezcla. Al mismo tiempo el material nuevo ingresa a la base del cabezal mezclador. Esta entrada y salida de las mezclas indica un patrón de circulación que dependerá del tamaño del tanque y del tipo de cabezal o equipamiento utilizado.

La observación por microscopía óptica de fluorescencia por reflexión no nos permitirá observar la calidad final de la mezcla; también se cuenta con una batería de ensayos que proporciona importante información para entender el sistema y los parámetros sobre los cuales se puede influir.

A través de esta determinación podemos observar la existencia o no del sistema bifásico, forma y tamaño de las partículas de polímero y de los glóbulos de ligante, proporciones relativas de cada fase, finura total de la dispersión, etc.

La combinación de las tres etapas del ciclo da como resultado un mezclado controlado y eficiente, para lo cual la acción de la máquina debe ser suave, libre de vibraciones y de las innecesarias y no deseables características de turbulencias.

V.3 DOSIFICACIÓN

En esta etapa del desarrollo en el laboratorio se busca orientar los dosajes para obtener el producto deseado.

1. Dosificaciones tentativas y preclasificación.
2. Ajustes de dosificación. En este paso tendrán intervención todos los ensayos descriptos en la IRAM 6838.
3. Formulación final y clasificación definitiva.

V.3.1 Dosificaciones tentativas y preclasificación.

Al realizar las primeras dosificaciones tentativas se analiza si con el tiempo de mezclado obtenido, la temperatura de trabajo y el número de rpm escogido en el análisis, se logra la dispersión correcta del polímero en el ligante de trabajo.

La comprobación de la obtención de una correcta dispersión del polímero en el ligante asfáltico escogido, se evalúa mediante observación por microscopía óptica de fluorescencia por reflexión.

La técnica consiste en iluminar con luz ultravioleta la muestra, de manera tal que el polímero disperso en el ligante emite una luz visible de mayor longitud de onda (fluorescencia), generalmente de color amarillo, mientras que el ligante no emite fluorescencia alguna, lo que permite observar la micromorfología de la muestra; como se presenta en la figura Nº V.91.

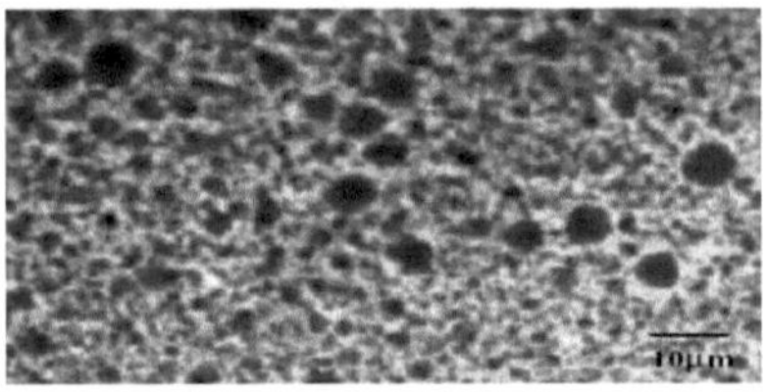

Figura Nº V.91 - Microscopía de la dispersión.

Posterior a la comprobación y garantizando la dispersión se realiza una primera clasificación basándonos en ensayos rápidos, como el punto de ablandamiento, penetración, resiliencia, recuperación elástica, como se mencionaron anteriormente.

Terminada esta preclasificación básica, se toma conocimiento de las primeras características del producto. Del análisis de todos los valores obtenidos, se pasará a la etapa siguiente, en la que se realizarán los ajustes.

V.3.2 Ajustes de dosificación.

En este paso tendrán intervención todos los ensayos descriptos en la IRAM 6838.

En este punto se realizan ajustes mediante los cuales tendremos puntos más próximos y quizás los definitivos; se procede a los trabajos de clasificación del material conforme a la norma IRAM 6838; restará solamente definir el intervalo de trabajo y de ser necesario acotar aún más el mismo, para pasar a la dosificación final.

Sintetizando:

Como se ha mencionado las especificaciones argentinas establecen que la elaboración de un microconcretos debe realizarse con asfalto modificado. Normalmente en argentina se usa el asfalto tipo AM3, que se utiliza como blanco de comparación en el presente trabajo. La presente investigación busca evaluar la posibilidad de utilizar un polímero proveniente de un desecho, NFU, para ser utilizado en una mezcla de bajo espesor.

Existen dos sistemas básicos para usar el NFU en procesos de fabricación de mezclas asfálticas en caliente.

- Proceso por vía seca.
- Proceso por vía húmeda.

La incorporación del NFU en el asfalto por vía húmeda es la tecnología utilizada en la presente investigación; y para la dispersión en él se utiliza un dispersor de polímeros. El sistema micro dispersa el caucho en el asfalto con una suficiente cantidad de hidrocarburos naftenos y polares aromáticos, es decir las fracciones aromáticas del asfalto, mediante una fuerte energía de corte y una temperatura de mezclado; dándose el proceso de humectación e hinchamiento del polímero. Se busca de esta forma lograr que el caucho pueda interactuar con el asfalto y lograr la modificación del mismo.

Para obtener una dispersión óptima es necesario definir la posición del rotor – estator en la cuba del dispersor, la temperatura de mezclado, el porcentaje de NFU a incorporar y el tiempo de mezclado. Para definir estas variables, se midió sobre el blanco, el asfalto sin mezclar, la penetración y el punto de ablandamiento y luego sobre las muestras sometidas al proceso de agitación las mismas variables a fin de observar que no se registrara una variación mayor al 2% entre cada paso comparativo.

Se busca entonces lograr una dispersión del NFU en un ligante asfaltico, para remplazar el asfalto tipo AM3; es por esto que es necesario conocer las características del asfalto y las de los polímeros, la compatibilidad entre ellos, el proceso de mezclado y así obtener las características físicas de la dispersión resultante asfalto – polímero. Estas se presentan en el capítulo VIII.

Por otro lado, predecir el comportamiento estructural y superficial de la mezcla con el asfalto con NFU. El primero se realiza mediante los ensayos establecidos en las especificaciones, el Marshall, etc. El segundo comportamiento es evaluado mediante la propuesta de un modelo, que permita representar y estudiar las características superficiales, antes y después de la acción de un simulador de tránsito y observar los gradientes de deterioro de la macrotextura y de la mircrotextura.

La metodología y ensayos de ambos comportamientos mencionados, son descriptas en el siguiente capítulo.

Capítulo VI: DISEÑO DE UN MICROCONCRETO DISCONTINUO EN CALIENTE Y SU ROL EN LAS CONDICIONES SUPERFICIALES DE UN PAVIMENTO.

VI.1. INTRODUCCIÓN

Las mezclas asfálticas se emplean en la construcción de pavimentos, ya sea en capas de rodadura o en capas inferiores y su función es proporcionar una superficie de rodamiento cómoda, segura y económica a los usuarios de las vías de comunicación, facilitando la circulación de los vehículos, aparte de transmitir adecuadamente las cargas debidas al tránsito a la subrasante natural que lo soportan.

Se define como mezcla bituminosa en caliente la combinación de un ligante hidrocarbonado, agregados (incluido el polvo mineral) y, eventualmente, aditivos, de manera que todas las partículas del árido queden recubiertas por una película homogénea de ligante. Su proceso de fabricación implica calentar el ligante y los agredados (excepto, eventualmente, el polvo mineral de aportación) y su puesta en obra debe realizarse a una temperatura más elevada que la ambiente (superior a los 130ºC)

Se deben considerar dos aspectos fundamentales en el diseño y proyecto de un camino (BOTASSO G., 2002):

- La función resistente, que determina los materiales y los espesores de las capas a emplear en la construcción.
- La función superficial, que determina las condiciones de textura y acabado que se deben exigir a las capas superiores del camino para que resulten seguras y confortables.

Como material estructural se puede caracterizar de varias formas; así por ejemplo la evaluación de parte de sus propiedades como cohesión, adherencia, estabilidad, deformación, comportamiento modular y comportamiento frente a acciones dinámicas tales como las deformaciones plásticas permanentes.

El comportamiento de la mezcla depende de circunstancias externas a ellas mismas, tales como son el tiempo de aplicación de la carga y de la temperatura. Por esta causa su caracterización y propiedades tienen que estar vinculadas a estos factores (temperatura y duración de la carga), lo que implica la necesidad del conocimiento de la reología del material (ASPHALT INSTITUTE, 1997).

Las cualidades funcionales del camino residen fundamentalmente en su superficie. De su acabado y de los materiales que se hayan empleado en su construcción dependen aspectos inherentes a los usuarios como (PADILLA RODRIGUEZ A., 2002):

- La adherencia del neumático a la calzada.
- Las proyecciones de agua en tiempo de lluvia.
- El desgaste de los neumáticos.
- El ruido en el exterior y en el interior del vehículo.
- La comodidad y estabilidad en marcha.
- Las cargas dinámicas del tránsito.
- La resistencia a la rodadura (consumo de combustible).
- El envejecimiento de los vehículos.
- Las propiedades ópticas.

VI.1.1. Clasificación de las mezclas asfálticas

Existen varios parámetros de clasificación para establecer las diferencias entre las distintas mezclas y las clasificaciones pueden ser diversas (PG3. Pliego De Especificaciones Técnicas Del Ministerio De Fomento De España, 2001):

A) Por fracciones de agregado pétreo empleado

- Mastic asfáltico: Polvo mineral más ligante.
- Mortero asfáltico: Agregado fino más mastic.
- Concreto asfáltico: Agregado grueso más mortero.
- Macadam asfáltico: Agregado grueso más ligante asfáltico.

B) Por la temperatura de puesta en obra

- Mezclas asfálticas en caliente: Se fabrican con asfaltos a temperaturas elevadas, en el rango de los 150 grados centígrados, según la viscosidad del ligante; se calientan también los agregados, para que el asfalto no se enfríe al entrar en contacto con ellos. La puesta en obra se realiza a temperaturas muy superiores a la ambiente, pues en caso contrario, estos materiales no pueden extenderse y menos aún compactarse adecuadamente.

- Mezclas asfálticas en frío: El ligante suele ser una emulsión asfáltica (debido a que se sigue utilizando en algunos lugares los asfaltos fluidificados), y la puesta en obra se realiza a temperatura ambiente.

C) Por la proporción de vacíos en la mezcla asfáltica

Este parámetro suele ser imprescindible para que no se produzcan deformaciones plásticas como consecuencia del paso de las cargas y de las variaciones térmicas.

- Mezclas cerradas o densas: La proporción de vacíos no supera el 6 %.
- Mezclas semi–cerradas o semi–densas: La proporción de vacíos está entre el 6 % - 10 %.
- Mezclas abiertas: La proporción de vacíos supera el 12 %.
- Mezclas porosas o drenantes: La proporción de vacíos es superior al 20 %.

D) Por el tamaño máximo del agregado pétreo

- Mezclas gruesas: Donde el tamaño máximo del agregado pétreo excede los 10 mm.
- Mezclas finas: También llamadas microconcretos, lechadas, tratamientos superficiales, etc., se trata de mezclas formadas básicamente por un árido fino incluyendo el polvo mineral y un ligante asfáltico. El tamaño máximo del agregado pétreo determina el espesor mínimo con el que ha de extenderse una mezcla que vendría a ser del doble al triple del tamaño máximo o incluso su tamaño máximo como el tratamiento superficial.

E) Por la estructura del agregado pétreo.

- Mezclas con esqueleto mineral: Poseen un esqueleto mineral resistente; su componente de resistencia debida al rozamiento interno de los agregados es notable. Ejemplo, las mezclas abiertas y los que genéricamente se denominan concretos asfálticos, aunque también una parte de la resistencia de estos últimos, se debe al mastic.

- Mezclas sin esqueleto mineral: No poseen un esqueleto mineral resistente; la resistencia es debida exclusivamente a la cohesión del mastic. Ejemplo, los diferentes tipos de masillas asfálticas.

F) Por la granulometría.

- Mezclas continuas: Una cantidad muy distribuida de diferentes tamaños de agregado pétreo en el huso granulométrico.
- Mezclas discontinuas: Una cantidad muy limitada de tamaños de agregado pétreo en el huso granulométrico. Generalmente con falta de una fracción entre los tamices Nº 4 y 8 de ASTM.

Hasta aquí se ha mencionado las diferentes maneras de clasificación de las mezclas asfálticas; más adelante se describirá con más detalles el tipo de mezcla analizada en la presente investigación.

VI.1.2. Criterios de diseño

Las mezclas asfálticas son materiales cuyo comportamiento mecánico no depende sólo de la magnitud de las tensiones soportadas, sino también de la forma en la que estas se aplican, en particular, de la temperatura y de la velocidad de aplicación. La parte de la ciencia de los materiales que estudia los que tienen estas características es la reología.

Sólo en determinadas condiciones de servicio (bajas temperaturas y velocidades elevadas de aplicación de las cargas), las mezclas asfálticas tienen un comportamiento elástico y lineal. En las restantes condiciones, son en mayor o menor medida no elásticas o no lineales.

Se supone que el comportamiento de la mezcla es el resultado de la integración de los comportamientos de sus componentes. Por un lado, están los agregados, de naturaleza elastoplástica; por otro lado, el mástico (asfalto más polvo mineral), cuya naturaleza es viscoelástica. En consecuencia las mezclas asfálticas tienen una naturaleza que cabe denominar viscoelastoplásticas.

Esta naturaleza se puede representar en primera aproximación mediante la variación del módulo de rigidez de la mezcla con el tiempo de aplicación de la carga o con la temperatura. En este se observa que, para tiempos de aplicación de cargas muy pequeños (0,1s) y temperaturas bajas (inferiores a 10ºC), el comportamiento de las mezclas asfálticas se puede considerar elástico y el módulo de rigidez análogo a un módulo de elasticidad. Con tiempos de aplicación de cargas y temperaturas mayores, el módulo de rigidez es una relación entre la tensión aplicada y la deformación resultante, dependientes ambas del tiempo de carga y de la temperatura, dejando entonces la mezcla de ser un material elástico. Para valores grandes del tiempo de aplicación y temperaturas altas, su comportamiento es ya fundamentalmente viscoso.

Propiedades mecánicas.

Cada uno de los tipos de mezclas asfálticas, tienen propiedades diferentes. Esto hace que sus campos de aplicación lo sean también. En principio, es difícil proyectar una mezcla que satisfaga todas esas propiedades en el mismo grado, tanto porque algunas son relativamente contrapuestas, como por su importancia relativa depende de la funcionalidad y estructura de la calzada. Para que prevalezcan unas determinadas propiedades el ingeniero debe considerar las cualidades de los materiales constituyentes, su dosificación y las condiciones de fabricación y puesta en obra de la mezcla.

Por otro lado, es preciso tener en cuenta que en los pavimentos las mezclas asfálticas deben satisfacer además una serie de requerimientos en consonancia con su función y su entorno. Por ello hay que considerar también propiedades como textura superficial, luminosidad, color, sonoridad, facilidad de ser pintada, facilidad de limpieza, etc. (KRAEMER C., MIGUEL ANGEL DEL VAL, 1996).

Las principales propiedades a evaluar en una mezcla asfáltica son:

Estabilidad

La primera característica que debe tener una mezcla asfálticas es la de ser capaz de soportar las cargas y de resistir las tensiones que se van a producir con unas deformaciones tolerables. Esta propiedad se denomina estabilidad y es una representación empírica de la resistencia intrínseca del material, es decir, de la combinación de su rozamiento interno y de su cohesión.

La estabilidad o carga de rotura se suele evaluar mediante ensayos de base empírica. Los más conocidos son el ensayo Marshall que arroja valores de estabilidad y fluencia.

Resistencia a las deformaciones plásticas

Debido al comportamiento viscoelastoplásticos de las mezclas asfálticas, el paso de las cargas, especialmente en condiciones de altas temperaturas o bajas velocidades, va produciendo una acumulación de deformaciones plásticas. Si la mezcla no tiene unas características relógicas adecuadas, puede producirse incluso fluencia del material. Este fenómeno tiene su manifestación más típica en las denominadas huellas: deformaciones plásticas longitudinales que se pueden producir en determinadas mezclas en las zonas de rodada de los vehículos pesados.

El deterioro intrínseco de la mezcla es evitable proyectando adecuadamente la misma, y en particular, atendiendo a la relación fíller/asfalto, proporción y consistencia del asfalto, angulosidad del árido, etc. Mediante el ensayo Wheel Tracking Test BS EN 12697-22:2003, se puede valorar la pendiente y velocidad de deformación.

La resistencia a las deformaciones plásticas no es una propiedad a ser analizada en las mezclas de bajo espesor y más precisamente en un microconcreto discontinuo como el que se estudia en el presente trabajo. Esto se debe a que estas mezclas presentan una elevada resistencia a estas deformaciones como producto de la forma de los agregados, del módulo dinámico, contenido de vacíos y los vacíos del agregado mineral.

Si bien esta propiedad no se utilizó para el diseño del microconcreto; con la metodología y el equipamiento que se utiliza para determinar las deformaciones plásticas (ahuellamiento) se ha propuesto un modelo de deterioro de las características superficiales de dicha mezcla.

Resistencia a la fatiga

Cuando las condiciones de bajas temperaturas, de elevadas velocidades y altas frecuencias hacen que la mezcla tenga un comportamiento elástico, de un valor inferior al de rotura, va produciendo un agotamiento progresivo por fatiga del material. La fatiga se traduce en un aumento de las deflexiones (deformaciones elásticas en superficie) y, cuando ese llega a un avanzado estado, en agrietamientos generalizados (piel de cocodrilo).

La determinación de la resistencia a fatiga de una mezcla asfáltica se lleva a cabo en laboratorio, mediante cambio de frecuencias y de temperaturas en el ensayo de modulo dinámico BS EN 12697-26:2004.

Resistencia al deslizamiento

Las mezclas asfálticas empleadas en capas de rodadura deben proporcionar una adecuada resistencia al deslizamiento, que ha de mantenerse durante su vida útil. Para ello es preciso que, si se trata de carreteras con tránsito intenso y rápido, los agregados empleados tengan un alto coeficiente de pulimiento acelerado y con condiciones de textura adecuada. Esto se verá más en detalle en el presente capítulo.

Impermeabilidad

Otra función que deben cumplir las mezclas asfálticas empleadas en las capas superiores es la de proteger la infraestructura frente a la acción del agua que cae sobre la calzada. En consecuencia, se debe dotar a las mezclas de una elevada impermeabilidad. Sin embargo, esta impermeabilidad no tiene por qué estar confiada a la capa de rodadura, habiéndose desarrollado por ello las denominadas mezclas porosas. La impermeabilidad se garantiza en este caso mediante la capa inferior.

Resistencia a agentes externos (durabilidad)

Las capas de rodadura se ven sometidas a agresiones externas de diversa índole, aparte de la acción de las cargas. La radiación solar, la oxidación de ligante producida por el aire y el agua, la helada y las sales fundentes empleadas contra la misma y el derrame de aceites y combustibles son factores que afectan a la durabilidad de la mezcla.

El fenómeno del envejecimiento de las mezclas asfálticas es complejo, tanto porque las causas son muy diversas, como porque se desencadenan diversos procesos de tipo físico – químicos, difíciles de definir. Algunos de estos procesos son irreversibles.

El envejecimiento se manifiesta por microfisuras, pérdidas de mortero, migraciones de ligante, desenvuelta del árido grueso, etc. Aparecen así deterioros diversos como baches, peladuras, etc. En cualquier caso, la duración de una capa de rodadura correctamente proyectada y construida debería ser de 10 años o más.

VI.2. LOS MICROCONCRETOS ASFALTICOS EN CALIENTE

VI.2.1. Introducción

Las calzadas de las carreteras han sido consideradas tradicionalmente más bien como una estructura que debe soportar las cargas del tránsito que como la superficie sobre la que se deslizan los vehículos. Esta estructura básica se concebía en varias capas con granulometrías decrecientes hasta llegar a la rodadura, donde se utilizaban agregados especiales para poder conseguir un rozamiento adecuado y resistir el desgaste debido a la circulación de los vehículos. (DEL POZO, J. 1998)

Las capas profundas de la calzada trabajan a flexotracción deteriorándose por fatiga, mientras que la superficie soporta cargas verticales importantes de cizalladura radial debido a la distribución no uniforme de la presión de los neumáticos y de cizalladura uniforme por esfuerzos de frenado y aceleración de los vehículos.

Las necesidades crecientes de los usuarios en cuanto a la rapidez y seguridad en los desplazamientos, así como a la expansión del transporte por carretera, hace que esta superficie haya adquirido una importancia fundamental en la función de la calzada, siendo responsable de la comodidad, seguridad y costo del usuario; es por ello que la industria de los pavimentos asfálticos centra su atención en estos elementos, la calidad, seguridad, impacto ambiental, rapidez de construcción, confort, costos.

En la actualidad, a fin de optimizar las dos funciones básicas (estructural y superficial), la tendencia es considerar prácticamente todo el espesor del paquete con función estructural y una capa superficial o de rodamiento más o menos fina con función de rodadura y por tanto formada por mezclas especializadas a su función, como puede verse en la siguiente figura esquemáticamente.

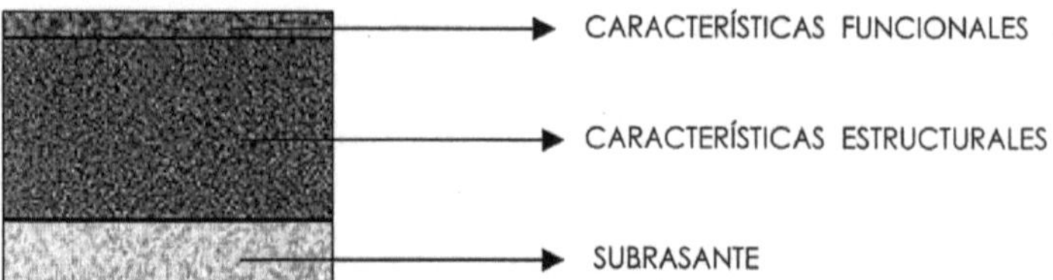

Figura Nº VI.92 – Esquema de partes del paquete estructural.

Del acabado de dicha capa superficial o de rodamiento y de los materiales que se hayan empleado en su construcción dependen propiedades tan interesantes y preocupantes para los usuarios. (PÉREZ JIMÉNEZ, F.E. 2002)

Las principales propiedades que debe tener una capa de rodadura son:

- La adherencia del neumático a la superficie (en seco y en mojado).
- Capacidad de evacuación del agua. Las proyecciones de agua en tiempo de lluvia.
- El desgaste de los neumáticos.
- El ruido en el exterior y en el interior del vehículo.
- La comodidad y estabilidad en la marcha.
- La resistencia a la rodadura (consumo de combustible).
- El envejecimiento de los vehículos.
- Las propiedades ópticas.

Estos aspectos funcionales de la calzada están asociados principalmente con la textura y la regularidad superficial del pavimento, y estas dependerán de la calidad de los materiales y de los procesos constructivos.

Dentro de la textura, se realiza la siguiente clasificación basada en las longitudes de onda: (KRAEMER, C., MORILLA, I., DEL VAL, M.A. 1999)

A. <u>Microtextura:</u> Se trata de irregularidades superficiales del pavimento menores de 0,5 mm. Sirve para definir la aspereza del pavimento y depende de la textura superficial de los agregados y del mortero bituminoso. Es muy importante para la adherencia entre neumático y pavimento y, por tanto, para la resistencia al deslizamiento en todas las circunstancias. Influye en el desgaste de los neumáticos y en menor medida en el ruido en las altas frecuencias del espectro acústico. En cualquier caso, las irregularidades de este tipo son siempre necesarias.

B. Macrotextura: Está relacionada con irregularidades de 0,5 a 50 mm. Sirve para definir la rugosidad del pavimento y depende del tamaño máximo del árido y de la composición de la mezcla bituminosa. La macrotextura es necesaria para conseguir una adecuada resistencia al deslizamiento a altas velocidades o con el pavimento mojado. Por otra parte, mejora la visibilidad con pavimento mojado y la percepción de las marcas viales, además de eliminar o reducir los fenómenos de reflexión de la luz que tienen lugar en los pavimentos lisos mojados. Por el contrario, los pavimentos con una macrotextura muy rugosa producen un mayor desgaste de los neumáticos, suelen resultar ruidosos y un pequeño aumento en el consumo de combustible porque aumenta la resistencia a rodadura. Existen dos tipos de macrotextura la positiva y negativa. La primera es la usual, típica de los tratamientos superficiales, de las mezclas asfálticas cerradas e impermeables y de las mezclas densas. La segunda se refiere a los pavimentos porosos. Ambas ofrecen en diferente grado las ventajas mencionadas. En cambio, son muy diferentes en relación al ruido. Mientras que con macrotexturas positivas puede aumentar o disminuir el ruido de rodadura según las dimensiones de las irregularidades, los pavimentos porosos llegan a disminuir sensiblemente el nivel de ruido.

C. Megatextura: Corresponde a irregularidades de 50 a 500 mm, relacionadas con la puesta en obra y también con diversos tipos de fallos o degradaciones (baches, peladuras, etc.) y sus reparaciones cuando no están bien realizadas. Esta gama de irregularidades aumenta en particular la resistencia a la rodadura y el nivel de ruido con frecuencias bajas. La rodadura es más incómoda, con vibraciones y dificultades para mantener la estabilidad de la marcha, contribuyendo además al desgaste de los vehículos incluidos los neumáticos.

D. Irregularidad superficial: Está asociada con ondulaciones de longitudes de ondas mayores de 500 mm debidas a la puesta en obra (extensión, compactación, etc.), a deformaciones de la calzada bajo tránsito o a deformaciones de la explanada. Estas irregularidades afectan a la comodidad de la rodadura por las oscilaciones que producen, aumentan el consumo de combustible e influyen en la estabilidad de los vehículos.

La megatextura y la irregularidad superficial resultan indeseables desde cualquier punto de vista ya que inciden negativamente sobre la comodidad y aumentan el ruido de rodadura, los gastos de mantenimiento de los vehículos y los gastos de conservación de la vía.

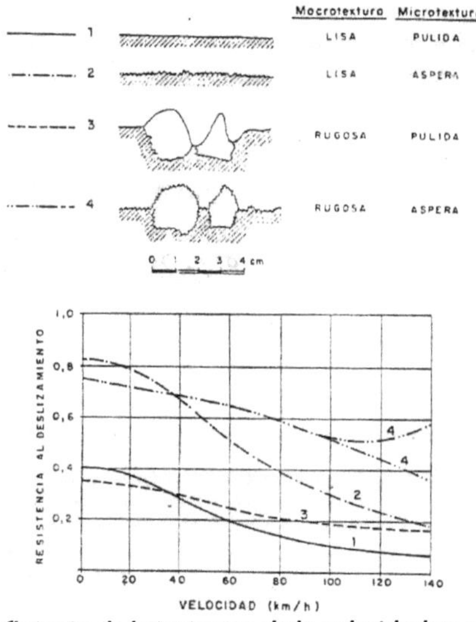

Figura VI.93. - Influencia de la textura y de la velocidad en el coeficiente de resistencia al deslizamiento. (Fuente: KRAEMER, C., MORILLA, I., DEL VAL, M.A. 1999)

Para lograr que estas características sean aceptables, es que en los últimos años se vienen desarrollando en todo el mundo técnicas de pavimentación en espesores relativamente delgados (menores a 40 mm) con el objetivo fundamental de proteger la estructura del pavimento y proveer una capa de rodamiento con adecuadas condiciones de seguridad y confort.

Las capas delgadas se utilizan tanto en recapados como en construcciones nuevas. En general estas mezclas están destinadas al mantenimiento preventivo de pavimentos, donde obtiene el máximo costo-efectividad. También pueden ser aplicadas en operaciones de mantenimiento correctivo poniendo énfasis en la preparación de la superficie de apoyo.

La variación tanto de la macrotextura como de microtextura, se debe a los cambios en las propiedades de la superficie producidos por el tránsito y los agentes meteorológicos, en especial el pulido de los agregados del pavimento. Por lo que ambas características no son constantes en el tiempo. Este deterioro se determinará mediante un modelo propuesto que se explica más adelante.

Un factor común a todos los sistemas de bajo espesor es que son muy sensibles a la condición de la superficie de apoyo, a la calidad de los materiales y a los procesos constructivos. Esto es, se requieren agregados, filler, asfalto y aditivos de alta calidad junto con adecuadas técnicas de elaboración y colocación.

Las propiedades antes mencionados, pueden clasificarse dentro de los siguientes factores de funcionalidad: (BOLZAN P., 2009)

Tabla Nº VI.19 – Factores que gobiernan la funcionalidad de un pavimento

Factores que gobiernan la Funcionalidad de un Pavimento	
Seguridad	Resistencia al deslizamiento
	Macro y Microtexturas
	Drenaje superficial
	Spray
	Lisura
	Reflectancia
	Demarcación horizontal
Protección de la estructura	Durabilidad
Confort	Nivel de ruido
	Rugosidad
Estética	Uniformidad

En nuestro país, la importancia otorgada al conocimiento de las características superficiales va creciendo en el tiempo. Los pliegos de especificaciones técnicas exigían solamente la uniformidad longitudinal, con la concesión de las rutas se comenzaron a exigir valores límites de: rugosidad, ahuellamientos, coeficiente de fricción.

Actualmente el pliego de especificaciones técnicas de la DNV, hace extensivas estas condiciones a la recepción de la totalidad de las obras construidas por dicha repartición.

VI.2.2. Historia y evolución

La técnica de los microconcretos ha sido empleada desde hace años en la pavimentación de carreteras, no sólo en frío constituyendo las tradicionales lechadas bituminosas que con tanta profusión y éxito se han empleado en la conservación y pavimentación de carreteras, sino también en caliente. Estos últimos en España comenzaron a utilizarse en los años 40 principalmente en trabajos de conservación de vías urbanas.

Se aplicaban en capas de 15 a 20 mm de espesor y se empleaban básicamente en trabajos de regularización de calzadas antiguas para mejorar su perfil transversal, así como en la pavimentación urbana debido a su flexibilidad, baja sonoridad y agradable aspecto externo.

Estos morteros en caliente poseían una serie de características muy interesantes, entre las que destacaban las siguientes:

- Su elevada capacidad de autorreparación, su buen comportamiento a fatiga y su elevada flexibilidad.
- Su textura microrrugosa áspera, tipo papel de lija, muy adecuada para vías de baja velocidad como por ejemplo vías urbanas.
- Muy bajo nivel sonoro.

Frente a estas ventajas, adolecían sin embargo de una serie de importantes inconvenientes entre los que se encontraban los siguientes:

- Su baja estabilidad mecánica, con riesgo de fluencia plástica.
- Su baja resistencia al deslizamiento, especialmente frente a velocidades elevadas.
- Su mala resistencia al punzonamiento.

Estos inconvenientes hacían que el empleo de estos tipos de mezclas se circunscribien, casi exclusivamente, a la pavimentación de vías urbanas o bien a trabajos de conservación en carreteras secundarias.

Clasificación

A. Microconcretos continuos.

B. Microconcretos discontinuos.

Microconcretos continuos

La técnica de los microconcretos ha evolucionado a lo largo de los últimos años de manera notable para mejorar los aspectos negativos comentados en el apartado anterior, especialmente la deficiente rugosidad ante tránsito rápido y las bajas características mecánicas. Por lo que respecta a la macrorrugosidad, dos líneas de solución han sido llevadas a cabo: la modificación del esqueleto mineral por un lado y la incrustación de gravillas por el otro. (GORDILLO, J. 1997)

En lo que se refiere al primer punto, se sutituyeron las arenas naturales por arenas de trituración de buen coeficiente de pulido acelerado, aumentando el tamaño máximo del árido. De esta manera, nacen los microconcretos en caliente de granulometría continua. Éstos se caracterizan por tener una textura más rugosa que los anteriores morteros, una superior estabilidad mecánica, una buena impermeabilidad y un bajo nivel sonoro. Sus características mecánicas pueden mejorarse sustituyendo los asfaltos tradicionales utilizados, por asfaltos modificados o incorporando fibras al esqueleto mineral.

La otra línea para mejorar la macrotextura y en consecuencia la resistencia al deslizamiento de los antiguos morteros ha sido la seguida por los ingleses con sus conocidos y tradicionales "Fine Cold Asphalt", en donde se incrustan agregados gruesos preenvueltos en el mortero constituido por finos y asfalto. Se obtienen de esta manera mezclas densas con contenidos en ligante elevados (alrededor del 7 – 8%), e inmediatamente después del extendido y previamente a su compactación se extienden gravillas.

En esta línea se encuentran también las "Sables Enrobé Couté" francesas y los asfaltos fundidos o "Gussasphalt" alemanes, son mezclas de granulometría continua, nulo contenido de vacios y un elevado contenido en ligante (7 - 9,5%). Presentan el inconveniente de su muy baja macrotextura, lo que obliga a la incrustación de gravillas preenvueltas para mejorar su resistencia al deslizamiento.

La incrustación de gravillas en estos morteros o microconcretos densos, aunque mejora la rugosidad y por tanto la adherencia, no resuelve de manera satisfactoria y simultánea el otro problema grave que presentaban los primitivos microconcretos en caliente, esto es, su cohesión insuficiente para resistir elevadas cargas de tránsito sin que se produzca la fluencia plástica.

Conseguir aunar en una misma mezcla las dos características contradictorias de los microconcretos clásicos, resistencia a la deformación plástica frente a la resistencia a la fatiga y macrotextura rugosa frente a pequeño tamaño máximo de árido empleado, es el objetivo buscado y conseguido con los microconcretos discontinuos actuales.

Microconcretos discontinuos

Se trata de mezclas asfálticas utilizadas en capas de pequeño o muy pequeño espesor, con textura macrorrugosa áspera, excelente comportamiento mecánico, gran durabilidad y sin problemas de incremento de sonoridad.

Conseguir una buena macrotextura utilizando agregados de pequeño tamaño máximo ha sido posible gracias a la modificación de la granulometría. Para ello se han sustituido las curvas granulométricas continuas tradicionales por otras de tipo discontinuo mediante la eliminación total o parcial de alguna fracción del árido.

En lo que se refiere a la mejora de las características mecánicas de estos modernos microconcretos, necesarias para poder ser utilizados ante tránsito importantes e incluso pesados, se consigue por la utilización de arenas procedentes de trituración en lugar de las arenas naturales empleadas en los antiguos morteros, por la utilización de fibras naturales o artificiales incorporadas al esqueleto mineral o mediante el empleo de asfaltos modificados con polímeros en sustitución de los asfaltos tradicionales . De esta forma se confiere a la mezcla de resistencia a las deformaciones plásticas y al mismo tiempo se mejora su cohesión, evitando que se vuelva inestable y provoque la exudación del ligante debido al contenido elevado del mismo.

Las fibras incorporadas al esqueleto mineral ejercen un doble papel. Inicialmente permiten fijar un mayor contenido en ligante debido al aumento que producen en la superficie específica a envolver, lo cual se traduce en una película de ligante más gruesa sin riesgo de escurrimiento, interesante desde el punto de vista del envejecimiento y favorable por tanto a la durabilidad de la mezcla. Asimismo, se mejora el comportamiento a la acción del agua y se otorga al microconcreto una cierta capacidad de autorreparación, interesante desde el punto de vista de su comportamiento frente a soportes fatigados y fisurados.

La fibra ejerce también un papel estructurante aportando una armadura al mortero, mejorando su cohesión, su resistencia a la tracción, a la deformación plástica y a la fatiga. Igualmente, se mejora la estabilidad del conjunto generando un mástico de gran calidad "armado" con la fibra que confiere a la mezcla unas excelentes prestaciones.

La otra línea para mejorar las características mecánicas de los microconcretos ha sido la utilización de ligantes modificados, fundamentalmente con polímeros elastoméricos. Con la incorporación de polímeros a los asfaltos se consiguen ligantes de reología mejorada principalmente por lo que respecta a una menor susceptibilidad térmica, aumento de su elasticidad, viscosidad y cohesión interna, como se ha mencionado en capítulos anteriores. Los polímeros empleados de forma más generalizada para modificar los betunes asfálticos son los elastómeros termoplásticos del tipo SBS (estireno- butadieno -estireno) lineales, ramificados o estrellados, junto con los copolímeros del tipo etileno acetato de vinilo (EVA). Con EVA se consigue elevar la resistencia a las deformaciones plásticas, empleándose a veces también para mejorar la trabajabilidad a baja temperatura ambiente. Con el empleo de SBS se suele pretender mejorar la flexibilidad, disminuir la susceptibilidad térmica y en ocasiones mejorar la adhesividad con los agregados. (KRAEMER, C., MORILLA, I., DEL VAL, M.A. 1999)

Con la presente investigación se busca obtener tales características en el microconcreto discontinuo en caliente con la modificación del cemento asfáltico con caucho triturado de neumáticos fuera de uso (NFU) y evaluar su desempeño mediante la comparación con uno elaborado con asfalto modificado con polímero SBS, formando un asfalto modificado tipo AM3.

Una vez introducidos en las mezclas de bajo espesor, a continuación se mencionan las descripciones según las Especificaciones Técnicas de mezclas asfálticas en caliente de bajo espesor de la Comisión Permanente del asfalto de Argentina Versión 01, año 2006.

VI.2.3. Mezclas asfálticas de bajo espesor

Descripción general

Se definen como mezclas asfálticas en caliente de bajo espesor, a aquellas elaboradas y colocadas en obra a temperatura muy superior a la ambiente, en espesores menores ó iguales a 40 mm y con agregado pétreo de tamaño máximo 12 mm. Su composición incluye agregados pétreos, filler, asfalto y eventualmente aditivos tales como mejoradores de adherencia, fibras, etc.

Tipos de mezclas de bajo espesor:

Se definen los siguientes tipos de mezclas asfálticas de bajo espesor, según las especificaciones técnicas antes mencionadas:

A. CAC D 12: Concreto asfáltico convencional denso, tamaño máximo de agregado 12 mm (1/2"): Concreto asfáltico de granulometría continua. Puede utilizarse en su elaboración asfaltos modificados con polímeros.

B. CAC S 12: Concreto asfáltico convencional semidenso, tamaño máximo de agregado 12 mm (1/2"): Concreto asfáltico de granulometría continua. Se diferencia respecto del CAC D 12 en el huso granulométrico. Pueden utilizarse en su elaboración asfaltos modificados con polímeros.

C. CAD 12: Concreto asfáltico drenante, tamaño máximo de agregado 12 mm (1/2"): Concreto asfáltico con alto contenido de vacíos (> 20 %) que lo hacen permeable al agua. Para su elaboración es necesaria la utilización de asfaltos modificados con polímeros y, eventualmente fibras, las cuales posibilitan el uso de mayor cantidad de ligante asfáltico sin problemas de escurrimiento.

D. MAC M8 y M10: Microconcretos asfálticos de granulometría discontinua monogranulares tamaños máximos de agregado es 8 mm y 10 mm respectivamente: Concretos asfálticos de granulometría discontinua especialmente proyectados para carpetas de rodamiento con espesores entre 1,5 y 2,5cm. Es necesario la utilización de asfaltos modificados con polímeros.

E. MAC F8 y F10: Microconcretos asfálticos de granulometría discontinua tamaño máximo de agregado es 8 mm y 10 mm respectivamente: Concretos asfálticos de granulometría discontinua especialmente proyectados para carpetas de rodamiento con espesores entre 2 y 2,5 cm para las MAC F8 y entre 2.5 y 3.5 cm para las MAC F10. Es necesario la utilización de asfaltos modificados con polímeros.

F. SMA 10 y 12 Concretos asfálticos tipo SMA: Concretos asfálticos en caliente Stone Mastic Asphalt, tamaño máximo de agregado es 9,5 mm y 12mm respectivamente. Mezclas formadas por un esqueleto pétreo autoportante y mástic con alto contenido de ligante asfáltico, filler y fibras. Pueden utilizarse asfaltos modificados en su elaboración.

Las mezclas asfálticas que pueden dar o brindar características superficiales deben reunir:

- Relación adecuada de espesor de capa con tamaño máximo del agregado. Máximo espesor de 3 centímetros.
- Máximo tamaño máximo del agregado de 12 mm.
- Granulometría discontinua.

En este contexto los distintos tipos de mezclas asfálticas de bajo espesor que existen son los microconcretos discontinuos en calientes; que a continuación se mencionan sus descripciones según las Especificaciones Técnicas de Mezclas Asfálticas en Caliente de bajo espesor de la Comisión Permanente del Asfalto de Argentina Versión 01, año 2006.

VI.2.4. Características de un Microconcreto discontinuo en caliente.

Definición

Se define como Microconcretos Asfálticos en Caliente (MAC), aquellas mezclas de granulometría discontinua, que son elaboradas y colocadas en caliente para capas de rodamiento.

Sus materiales componentes son la combinación de un cemento asfáltico modificado con polímeros, agregados que presentan una discontinuidad granulométrica muy acentuada en los tamaños intermedios del total de la gradación, relleno mineral y eventualmente, aditivos. Realizada la mezcla de estos materiales todas las partículas deben quedar recubiertas por una película homogénea de cemento asfáltico.

Su finalidad es dotar a la carpeta de rodamiento de adecuadas condiciones de resistencia mecánica, macrotextura, resistencia al deslizamiento y propiedades fono absorbentes.

Se distinguen dos tipos de mezclas y ambas fueron definidas en las descripciones generales antes mencionadas:

- MAC M8 y M10
- MAC F8 y F10

Para la presente investigación se utiliza un MAC F10, cuyos requisitos según el pliego de especificaciones técnicas de mezclas asfálticas en caliente de bajo espesor de la Comisión Permanente del asfalto de Argentina Versión 01 año 2006, son:

Requisitos de los materiales del MAC F10

Agregado Grueso: Es la parte del agregado total retenida en el tamiz IRAM 4,75 mm (IRAM 1501-2).

Los agregados gruesos deben cumplir con los requisitos que se establecen en la siguiente tabla.

Tabla Nº VI.20. - Requisitos de los agregados gruesos

Ensayo	Norma	Exigencia
Partículas trituradas	IRAM 1851	Mínimo, 75 % de sus partículas, con 2 o más caras de fractura, y el % restante, por lo menos con una. Para el caso de la trituración de rodados, el tamaño mínimo de las partículas a triturar debe ser al menos 3 veces el tamaño máximo del agregado triturado resultante."
Índice de Lajas	IRAM 1687	< 25 %
Coeficiente de Desgaste Los Ángeles	IRAM 1532	< 25 %
Coeficiente de pulimiento acelerado Durabilidad por ataque con sulfato de sodio	IRAM 1543 IRAM 1525	>0.40 % < 10 %
Polvo Adherido	VN E 68-75	<0.50 %
Plasticidad	IRAM 10502	No plástico
Relación Vía Seca-Vía Húmeda, de la fracción que pasa el tamiz IRAM 0,075 mm	VN E 7-65	> 50 % (1)
Limpieza		Exento de terrones de arcilla, materia vegetal, u otras materias extrañas que puedan afectar la durabilidad de la capa
Adherencia (%)	AASHTO 182	> 80 %

(1) Si el pasante por el tamiz IRAM 0,075 vía húmeda es mayor del 5 %
VN: Normas de la Dirección Nacional de Vialidad de Argentina

Agregado Fino: Es la parte del agregado total pasante por el tamiz IRAM 4,75 mm.

Los agregados finos deben cumplir con los requisitos que se fijan en la siguiente Tabla.

Tabla Nº VI.21. - Requisitos de los agregados fino

Ensayo	Norma	Exigencia
Procedencia	---	El agregado fino debe proceder de la trituración de roca sana de cantera o grava natural.
Limpieza	---	Exento de terrones de arcilla, materia vegetal, u otras materias extrañas que puedan afectar a la durabilidad de la capa.
Resistencia a la fragmentación	---	Cuando el material que se triture, para obtener agregado fino, sea de la misma naturaleza que el agregado grueso, éste último debe entonces cumplir las condiciones exigidas en la Tabla NºVI.20. para el coeficiente de desgaste Los Ángeles.
Equivalente de Arena	IRAM 1682	> 50 %
Plasticidad de la fracción que pasa tamiz IRAM 0,425 mm	IRAM 10502	No plástico
Plasticidad de la fracción que pasa tamiz IRAM 0,075 mm	IRAM 10502	< 4 %
Relación Vía Seca-Vía Húmeda, de la fracción que pasa el tamiz IRAM 0,075	VN E 7-65	> 50 % (1)
Granulometría	---	Debe permitir encuadrar, junto con la composición de las restantes fracciones, la gradación resultante dentro del huso preestablecido.

(1) Si el pasante por el tamiz IRAM 0,075 vía húmeda es mayor del 5 %

Relleno Mineral (Filler): Es la fracción pasante del tamiz IRAM 0,075 mm, de la mezcla compuesta por los agregados y el relleno mineral de aporte.

Debe cumplir, con las siguientes exigencias:

Densidad aparente (DA) en tolueno (NLT-176): 0,5 gr*cm-3 < D. Ap.< 0,8 gr*cm-3

Relleno Mineral de Aporte (Filler de Aporte): son aquellos que puedan incorporarse a la mezcla por separado y que no provengan de la recuperación de los agregados.

Debe cumplir con las características detalladas en la Sección L.I del Pliego de Especificaciones Técnicas Generales de la D.N.V., Dirección

Nacional de Vialidad, excepto con los requisitos granulométricos (L.I 2.1), que deben ser los indicados en la siguiente Tabla.

Tabla Nº VI.22. - Requisitos granulométricos del relleno mineral de aporte

Tamiz IRAM	Masa, en %, que pasa
425 μmm (Nº 40)	100
150 μmm (Nº 100)	>90
75 μmm (Nº 200)	> 75

Composición Granulométrica de la Mezcla

Husos Granulométricos

La granulometría de las distintas fracciones de agregados constituyentes de la mezcla (incluido el fillerde aporte) debe estar comprendida según los husos definidos según IRAM 1505.

La granulometría del microconcreto MAC F10, se seleccionó del tipo discontinua. El tamaño máximo del agregado es de 1/2" (12 mm).

En la siguiente Tabla y figura se indica los husos granulométricos y su representación respectivamente.

Tabla Nº VI.23.- Husos granulométricos de la mezcla asfáltica

Mezcla Micro	½" 12,7	3/8" 9.5	¼" 6.25	Nº 4 4.75	Nº8 2.36	Nº30 0.60	Nº200 0.075
Mac F10 (%)	100	75-97	40-65	25-40	20-35	12-25	7-10

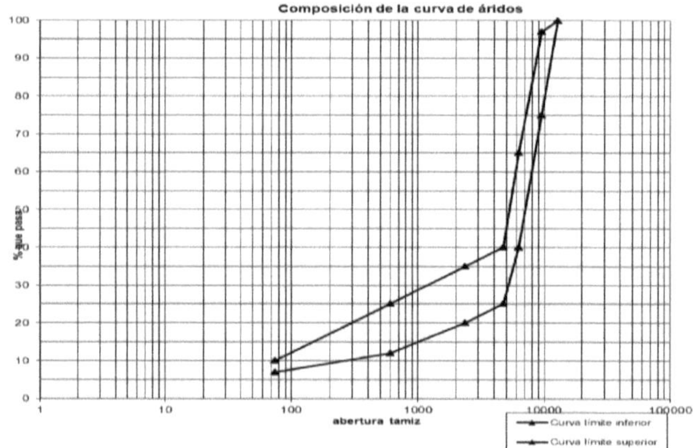

Figura Nº VI.94. - Curvas granulométricas límites.

Condición de Discontinuidad Granulométrica

La fracción del árido que pasa por el tamiz de abertura 4,75 mm y es retenida en el de 2,36 mm, deber ser inferior al 8 % del peso del total de los agregados que integran la composición granulométrica.

La discontinuidad granulométrica es esencial para alcanzar adecuadas macrotexturas. Cuando aumenta la discontinuidad granulométrica, vale decir, cuando la diferencia entre lo que pasa por los tamices de 4,75mm y 2,36mm disminuye, se mejora notablemente el citado parámetro.

Ligante Asfáltico: El ligante asfáltico a utilizar debe ser según Norma IRAM 6596 (2000), siendo un AM3 o también como alternativa un ligante asfáltico del tipo AM2 correspondiente a la misma normativa.

Como se ha mencionado en otros capítulos, aquí se cita el requisito de la utilización de asfalto modificado en este tipo de mezcla. En el estudio del presente trabajo, se propone sustituir a este asfalto por el modificado con NFU, y utilizar el tipo AM3 como blanco de comparación.

VI.2.5. Metodología y criterios de diseño de un MAC F10

En muchas ocasiones, el proyecto de una mezcla asfáltica se reduce a determinar su contenido de ligante; sin embargo, ésa es sólo una fase de un proceso más amplio, que requiere de un estudio cuidadoso de todos los factores involucrados, a fin de garantizar un comportamiento adecuado de la mezcla.

Las mezclas asfálticas de superficie trascienden el diseño de laboratorio convencional. Vale decir no alcanza con tener valores de estabilidad, flujo, vacíos, etc., sino que se necesita considerar la prestación en obra una vez colocada en el tramo, a fin de valorar su desempeño en condición de pavimento mojado frente a un frenado de emergencia, situación ésta considerada crítica en la distancia que recorre un vehículo al intentar esa maniobra.

Es por todo esto que para abordar el diseño del microconcreto discontinuo en caliente, tipo MAC F10, se propone las dos siguientes etapas:

A. En laboratorio

B. En obra

A. En laboratorio.

Para el diseño se deberá seleccionar una metodología que nos permita obtener aspectos fundamentales de las mezclas, como las proporciones volumétricas y en peso de los agregados y el asfalto interviniente Esto se hace determinando las relaciones volumétricas y mecánicas, la fuerza de cohesión interna, la resistencia a las deformaciones plásticas permanentes y la capacidad de deformarse y absorber cargas que tiene la mezcla mediante la determinación del módulo.

Los métodos de dosificación tienen por objeto determinar las proporciones más adecuadas en las que deben formar parte de la mezcla los agregados, el polvo mineral y el asfalto; generalmente basados en la realización de ensayos mecánicos, de base empírica.

Una vez que se ha seleccionado la granulometría y el tipo de asfalto, se fabrican series de probetas en las que se varía el porcentaje de ligante. Después de realizado el ensayo siguiendo la normativa correspondiente, se determinan las relaciones entre dicho porcentaje y la resistencia, deformación, contenido de vacíos, etc. evaluándose el porcentaje óptimo de ligante según criterios previamente adoptados.

Existen varios métodos para la dosificación, mediante ensayos mecánicos. El más empleado y vigente en la Argentina es el ensayo Marshall, aunque existen otros como los ensayos Hveem, Duriez, etc.

La experiencia ha demostrado también la conveniencia, e incluso la necesidad en determinados casos, de completar la información que proporciona el Marshall con otros ensayos, como aquellos que permitan evaluar el efecto de la acción del agua sobre la cohesión de la mezcla (Test de Lottman), entre otros.

Como se ha visto, los microconcretos tiene función superficial y no estructural, la determinación de las deformaciones plásticas permanentes (ahuellamiento) y módulo dinámico son poco relevantes para el diseño del mismo; además ambos dependen de la capacidad de las capas que tienen por debajo de estas mezclas de bajo espesor.

Como se ha mencionado, en esta etapa de laboratorio, se llevaron a cabo los siguientes métodos y ensayos para la elección de la dosificación:

- Método Marshall. (Relaciones volumétricas y mecánicas).
- Test de Lottman. (Evaluar perdida de adherencia por agresividad del agua)

Los resultados obtenidos de los ensayos y el análisis de los mismos se presentan en el capítulo VIII.

Método Marshall

Los parámetros con los que se trabaja en el método Marshall son: densidad, estabilidad, deformación, porcentaje de huecos en mezcla (porosidad) y porcentaje de huecos en agregados. La variación de los mismos con respecto al contenido de ligante de la mezcla (expresado normalmente en porcentaje en peso sobre peso seco de agregados) se recoge en gráficas como las siguientes.

La experiencia que se tiene con el método Marshall es muy amplia y positiva cuando se trata de dosificar mezclas asfálticas en caliente.

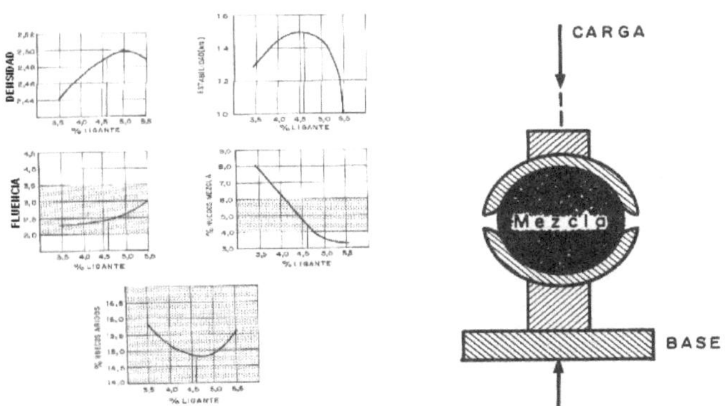

Figura Nº VI.95. - a: Ejemplos de los gráficos Marshall. b: Esquema del ensayo Marshall.

El diseño, en cuanto a la curva granulométrica de los agregados, responde a los entornos granulométricos dados en las Especificaciones

Técnicas dadas anteriormente. La estructura de agregados diseñada asegura un esqueleto granular fuerte a la vez que la discontinuidad es esencial para alcanzar una adecuada macrotextura. La curva adoptada de la mezcla de agregados, se exponen en el capítulo VIII. En el mismo capítulo puede se exponen los resultados de los parámetros Marshall y las gráficas obtenidas.

Las características volumétricas, mecánicas, comportamiento frente al agua y frente a cargas son las que se expresan en la siguiente Tabla, extraídos de los requisitos del pliego de especificaciones técnicas de mezclas asfálticas en caliente de bajo espesor de la Comisión Permanente del asfalto de Argentina Versión 01, año 2006 son:

Tabla Nº VI.24. – Características de la mezcla asfálticas

Parámetro		Exigencia
Ensayo Marshall VN_E 9	Nº golpes por cara	50
	Estabilidad (kN)	> 7.5
	Porcentaje de Vacíos en mezcla (%)	4-7
	Porcentaje de Vacíos del Agregado Mineral (VAM) (%)	17
	Porcentaje Relación Asfalto-Vacíos (%)	65 -75
TEST de LOTTMAN Modificado (AASTHO T-283/89) Porcentaje de resistencia conservada TSR (%)		> 80
Porcentaje de Agregado Fino no triturado en mezcla (%)		0
Porcentaje mínimo Cal Hidratada en peso sobre mezcla recomendado (%)		1
Porcentaje mínimo de ligante. (Total en masa sobre la mezcla).		5.2
Relación en peso Filler/Asfalto		<1.6

Test de Lottman (adherencia).

Las mezclas asfálticas se ven sumamente afectadas durante su vida útil por factores tales como los combustibles derramados, la temperatura, el aire y la humedad, entre otros, siendo este último, el factor que se evalúa con este método. Para ello se simulará la pérdida de resistencia o daño que pueden sufrir los pavimentos conformados con mezclas asfálticas por efectos de la humedad y serán evaluados utilizando como equipo la prensa Lottman, aunque es de importancia aclarar, que el efecto del agua en las mezclas asfálticas es de difícil evaluación debido a variables como los vacíos de aire en la mezcla, ya que en laboratorio las mismas se compactan a una media del 4% , pero la compactación de terreno es de una media del 7 al 8%, de manera de dejar vacíos para la compactación por el tránsito.

El equipo a utilizar debe estar fabricado en estricto cumplimiento de las normas ASTM D – 4123 y AASHTO T – 283.

Se pueden enumerar tres elementos que influyen en la degradación de las mezclas asfálticas a saber:

- Pérdida de cohesión.
- Degradación por fractura de partículas de agregado por efecto de heladas.
- Falla por adhesión entre asfalto y agregado.

Metodología del Test de Lottman - Asstho T – 283/89.

A través de esta metodología podemos cuantificar el esfuerzo diametral resultante del ensayo de una probeta moldeada conforme a la metodología Marshall.

Consiste en ensayar los especímenes de cada conjunto de condiciones, como por ejemplo ligante asfáltico convencional, ligantes asfálticos modificados con reciclado de neumáticos y con polímeros virgen SBS. A cada conjunto de mezclas se lo subdivide en subconjuntos, ensayándose uno en seco y el otro, luego de ser sometido a saturación por vacío, se lo somete a ciclos de congelación (-5ºC) y deshielo (5ºC). Ambos serán ensayados a tracción indirecta. Para ello, se someterá a las probetas a compresión axil aplicando una carga estática a velocidad constante de deformación. (BOTASSO G., 2005):

Figura Nº VI.96 - PRENSA ASSTHO T – 283.

Las exigencias mínimas del Test de Lotman se especificaron en la tabla Nº VI.24.

Los valores obtenidos en estos ensayos, encuadrados en los límites que fija las especificaciones, permiten obtener la dosificación, pero habiéndose cumplido estos no se garantiza prestaciones adecuadas en servicio de las características superficiales en dichas mezclas; y es por ello que se propone evaluarlas en obra (en un tramo experimental).

B. En obra.

Las características de diseño en obra tienen que ver con la obtención de las características superficiales y la conservación de la macrotextura y microtextura en el tiempo; siendo esto uno de los aspectos más relevantes a cumplir por los microconcretos y como un aspecto central en los propósitos de la utilización de caucho reciclado como modificador para la presente investigación.

B.1. Diseño de parámetros medibles en obra

Para comprender la importancia de la macrotextura y microtextura, en la adherencia del neumático con la calzada (seca o mojada), la capacidad de evacuación del agua, desgaste de los neumáticos, ruido en el exterior e interior del vehículo, etc., se citan los fenómenos de superficie.

Fenómenos de superficie. Mecanismos físicos de la adherencia de neumáticos

Los principales mecanismos físicos por los que un neumático proporciona su capacidad de adherencia con el suelo son dos: adhesión e histéresis. Ambos son descriptos a continuación para el caso de una pieza cualquiera de caucho apoyada sobre una superficie rugosa.

Por adhesión se denomina el fenómeno por el que los átomos de dos cuerpos en contacto, sean rígidos o no, desarrollan una pequeña fuerza electromagnética de atracción mutua. La resistencia a la rotura de estas fuerzas provoca la aparición de otras paralelas a la superficie de contacto, que se opondrán a cualquier movimiento relativo entre los dos cuerpos (Mecanismos Físicos De La Adherencia, 2007).

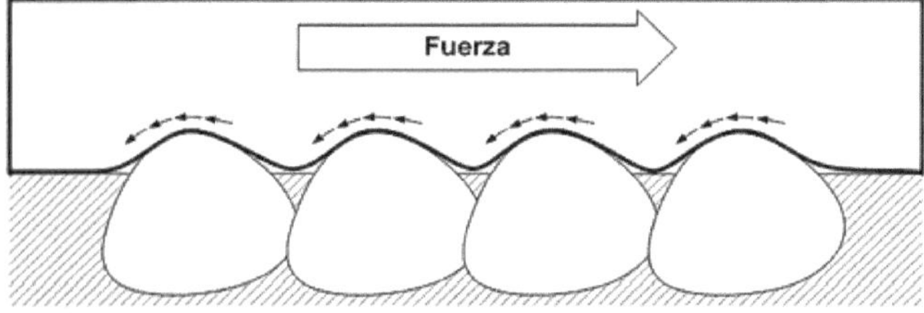

Figura Nº VI.97. - Adhesión agregado neumático. (Fuente: Mecanismos Físicos De La Adherencia, 2007)

El segundo mecanismo por el que el neumático desarrolla su adherencia y que diferencia el caucho de otros muchos materiales es la histéresis. El fenómeno de histéresis está presente en el caucho por su comportamiento visco-elástico. El deslizamiento de una pieza de este material sobre una irregularidad en la superficie de contacto provoca una deformación. Cuando esta irregularidad se ha superado, el caucho tiende a recuperar su forma original y su contacto con la superficie pero, debido a la histéresis, no de manera inmediata (BOTASSO G., 2002).

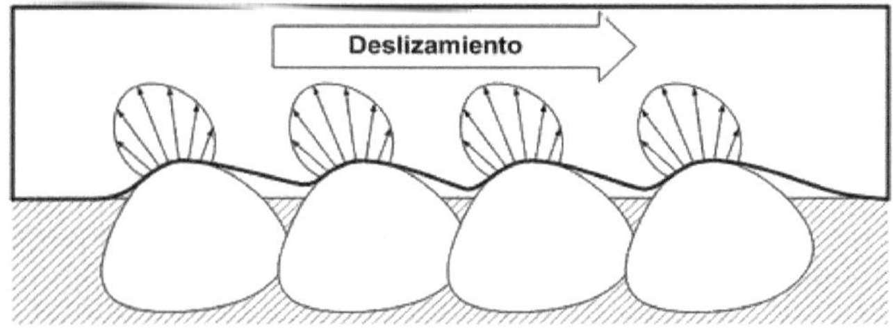

Figura Nº VI.98. - Comportamiento histérico. (Fuente: Mecanismos Físicos De La Adherencia, 2007)

Este desfase entre causa (presión o tensión aplicada) y efecto (deformación) hace que el neumático apoyado sobre una superficie rugosa como es el asfalto "abrace" las irregularidades de manera asimétrica, más por delante de esa rugosidad que por detrás, en el sentido de la marcha. Esto genera una distribución de presiones orientada en sentido contrario al deslizamiento, lo que contribuye a la fuerza de fricción total.

A este fenómeno se debe que un neumático "blando" tenga mejor agarre que uno "duro", y que la mayor tracción se obtenga cuando la rueda está sufriendo un cierto deslizamiento.

El área de la superficie de contacto entre un neumático y el suelo queda definida en gran medida por la presión de inflado y el peso que recae sobre él, y no es por lo tanto responsable de la mayor adherencia que un neumático ancho puede proporcionar. Sin embargo, cuanto mayor es la anchura de un neumático más ancha y corta es la huella. Como se verá al describir la resistencia a la rodadura, esto reduce la magnitud de la deformación que sufre el neumático en su contacto con el asfalto, lo que redunda en una distribución de presiones más homogénea y por tanto propicia desarrollar una mayor adherencia.

Esta menor deformación permite además el empleo de compuestos más blandos en neumáticos anchos. El grado de histéresis aceptable está limitado en última instancia por la generación de calor asociada a la deformación cíclica del caucho, que puede degradar las prestaciones del neumático y en última instancia destruirlo. La disminución en la generación de calor debida a las menores deformaciones que sufre un neumático ancho permite el empleo de compuestos más blandos, que proporcionen una mayor adherencia.

Sobre asfalto seco, un neumático de turismo tiene un coeficiente de rozamiento en torno a 0,8-1,0. Es decir, puede desarrollar una fuerza (lateral, longitudinal o combinada) ente el 80 y el 100 por ciento del peso que recae sobre él. Un neumático de competición puede fácilmente duplicar estos valores (Panorámica Actual De Las Mezclas Bituminosas, 2001).

Histéresis y resistencia a la rodadura

Una consecuencia negativa de la histéresis de un neumático es la resistencia a la rodadura. Al girar, sucesivas secciones del neumático son deformadas al entrar en contacto con el suelo pero no recuperan de forma inmediata su forma original, a consecuencia de la visco-elasticidad del caucho.

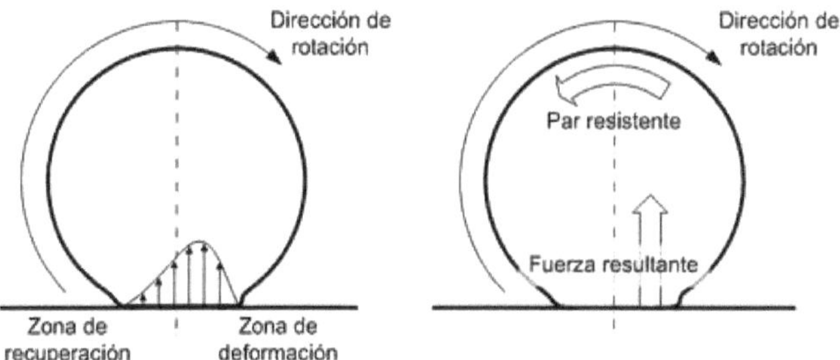

Figura Nº VI.99. - Funcionamiento en rotación. (Fuente: Mecanismos Físicos De La Adherencia, 2007)

Este retardo provoca que buena parte de la energía empleada en su deformación no sea recuperada al volver a su forma original. Esto se traduce en una distribución de presiones desigual en la huella, más intensas en su parte delantera. Esta distribución de presiones puede ser resumida en una única fuerza resultante, que a efectos de análisis dinámico cause el mismo efecto sobre la rueda. Dicha fuerza tendrá una dirección vertical, y su punto de aplicación estará ligeramente desplazado por delante del eje vertical del neumático.

Como toda fuerza cuya dirección de aplicación no pase por el centro de rotación de un objeto, imprimirá al mismo un momento angular o par. En el caso del neumático, este par se opondrá a su rodadura, y deberá ser vencido por la energía proveniente del motor, incrementando por tanto el consumo de combustible y reduciendo la velocidad máxima (COOPER K. E. y otros, 1985).

La resistencia a la rodadura crece con la velocidad, pero de manera reducida siempre que no se sobrepase aquélla para la que el neumático ha sido diseñado. En tales circunstancias se puede cuantificar entre el 1,0% y 1,5% del peso que recae sobre ella. A velocidades reducidas como las alcanzadas en tránsito urbano su valor es netamente superior a la resistencia aerodinámica, que crece con el cuadrado de la velocidad. A las velocidades desarrolladas en carretera la resistencia aerodinámica es el factor dominante de la resistencia al avance.

La resistencia a la rodadura de un neumático no es propiamente una fricción. Una fuerza de fricción tiene dirección paralela a la superficie de contacto entre dos objetos; en el caso que se considera, paralela al camino. Por el contrario, la distribución de fuerzas responsable de la resistencia a la rodadura tiene una dirección normal al asfalto.

La histéresis tiene, por tanto, un efecto provechoso, la adherencia con el asfalto y uno negativo, la resistencia a la rodadura. En los denominados neumáticos ecológicos se emplean compuestos con una limitada histéresis, lo que reduce su resistencia a la rodadura pero, como contrapartida, también su adherencia (CARRASCO, ORLANDO, 2001).

Histéresis y adherencia sobre pavimento mojado

Cuando un neumático rueda sobre pavimento seco, el contacto entre la banda de rodadura y el pavimento se produce en toda la superficie de la huella.
Cuando lo hace sobre asfalto lo suficientemente mojado como para que exista una película de agua sobre él, es necesario que los canales tallados sobre el neumático evacúen el agua hacia los laterales. Pero esto no es un proceso instantáneo ni que se produzca de manera homogénea a lo largo de la huella. Es posible distinguir así tres distintas zonas, caracterizadas por la cantidad de agua que se ha logrado evacuar (Mecanismos Físicos De La Adherencia, 2007):

- La primera de ellas zona A en la figura VI.100, se encuentra en el frontal de la huella, donde el neumático acaba de entrar en contacto con la película de agua y por tanto el volumen de agua evacuado es muy reducido. El espesor es todavía lo suficientemente grande como para que no se produzca contacto alguno entre la rueda y el asfalto, por lo que la adherencia proporcionada por esta zona es prácticamente nula.
- En la zona B el espesor de la película de agua se ha reducido lo suficiente como para que se inicie un leve contacto entre las irregularidades más prominentes del asfalto y la superficie de la banda de rodadura. Se empieza a generar fricción, pero muy lejos de los valores que proporcionaría un contacto sobre asfalto seco.
- Finalmente, si la capacidad de evacuación de agua es suficiente, en la zona C de la huella se logrará un contacto franco, proporcionando un agarre cercano al que se daría sobre asfalto seco.

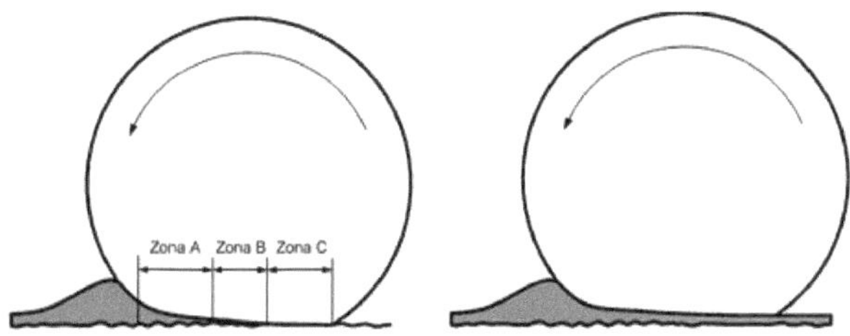

Figura Nº VI.100. - Zonas neumático pavimento mojado. (Fuente: Mecanismos Físicos De La Adherencia, 2007)

Haciendo un acercamiento a estas zonas se observaría de la siguiente manera:

ZONA A.- LÁMINA CONTINUA: NO HAY CONTACTO SIN SUFICIENTE MACROTEXTURA
ZONA B.- LÁMINA DISCONTINUA: CONTACTO PARCIAL Y DRENAJE POR MACROTEXTURA
ZONA C.- CONTACTO CON ADHERENCIA

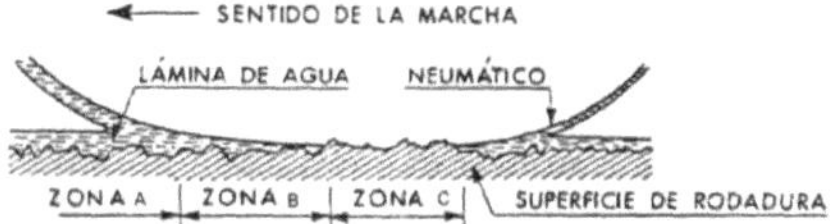

Figura Nº VI.101. - Zonas neumático pavimento mojado. (Fuente: KRAEMER, C., MORILLA, I., DEL VAL, M.A. 1999)

La consecuencia de todo esto es que el área sobre la que efectivamente se genera adherencia es mucho más reducida en mojado que en seco, por lo que el agarre es más reducido. Únicamente en la parte trasera de la huella participan los dos mecanismos principales de generación de fricción (adhesión e histéresis). En la región intermedia apenas hay contacto directo entre superficies, por lo que sólo la histéresis puede proporcionar algo de adherencia.

Un neumático "blando", con una elevada histéresis, presenta por tanto ventajas también en el agarre sobre suelo mojado. Además, por causa del agua, hay un coeficiente de fricción menor y una mayor refrigeración; es decir un neumático hecho para agua tolera un grado de histéresis muy alto sin que el calor generado suponga un problema.

Un neumático de calle tiene que proporcionar un resultado satisfactorio en situaciones muy variadas, por lo que el margen de maniobra es escaso. En competiciones en las que las ruedas pueden ser sustituidas si las condiciones climatológicas cambian, los neumáticos de lluvia pueden presentar grados de histéresis tan elevados que serían destruidos en pocas vueltas si fueran empleados a ritmo de carrera sobre pavimento seco.

La proporción de huella ocupada por cada una de las tres regiones descritas depende de factores como el espesor de la película de agua presente en la calzada, la forma y profundidad de dibujo de la banda de rodadura, la presión de inflado y la velocidad a la que se circule.

A mayor velocidad, menor es el tiempo disponible para acelerar y desplazar el agua hacia los laterales y, por tanto, mayor la superficie que "flota" sobre el agua y menor la que efectivamente proporciona agarre. Si la velocidad es excesiva y el neumático es incapaz de evacuar la suficiente cantidad de agua como para que se llegue a producir contacto con el suelo, toda la huella se encontrará cubierta por una película de agua (a la derecha en figura 100), y el neumático ofrecerá una direccionalidad y capacidad de tracción prácticamente nulas. Es lo que se conoce como "aquaplanin".

A mayor anchura del neumático, mayor será su tendencia a sufrir aquaplaning. Al ser la huella más ancha, la distancia que debe recorrer el agua hasta ser expulsada por los laterales también es mayor. Además, esta mayor distancia debe ser recorrida en menor tiempo, puesto que la huella también es más corta.

Una característica que hace al aquaplaning especialmente peligroso es lo difícil que es para el conductor apercibirse de su inminencia a través del volante. La pérdida de adherencia lateral sobre asfalto seco se percibe por un progresivo incremento en la ligereza de la dirección, fruto de la pérdida de la tendencia autocentrante del neumático. Por el contrario, la pérdida de firmeza en la dirección provocada por aquaplaning se produce repentinamente, cuando las ruedas ya han perdido completamente el contacto con el suelo (FRIEDENTHAL ESTEBAN, 2004).

B.2. Determinación de las características de superficie.

Repasemos brevemente la denominación de las texturas, las cuales fueron definidas anteriormente:

<u>Macrotextura:</u> dada por la longitud de onda del tamaño del agregado grueso, es la que permite la evacuación del agua.

Microtextura: Dada por la aspereza del mastic asfáltico conformado por el ligante y los finos y fillers de la mezcla.

Existen dos formas de medirlas:

- Puntual
- Acumulada

Ambas son aplicadas tanto en la macrotextura como en la microtextura y los métodos para determinarlas se resumen en la siguiente tabla:

Tabla Nº VI.25. – Medición y equipo para Macrotextura

Macrotextura		
Medición	Equipo	Norma
Puntual	Parche de arena	IRAM 1555
Acumulada	Perfilómetro laser u óptico	s/ ETP

Tabla Nº VI.26. – Medición y equipo para Microtextura

Microtextura		
Medición	Equipo	Norma
Puntual	TRRL. Péndulo Ingles.	IRAM 1850
Acumulada	Deslizografos. µ miter.	s/ ETP

Cabe mencionar que las medidas de textura tanto puntuales como acumuladas, son utilizadas para la formulación de indicadores, como el IFI (Índice de Fricción Internacional) o IRI (Índice de Rugosidad Internacional), de estado de carreteras; estos indicadores permiten la comparación entre pavimentos empleados en cualquier parte del mundo, es decir hablar de un IFI significa que el pavimento esté donde esté, presenta las mismas características que otro de igual IFI.

A continuación se explican los ensayos que permitirán obtener la Macrotextura y Microtextura en forma puntual aplicados al MAC F10 utilizado en la presente investigación.

Macrotextura

Las medidas puntuales de macrotextura se puede medir con un ensayo denominado parche de arena (Norma IRAM 1555).

Este ensayo consiste en extender sobre la superficie de un pavimento un volumen determinado de arena fina uniforme, que se distribuye y enrasa mediante un esparcidor formado por un disco y en su cara inferior lleva un disco adherido de caucho, de forma que cubra todas las irregularidades de la superficie, quedando la arena enrasada con los picos más salientes. Se procura extender la arena formando un círculo, con lo que es fácil determinar el área cubierta por la arena.

A partir del volumen de arena utilizado y del área de pavimento cubierta por ella, se calcula una profundidad media de los huecos rellenos por la arena, valor que se utiliza como medida de la macrotextura superficial del pavimento.

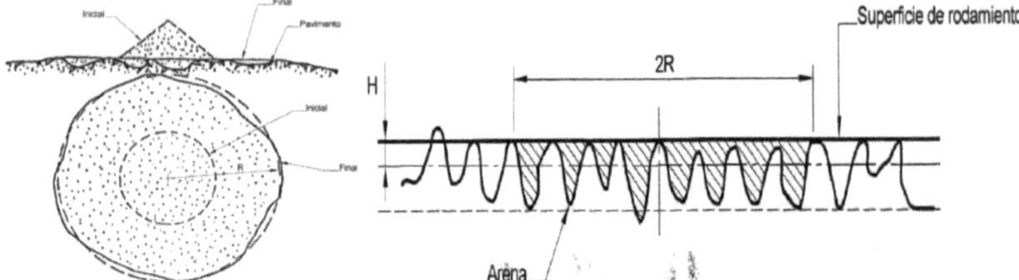

Figura VI.102. - Esquema del ensayo del círculo de arena. (Fuente: IRAM 1555)

Figura Nº VI.103. - Macrotextura de pavimentos mediante el círculo de arena.

Microtextura

La microtextura se puede medir en forma puntual con un ensayo denominado péndulo inglés TRRL (Norma IRAM 1850).

El ensayo tiene por objeto obtener un coeficiente de resistencia al deslizamiento (CRD) que, manteniendo una correlación con el coeficiente físico de rozamiento, valore las características antideslizantes de la superficie de un pavimento.

Este ensayo consiste en medir la pérdida de energía de un péndulo de características conocidas, provisto en su extremo de una zapata de caucho, cuando la arista de la zapata roza sobre la superficie a ensayar, con una presión determinada, a lo largo de una longitud fija. Esta pérdida de energía se mide por el ángulo suplementario de la oscilación del péndulo.

Figura Nº VI.104. - Coeficiente de resistencia al deslizamiento con péndulo TRRL.

Como puede observarse en el diseño de las mezclas asfálticas se incorporan como parámetros de diseño determinaciones realizadas "in situ", trascendiendo el diseño de laboratorio en forma estricta.

Se presentan los requisitos de macrotextura para microconcretos discontinuos en caliente, según las especificaciones técnicas de mezclas asfálticas en caliente de bajo espesor de la Comisión Permanente del asfalto de Argentina Versión 01, año 2006 son:

Tabla Nº VI.27. - Requisitos de textura. Macrotextura

Característica	Norma	M8 M10	F8 F10
Macrotextura (altura de circulo de parche de arena) [mm]	IRAM 1850	Promedio del lote > 1.5 Mínimo absoluto > 1.0	Promedio del lote > 1.1 Mínimo absoluto > 0.8

Se presentan los requisitos de microtextura para microconcretos discontinuos en caliente: (Avilés Lorenzo, Pérez Gimenez, Félix Edmundo. Universitat Politècnica de Catalunya. 2002)

Tabla Nº VI.28. - Requisitos de textura. Microtextura

Tipo de Mezcla	M8	M10	F8	F10
Coeficiente de resistencia al deslizamiento (según NLT-175)	>0,65			

B.3. Concepción del modelo de deterioro.

No se ha desarrollado aún en laboratorio, según se ha indagado en la bibliografía, un modelo que permita predecir la futura macrotextura y microtextura de una mezcla, si no es colocada al menos en un tramo de prueba. Menos aún ver cómo resultan esos valores instantáneos cuando son sometidos a ciclos de temperatura y tránsito, observando el deterioro de estos parámetros con aumentos en la aplicación del número de pasadas de ejes del tránsito.

La construcción de un tramo experimental para valorar las características superficiales es sin duda la mejor opción para la obtención de los valores reales influenciados por todos los factores tanto constructivos como en servicio. Sin embargo, la construcción del mismo implica costos que escapan al alcance del presente trabajo. Es por todo esto que se ha propuesto y desarrollado una modelización que utiliza el equipamiento del ensayo Wheel Tracking Test BS EN 12697-22:2003, utilizado para medir deformaciones plásticas permanentes, y que dadas sus características pueden constituirse en el modelo buscado; permitiendo valorar el deterioro de dichas propiedades superficiales puntuales en el MAC F10 seleccionado en la presente investigación.

En el próximo capítulo se describe en detalle el modelo propuesto.

Sintetizando:

Introducidos en el mundo de las mezclas asfálticas, sus características, etc., se continúa con los pavimentos de bajos espesores; estando el enfoque principalmente en los microconcretos discontinuos en caliente que son los que pueden brindar características de superficie. Abordada la clasificación de las texturas, siendo estas características las más relevantes para este último tipo de mezcla y las estudiadas en el presente trabajo, se continúa con la historia y evolución de los microconcretos.

Se aborda el estudio de adherencia del neumático a la calzada por medio de los mecanismos de:

- Adhesión
- Histéresis

Por adhesión se entiende al fenómeno por el que los átomos de dos cuerpos en contacto, desarrollan una pequeña fuerza electromagnética de atracción mutua. La resistencia a la rotura de estas fuerzas provoca la aparición de otras paralelas a la superficie de contacto, que se opondrán a cualquier movimiento relativo entre los dos cuerpos.

El segundo mecanismo es el que diferencia el caucho de otros muchos materiales. El fenómeno de histéresis está presente en el caucho por su comportamiento visco-elástico. El deslizamiento de una pieza de este material sobre una irregularidad en la superficie de contacto provoca una deformación. Cuando esta irregularidad se ha superado, el caucho tiende a recuperar su forma original y su contacto con la superficie pero, debido a la histéresis, no de manera inmediata.

Este desfase entre causa (presión o tensión aplicada) y efecto (deformación) hace que el neumático apoyado sobre una superficie rugosa como es el microconcreto "abrace" las irregularidades de manera asimétrica, más por delante de esa rugosidad que por detrás, en el sentido de la marcha. Esto genera una distribución de presiones orientada en sentido contrario al deslizamiento, lo que contribuye a la fuerza de fricción total. La histéresis contribuye a la adherencia y genera resistencia al avance.

Desde las tecnologías de las mezclas asfálticas se pueden generar condiciones superficiales que permitan que la textura de la capa de rodamiento en conjunto con las características de los neumáticos provoquen la mejor combinación posible a fin de evacuar rápidamente el agua del nivel superior del pavimento y generar la mayor adherencia neumático calzada disminuyendo el fenómeno de hidroplaneo y mejorando la adherencia neumático calzada.

En particular, las mezclas asfálticas de superficie trascienden el diseño de laboratorio convencional, ya que estas varían sus características superficiales como resultado de los ciclos de temperatura y tránsito y; por lo que se necesita considerar la prestación en obra una vez colocada en el tramo. La construcción del mismo implica costos que escapan al alcance del presente trabajo, y es por esto que se ha propuesto y desarrollado una modelización que utiliza el equipamiento del ensayo Wheel Tracking Test, y sin la necesidad de hacer un tramo experimental, permite lograr una idea de performance de la mezcla en estudio.

Esta metodología y criterios de diseño se proponen ya que, en muchas ocasiones, el proyecto de una mezcla asfáltica se reduce a determinar su contenido de ligante; sin embargo, esa es sólo una fase de un proceso más amplio, que requiere de un estudio cuidadoso de todos los factores involucrados, a fin de garantizar un comportamiento adecuado de la mezcla. Es por ello que en la metodología se han propuesto dos etapas la de laboratorio y la de obra.

Las especificaciones argentinas establecen que la elaboración de un microconcreto discontinuo en caliente debe realizarse con asfalto modificado, siendo este de alto costo. Normalmente en nuestro país se usa el asfalto tipo AM3, que se utiliza como blanco de comparación en el presente trabajo. Además, la presente investigación busca evaluar, con el modelo propuesto, la posibilidad de utilizar un polímero proveniente de un desecho (NFU); presentando un doble beneficio de bajar el costo directo, respecto del AM3, y el costo ambiental de arrojar ese residuo.

Se busca entonces hacer una medición predictiva para la mezcla de bajo espesor, el MAC F10, de las condiciones de macrotextura y microtextura ya que estas influyen:

- Macrotextura: Capacidad de evacuación del agua en la calzada.
- Microtextura: Disminución de la distancia de frenado, la cual se logra por lo explicado en este capítulo, que la histéresis de adherencia entre neumático – calzada aumente disminuyendo la distancia de frenado.

Ambas en niveles adecuados permitirán una mejor adherencia del neumático con la superficie en seco como mojado, en consecuencia disminuirá las distancias de frenado y las proyecciones de agua (Spray), estas últimas se deben a un mejor y más rápido drenaje del agua de la superficie. Además, en el caso de la adherencia en superficie mojada, como se mencionó antes, si la película de agua es menor o se evacua más rápidamente de la superficie de rodadura, el área de contacto entre el neumático y la calzada es mayor, influyendo de manera positiva en la adherencia.

Con las técnicas habituales de laboratorio no es posible predecir el deterioro de las características superficiales, la investigación pretende generar un modelo que simule y represente dichas características y su variabilidad en el tiempo, ya que se deterioran por los agentes climáticos, acción del tránsito, etc. Es por esto que el modelo permite, sin la necesidad de hacer un tramo experimental, lograr una idea de performance de la mezcla en estudio, utilizando simuladores de tránsito empleados en otro tipo de estudio.

Capítulo VII: DISEÑO DEL MODELO DE DETERIORO PARA VALORAR LA PERDIDA DE TEXTURA DE UN MICROCONCRETO.

VII.1. INTRODUCCIÓN

Como se ha visto en capítulos anteriores, la tecnología de las mezclas asfálticas permite generar condiciones superficiales que hacen posible que la textura de la capa de rodamiento en conjunto con las características de los neumáticos provoquen la mejor combinación alcanzable, a fin de evacuar rápidamente el agua del nivel superior del pavimento y generar la mayor adherencia neumático calzada disminuyendo el fenómeno de hidroplaneo y mejorando la distancia de frenado.

Las mezclas que mejor performance desarrollan a nivel de superficie generando texturas ásperas y rugosas son mezclas que en general serán de espesor menor a 3 cm. denominadas microconcretos asfálticos.

No se ha desarrollado aún en laboratorio, según se ha indagado en la bibliografía, un modelo que permita predecir la futura macrotextura y microtextura de un microconcreto discontinuo en caliente, si no es colocada al menos en un tramo de prueba. Menos aún ver cómo resultan esos valores instantáneos cuando son sometidos a ciclos de temperatura y tránsito, observando el deterioro de estos parámetros con aumentos en la aplicación del número de pasadas de ejes del tránsito.

La construcción de un tramo experimental para valorar las características superficiales es sin duda la mejor opción para la obtención de los valores reales influenciados por todos los factores tanto constructivos como en servicio. Sin embargo, la construcción del mismo implica costos que escapan al alcance del presente trabajo. Es por todo esto que se ha propuesto y desarrollado una modelización que utiliza el equipamiento del ensayo Wheel Tracking Test BS EN 12697-22:2003, utilizado para medir deformaciones plásticas permanentes, y que dadas sus características pueden constituirse en el modelo buscado que se propuso en el capítulo anterior; permitiendo valorar el deterioro de dichas propiedades superficiales puntuales en el MAC F10 seleccionado en la presente investigación.

VII.1.1. Equipamiento del Ensayo Wheel Tracking Test.

Deformaciones plásticas

Como se ha visto en el capítulo anterior se recuerda que éstas, son debidas al comportamiento viscoelastoplásticos de las mezclas asfálticas, al paso de las cargas, especialmente en condiciones de altas temperaturas o bajas velocidades, que producen una acumulación de deformaciones plásticas. Este fenómeno tiene su manifestación más típica en las denominadas huellas: deformaciones plásticas longitudinales que se pueden producir en las zonas de rodada de los vehículos pesados.

La resistencia a las deformaciones plásticas no es una propiedad a ser analizada en las mezclas de bajo espesor y más precisamente en un microconcreto discontinuo como el que se estudia en el presente trabajo.

Mediante el ensayo Wheel Tracking Test BS EN 12697-22:2003, se puede valorar dichas deformaciones y a continuación se describe su equipamiento.

Equipo para medir ahuellamiento

Se puede dividir el ensayo de ahuellamiento en tres partes: las probetas, el equipo de compactación y el simulador de tránsito.

Se describirán cada una de estas partes tal como se lo hace en el ensayo de ahuellamiento y posteriormente como se adaptaron las mismas en el modelo de deterioro propuesto, que no busca medir dicha deformaciones.

A. Probetas

El espesor de la probeta se establece de acuerdo al tamaño máximo del agregado como se presenta en la siguiente tabla.

Tabla Nº VII.29 - Espesor probetas en función del tamaño máximo del agregado.

Espesor probeta (cm)	2.5	4	6	8
Tamaño máximo del agregado (mm)	< 8	8<TMT>16	16<TMT<22	22<TMT<32

Estas probetas son confeccionadas en moldes de acero que poseen 30 cm de lado y una altura de 5 cm, siendo necesaria alguna adaptación cuando el espesor de la mezcla no coincide con aquel, como por ejemplo los sobre moldes.

Figura Nº Vli.105 - Probeta de ensayo.

- Cantidad de probetas: 3 probetas.
- Grado de compactación exigido: El más cercano al 100 %, mínimo 97 %
- Determinación de la densidad: según Norma EN 12697-33 o EN 12697-32 con muestra sumergida
- Acondicionamiento previo al ensayo: 4 horas a 60 ºC

B. Equipo de compactación

Consiste en un martillo eléctrico percutor que simula las condiciones mínimas de compactación que una mezcla necesita en la obra, como se presenta en la siguiente figura.

Figura Nº VII.106 - Equipo de compactación de la muestra.

C. Simulador de tránsito

El simulador de tránsito está integrado por la parte central donde se encuentran la probeta, la rueda que ejerce la fuerza sobre la muestra a ensayar, la pista por donde se desplaza la probeta, los sensores de temperatura y medición de deformaciones y la otra parte que está separada a todo lo anterior que es el software y la PC que reciben y procesan los datos entregados por los sensores.

Características de la rueda:

- Diámetro: 20 cm
- Ancho: 5 cm
- Espesor: 2 cm
- Dureza Shore A: 80
- Carga estática: 700 N

Característica de la pista:

- Recorrido: 23 cm
- Frecuencia: 26,5 ciclos/minutos

Temperatura de Ensayo: 60 ºC precisión 0,1 ºC

Largo del brazo: 1 m

Dispositivo de control de la temperatura

- Con termocuplas en el recinto

Elementos de medición de las deformaciones

- LVDT

Duración del ensayo

- 10000 ciclos o 20 mm de huella
- Horas: 6 aproximadamente

Resolución en la medición del ahuellamiento: 0,01 mm

Cada muestra está compuesta por el promedio de 25 puntos distribuidos en los 100 mm centrales de la probeta.

La siguiente figura muestra un esquema general del simulador.

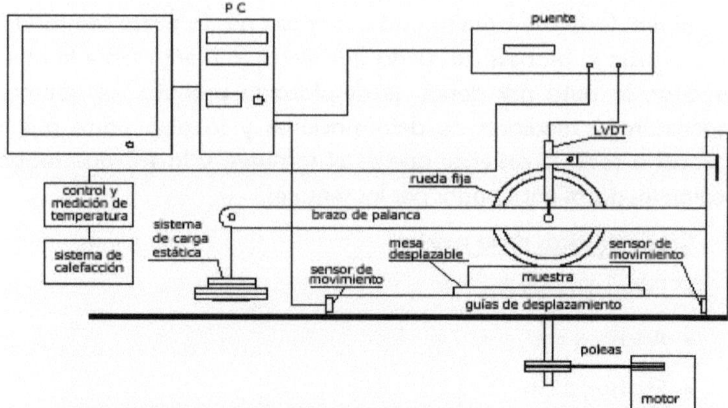

Figura Nº VII.107 - Diagrama del equipo de Wheel Tracking Test.

Figura Nº VII.108 - Equipo de Wheel Tracking Test.

VII.2. MODELO DE DETERIORO

Ahora se describirá las mismas tres partes anteriores: probetas, simulador de tránsito y compactador; con las modificaciones propuestas para adaptarlas al estudio del deterioro superficial de la macrotextura y microtextura y mediante la comparación, entre antes y después de la simulación del tránsito, evaluar la variación de dichas características de superficie.

A. Probetas

El espesor de las probetas se establece en el pliego de especificaciones técnicas de mezclas asfálticas en caliente de bajo espesor de la Comisión Permanente del asfalto de Argentina Versión 01 año

2006, siendo 2.5 y 3.5 cm para las MAC F10; como se ha visto en el capítulo anterior.

Como se ha mencionado la altura de los moldes es de 5 cm y para lograr el espesor indicado en las especificaciones técnicas se colocó una base rígida. Esta base está ubicada en la parte inferior del molde, quedando por debajo del microconcreto MAC F10, como se presenta en la siguiente figura.

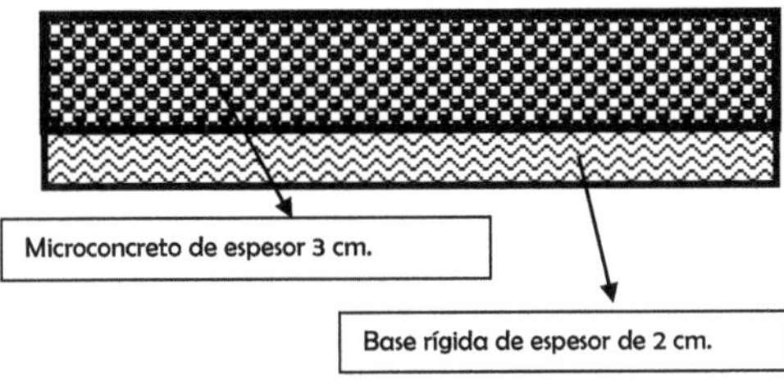

Figura Nº VII.109 – Esquema de armado de probeta.

Las funciones de la base rígida, materializada con un mosaico, son: primero representar el paquete estructural presente en las vías donde se colocan los microconcretos; y de una rigidez lo suficientemente alta para que no sufra deformaciones y poder así independizarse de la influencia de éstas en la macrotextura y microtextura, al ser sometida a la acción del tránsito; y segundo dotar a la capa de microconcreto del espesor recomendado en las especificaciones técnicas.

Figura Nº VII.110 – Imágenes del armado de probeta.

Se realizaron cuatro (4) probetas para el MAC F10 con asfalto caucho y cuatro (4) para el MAC F10 con asfalto AM3 (SBS). Una de cada una de las mezclas se utilizó para la determinación del tiempo de simulación como se verá más adelante, las restante tres de cada una se utilizó para la valoración del deterioro superficial.

Figura Nº VII.111 – Imágenes de probeta.

En concreto se ha propuesto que en laboratorio se puedan hacer moldeos que superen la escala de una probeta del ensayo Marshall, constituyendo una pieza de mayor superficie, de 30 cm x 30 cm., en donde las condiciones de texturas puedan ser observadas y con un espesor acorde a lo establecido en las especificaciones.

B. Equipo de compactación

Consiste en el martillo eléctrico percutor descripto anteriormente. A continuación se presenta imágenes de la compactación del MAC F10.

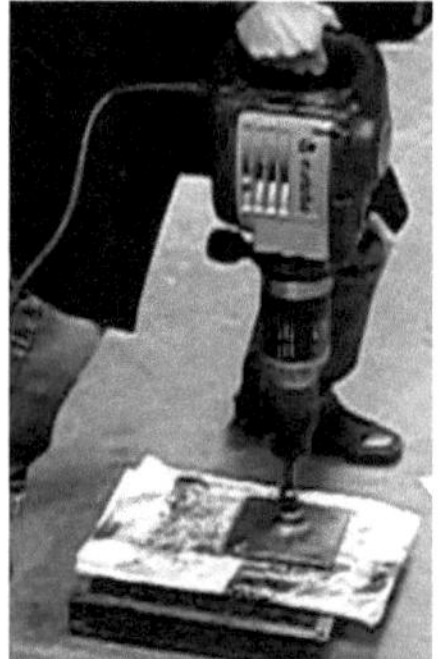

Figura Nº VII.112 – Compactación de probeta.

C. Simulador de tránsito

La función principal del simulador en el estudio de la textura en el MAC F10, es generar la acción del tránsito en la superficie de las probetas produciendo el deterioro de la macrotextura y microtextura para ser valoradas mediante sus ensayos (parche de arena y péndulo ingles) en esta instancia "después del tránsito", y mediante la determinación con los mismos ensayos "antes del tránsito" poder determinar el deterioro que sufrieron estas características de superficie.

A continuación se presenta figuras donde se observa la acción de la rueda del simulador en las probetas.

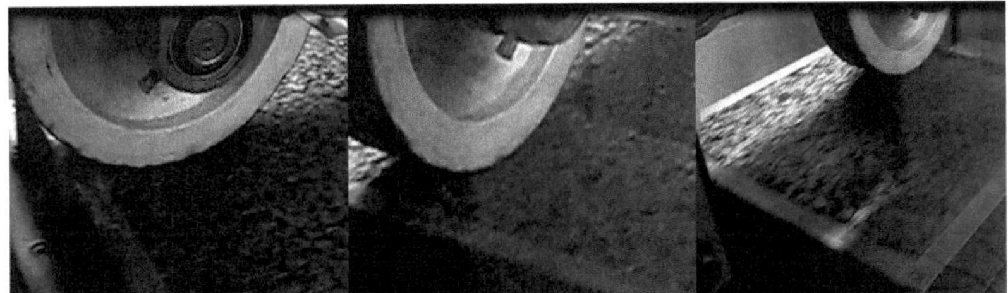

Figura Nº VII.113 – Imágenes de la simulación.

Como se describió en sus características generales, este equipo aplica en la probeta una carga con ciclos sinusoidales, tal cual lo hace el tránsito en la calzada con una frecuencia de 26,5 ciclos por minuto, pudiendo variarse la temperatura de ensayo según las condiciones climáticas de diseño en donde se encuentre la obra. En el caso de ahuellamiento este ensayo se realiza a 60º C pues es donde se pone de manifiesto este tipo de fenómeno.

Esta temperatura es la que normalmente opera el equipo Whell tracking Test ya que es la que alcanza habitualmente una calzada en clima cálido siendo, junto con la frecuencia antes mencionada que representa una baja velocidad de aplicación de carga; la peor condición ya que están asociadas a los daños más importantes. Estas en los microconcretos producen la disminución de la macrotextura como producto del amasado generando reacomodamiento de los agregados, y en la microtextura por el desprendimiento del mastic de la superficie.

Definida la temperatura de ensayo y la frecuencia de aplicación de la carga el siguiente parámetro importante es el tiempo de simulación de la acción del tránsito.

Para la determinación del tiempo de simulación se construyeron probetas, tal como se las describió anteriormente, que fueron sometidas a la acción del simulador en intervalos de tiempo progresivos. En cada uno de estos intervalos se realizó la determinación de macrotextura y microtextura, observándose que los valores obtenidos de éstas se hacen asintóticos a las dos (2) horas de acción del simulador.

Estos intervalos de tiempo se aplicaron por igual en franjas paralelas en la zona central de las probetas, a los fines de obtener un ancho de deterioro en la misma que permitiese determinar la macrotextura mediante el ensayo del parche de arena mencionado en el capítulo anterior.

Recordando que este ensayo genera un círculo del cual el valor a medir es el diámetro. La medición de éste en las probetas sin la acción del simulador es de aproximadamente de 10 cm, no presentando dificultad alguna para su realización ya que puede realizarse en toda la superficie de la probeta.

Figura Nº VII.114 – Imágenes de las franjas generadas por cada pasada.

La acción del tránsito genera un círculo mayor por lo que es necesaria una zona en la superficie donde el diámetro quede dentro de aquella. La medición de éste en las probetas luego de la acción del simulador es de aproximadamente de 14 cm; por lo que con tres franjas de 5 cm cada una (ancho de la rueda del simulador) proporciona aquella zona que contiene al círculo "después del tránsito".

En resumen, el tiempo de simulación surge como resultado de las determinaciones de macrotextura y microtextura realizadas en los intervalos: (0 – ½) hs, (1/2 – 1) hs, (1 – 1 ½) hs y (1 ½ - 2); luego de cada uno de estos intervalos aplicados en cada una de las franjas se determinó dicha características de superficie.

Se presenta en la tabla siguiente los valores obtenidos en las distintas mediciones.

Tabla Nº VII.30 – Determinación del tiempo de simulación.

		Ensayo Macrotextura									
		Antes Wtt		Después Wtt							
				(0 – ½) hs		(1/2 – 1) hs		(1 – 1 ½) hs		(1 ½ - 2) hs	
Material	Franja	h (altura) (mm)	Ø (cm)	h (mm)	Ø (cm)	h (mm)	Ø (cm)	h (mm)	Ø (cm)	h (mm)	Ø (cm)
Caucho	Lateral										
	Central	1.10	10.8	0.632	14.2	0.606	14.5	0.596	14.6	0.58	14.8
	Lateral										
SBS	Lateral										
	Central	1.12	10.7	0.732	13.2	0.711	13.4	0.702	13.5	0.69	13.6
	Lateral										

Como se observa en la tabla la altura de arena obtenida, en la zona generada por las tres franjas, en los intervalos tienden a una asíntota cuando nos acercamos al valor de dos horas, de igual manera sucede en el diámetro del círculo.

D. Resumen de Características del modelo

A continuación se presentan las características de las variables intervinientes en el modelo adoptado, para la realización de la simulación del tránsito.

- Cantidad de probetas: 3 probetas por cada tipo de asfalto modificado (AM3 y caucho).
- Grado de compactación exigido: la densidad se determinó geométricamente. Esta metodología se establece en el ensayo Marshall para aquellas mezclas que presentan elevado porcentaje de vacíos como es el caso de los MAC F10. Los valores obtenidos son: 95% para MAC F10 con asfalto tipo AM3 y del 93 % para el MAC F10 con asfalto caucho. Si bien estos son menor que el mínimo de 97%, mediante la metodología y técnicas disponibles de compactación se dificultó la obtención de valores superiores.
- Acondicionamiento previo al ensayo: 2 horas a 60 ºC, ya que el espesor de las probetas es aproximadamente la mitad de las realizadas para medición de ahuellamiento.
- Temperatura de Ensayo: 60 ºC precisión 0,1 ºC
- Frecuencia: 26,5 ciclos/minutos
- Ancho de rueda: 5 cm
- Carga estática: 700 N
- Recorrido de la pista: 23 cm
- Horas: 2 por cada franja. Entre las tres franjas reproducen las 6 hs del ciclo completo del equipo.

Sintetizando:

Se pretende con este modelo elaborar las mezclas tipo microconcreto discontinuo en caliente utilizando los dos tipos de modificadores del ligante asfáltico, el SBS y el NFU. Luego la conformación de las probetas con sus bases rígidas representado las características de los paquetes estructurales y proporcionando a los MAC F10 del espesor fijado en las especificaciones técnicas.

Una vez obtenidas estas muestras proceder sobre esta superficie a medir la macrotextura en forma puntual con el ensayo del parche de arena y la microtextura en forma puntual con el péndulo inglés TRRL en condición de pavimentos mojado.

Luego de esta determinación se somete a las muestras a la acción de la rueda del equipo de Wheel Tracking Test, con el fin de que simule la acción del tránsito y provoque el deterioro en las condiciones iniciales de textura. Estas simulación se realiza en franjas paralelas de tal manera que genere una zona lo suficientemente ancha para que el ensayo de parche de arena quede contenido dentro de ella.

Seguidamente a la simulación se determina la macrotextura y microtextura de igual manera que en la situación inicial. Con las determinaciones "antes" y "después del tránsito", establecer los deterioros ocasionados en cada una de las mezclas y una comparación relativa entre ambas, permitiendo evaluar el comportamiento de las mismas frente a iguales solicitaciones.

En el próximo capítulo se presentan los resultados obtenidos desde la caracterización de los materiales intervinientes en la elaboración de las mezclas, pasando por la dosificación de las mismas hasta la determinación de los valores de textura "antes" y "después de la simulación".

Capítulo VIII. DISEÑO DEL MICROCONCRETO DISCONTINUO EN CALIENTE TIPO F10 CON NFU. MAC F10.

VIII.1. INTRODUCCION

Como se ha visto en capítulos anteriores el microconcreto propuesto el MAC F10, permite generar condiciones superficiales que hacen posible que la textura de la capa de rodamiento en conjunto con las características de los neumáticos provoquen la mejor combinación alcanzable, a fin de evacuar rápidamente el agua del nivel superior del pavimento y generar la mayor adherencia neumático calzada disminuyendo el fenómeno de hidroplaneo y mejorando la distancia de frenado.

Los factores que gobiernan el diseño y el comportamiento de las mezclas delgadas son: el contenido y tipo de ligante, la granulometría de los agregados y de la mezcla de ellos, adherencia, permeabilidad o impermeabilidad de la mezcla, facilidad de compactación, textura y resistencia al deslizamiento y durabilidad en el tiempo.

Para ello se aborda en el presenta capitulo la caracterización de los materiales intervinientes en la elaboración de los microconcretos discontinuos en caliente, partiendo de los ligantes, mediante la valoración de parámetros que permiten estimar su comportamiento reológico y su clasificación; empezando por asfalto base, luego el caucho utilizado en la dispersión para elaborar el asfalto - caucho y el asfalto tipo AM3 utilizado como blanco de comparación. Continuando con las características de los agregados, las curvas granulométricas de cada uno de ellos, la conformación de la curva de la mezcla con sus correspondientes curvas límites

Luego en el diseño de estas mezclas, se valoran dos aspectos: la estructura interna de ellas y la textura superficial. El primero, se determina mediante la etapa de "Laboratorio" y el segundo con la de "Obra"; como se expuso en la metodología propuesta en capítulos anteriores. Ambas se desarrollan mediante la determinación de los ensayos realizados sobre las mezclas asfálticas, desde la dosificación, valores correspondientes al ensayo Marshall realizadas sobre las mezclas con asfalto modificado con caucho molido y con asfalto modificado con polímero SBS, hasta los resultados de los ensayos de adherencia (Test de

Lottman), y los resultados de macrotextura y microtextura antes y después de la simulación de la acción del tránsito con el equipo Wheel Tracking Test.

VIII.2. CARACTERIZACION DE LOS MATERIALES

A. LIGANTE ASFALTICO BASE

El cemento asfáltico base utilizado en el desarrollo de la presente investigación, para las experiencias de laboratorio fue provisto por la empresa Repsol YPF, mediante acuerdo de Transferencia de Tecnología con la Universidad Tecnológica Nacional Facultad Regional La Plata, LEMaC Centro de Investigaciones Viales.

YPF es el principal proveedor de asfalto de Argentina. Su planta de refinación y despacho se encuentra en Ensenada a pocos metros de donde está emplazada la Universidad Tecnológica Nacional Facultad Regional La Plata.

Se tomaron muestras de la producción en un total de 15 kg de asfalto que garantizara contar con el mismo producto durante toda la experiencia. La muestra se tomó de la salida en línea por personal de Repsol YPF por razones de seguridad en planta.

El proceso de obtención de asfalto, es el que se ha descrito en el Capítulo IV, en la refinería de Ensenada.

En la Tabla Nº VII.31. se presenta la caracterización realizada al cemento CA-20. Estas determinaciones se realizaron siguiendo la metodología descripta en el capítulo IV en cada uno de ellos y su correspondiente norma IRAM.

La temperatura a la cual el cemento asfáltico cumple con las exigencias de $G^*/\text{sen}\ \delta$ es a 60º C por lo cual la determinación con el reómetro de corte se realizó para el ligante original a dicha temperatura.

Tabla Nº VIII.31. -Caracterización del cemento asfáltico.

Ensayo	Unidad	CA – 20
Penetración	1/10 mm	79
Punto de ablandamiento	ºC	47
Recuperación elástica Lineal	%	16
Recuperación elástica Torsional	%	8
Viscosidad (60 ºC)	dPa s	21
Viscosidad (135 ºC)	mPa s	412
Viscosidad (150 ºC)	mPa s	207
Viscosidad (170 ºC)	mPa s	98
Viscosidad (190 ºC)	mPa s	53,2
Punto de Inflamación	ºC	231
Solubilidad en tricloretileno	%	99
Indice de penetración		-0,9
Módulo de Corte G* (60º C)	kPa	2,30
Angulo de fase δ	º	83
Corte Dinámico Factor G*/ sen δ	kPa	2,32

En la siguiente Tabla se presenta las determinaciones de la composición del ligante asfáltico base.

Tabla Nº VII.32. – Composición del cemento asfáltico.

	Asfaltenos %	Saturados %	N – A %	P – A %	Ic	Tipo sol
Asfalto CA - 20	5,69	25,2	56,91	10,1	0,46	Ic < 0.6

Los asfaltenos son sólidos amorfos de color negro o café. Altamente polares y de alto peso molecular. El incremento de asfaltenos constituye asfaltos más duros y menos susceptibles térmicamente.

Los saturados, los naftenos aromáticos y los polares aromáticos integran la fracción de maltenos del ligante asfáltico (Carswell J. y otros, 2005). Siendo estos las fracciones más importantes para una mejor dispersión del polímero en el ligante asfáltico; ya que entre estos se produce la interacción mediante la humectaran.

Se utilizó para la evaluación de las características reológicas de los ligante (Base, AM3 y con caucho) un DSR (Dynamic Shear Rheometer) modelo MCR 301 Anton Para, como el que se presenta en la figura Nº VIII.115; dicho ensayo fue realizado en la instalaciones de la empresa Repsol YPF.

Los parámetros determinados a partir de este equipo fueron el módulo de corte complejo (G*) y el ángulo de fase δ, ambos realizados a

60ºC y respetando las condiciones de frecuencia y solicitación y nivel de deformación de la metodología SUPERPAVE. El primero destinado a evaluar la rigidez de los asfaltos, mientras que el segundo de ellos, nos permitirá determinar el grado de elasticidad.

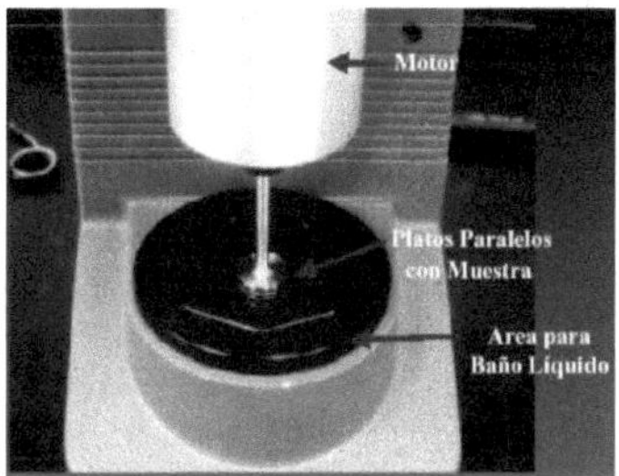

Figura Nº VIII.1115. – Equipo DSR (Dynamic Shear Rheometer).

Obtención de la curva reológica del ligante asfaltico

La curva reológica muestra la variación de viscosidad del ligante asfáltico en función de las variaciones de temperatura. Es de suma utilidad para saber en forma precisa las temperaturas que garanticen una adecuada viscosidad del asfalto en el proceso de mezclado y en el proceso de compactación. Se recuerda que los valores que garantizan una adecuada envuelta del ligante a los agregados es de 2 Poises y mientras que deberá ser de 3 Poises para garantizar un adecuado proceso de compactación de la mezcla (Cooper K. E., 1985).

Con los valores de viscosidad para las distintas temperaturas de la tabla Nº VIII.31. se construye la curva de calentamiento:

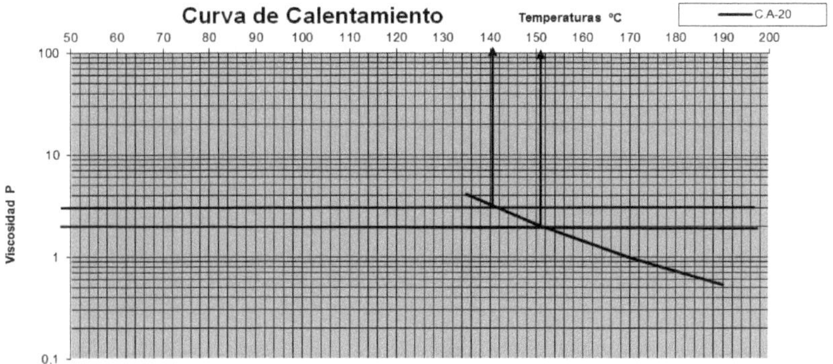

Figura Nº VIII.116. - Variación de la viscosidad con la temperatura en los asfaltos.

A continuación se presenta una serie de imágenes que ilustran algunos de los ensayos realizados de la tabla Nº VIII.31., que permiten caracterizar los ligantes asfálticos.

Figura N° VIII.117. - Preparación y acondicionamiento de pastillas para penetración y recuperación torsional.

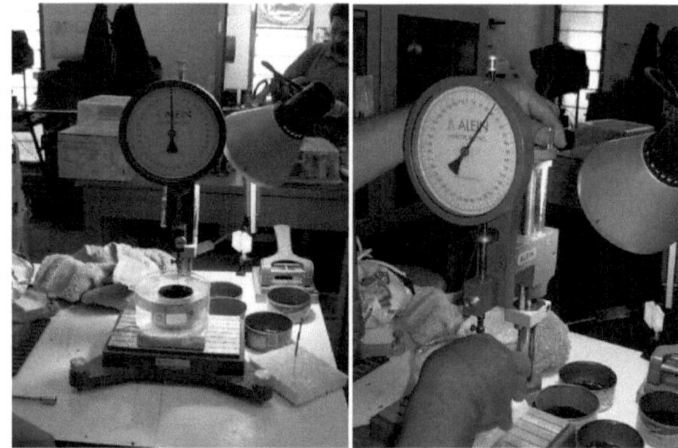

Figura N° VIII.118. - Ensayo penetración.

Figura Nº VIII.119. - Progreso punto de ablandamiento.

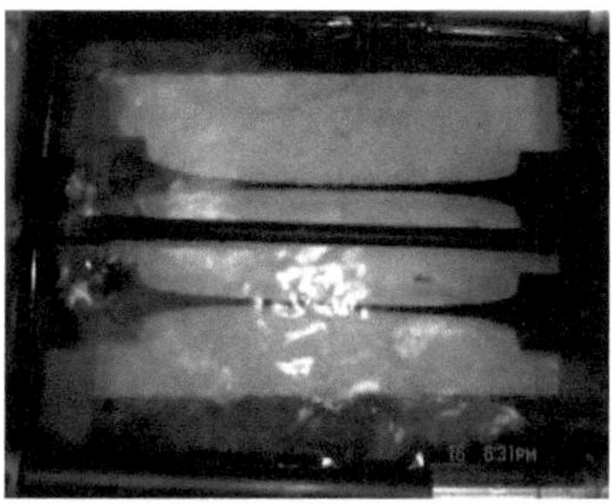

Figura Nº VIII.120. - Recuperación elástica lineal.

Figura Nº VIII.121. - Recuperación elástica torsional.

Figura Nº VIII.122. - Ensayo viscosidad.

B. CAUCHO

El caucho utilizado para modificar el asfalto base puede ser proveniente de neumáticos de automóviles o camiones. Generalmente, neumáticos de automóviles son compuestos por aproximadamente de 16 a 20% de caucho natural y de 26 a 31% de caucho sintético, en tanto que neumáticos de camiones son compuestos por aproximadamente de 31 a 33% de caucho natural y de 16 a 21% de caucho sintético.

El grado de reacción físico – química entre el cemento asfáltico y el caucho depende de la composición del asfalto, la cantidad y granulometría del caucho molido. Una ventaja del uso de caucho fino es que la mezcla asfalto – caucho resultante es más homogénea.

El caucho utilizado en esta experiencia fue provisto por la empresa Molicaucho S.A. ubicada, en la calle Villaguay 1174 de la localidad de La Tabalada, Provincia de Buenos Aires.

La empresa posee un sistema de molienda fija a temperatura ambiente, como el que se describiera en el Capítulo II.

Figura Nº VIII.123. – Triturado de caucho usado.

La empresa trabaja en un 80% con caucho recolectado de todo el país de las principales empresas dedicadas al recauchutaje de neumáticos.

Estas empresas en general se dedican a realizar estos trabajos a neumáticos de camiones y colectivos, ya que los neumáticos de automóviles son minoritarios en su tratamiento.

En el procedimiento de recauchutaje se inspecciona el interior y exterior en forma automática como lo muestra la Figura Nº VIII.124. y se reparan todas las lesiones detectadas.

Figura Nº VIII.124. - Revisión del neumático.

En el paso 2 la maquinaria que se muestra en la Figura Nº VIII.125. desbasta y pule el neumático, quitándole el caucho viejo y brindando a la cubierta una textura lisa y homogénea, preparándola para recibir una banda de rodamiento nueva.

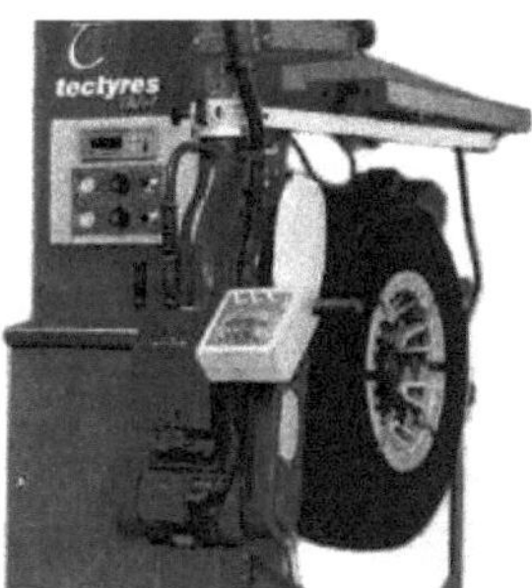

Figura Nº VIII.125. - Pulidora de neumáticos.

El producto obtenido de este pulido es el que recoge la empresa Molicaucho de las principales empresas del país.

El tamaño medio de este producto es de 5 a 20 mm en tiras y retazos y polvo, mezclado con impurezas como arenas, clavos etc.

En la planta industrial se realiza una limpieza previa y luego se tritura el caucho por una serie de cilindros que van obteniendo distintos tamaños de molienda a temperatura ambiente. La ventaja del caucho obtenido principalmente radica en que el 100% proviene de colectivos y camiones, la no presencia de telas metálicas que presentaría la necesidad de incorporar un nuevo proceso de selección entre otras.

La producción de la planta varía en función de la tipología de las piezas a triturar y de los pedazos que se desea obtener. En general se puede prever una producción de 200-300 Kg/hs.

Desde el punto de vista técnico, la trituradora está constituida por una unidad de carga que a menudo tiene las características de una simple tolva (1). Figura Nº VIII.126.
La acción de corte de la trituradora se produce mediante una serie de elementos cortantes que al cruzarse machacan el producto.

Los elementos principales del sistema son unos discos de cantos agudos (3) provistos de garfios (2). La función de los garfios consiste en agarrar el producto y llevarlo hasta las fresas (4) montadas sobre dos o más ejes motores contragiratorios, que realizan un corte neto del material.

Para la motorización del grupo de trituración se utiliza en general un motor eléctrico asíncrono de corriente alterna que permite, a través de un motorreductor, aplicar las fuerzas necesarias para la trituración.

Cuando se acumula entre los discos una cantidad de material excesiva o que no se consigue triturar, un par térmico invierte temporalmente el movimiento de las cuchillas, previniendo así la posible sobrecarga de la estructura o el riesgo de rotura de la máquina.

La salida del producto tiene lugar pasando a través de una criba (5) que permite seleccionar en cada caso el material con la granulometría deseada.
Los trozos de mayor tamaño son recuperados por los garfios y se vuelven a introducir en el ciclo para ser nuevamente triturados; naturalmente, cuanto más pequeño es el diámetro de la criba, más numerosos son los pasajes de material a través del grupo de trituración. Queda claro por tanto que la trituradora es una máquina bastante sencilla en su concepción general sin dejar de ser altamente eficaz en cuanto a prestaciones operativas.

Las mayores ventajas que se pueden conseguir con esta máquina se refieren principalmente a la baja velocidad de rotación de los discos. Contrariamente a lo que sucede en los molinos tradicionales, el par de corte disponible es mayor cuanto menor es la velocidad de rotación de los ejes. Esta característica permite trabajar con un nivel bajo de absorción de energía eléctrica y un menor nivel de ruido (inferior a 60 decibeles).

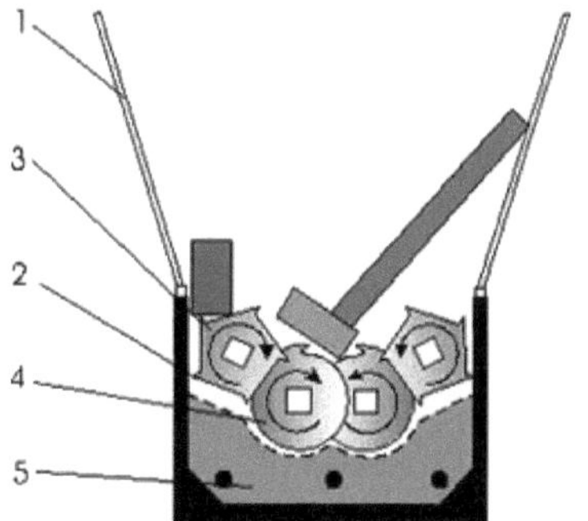

Figura Nº VIII.126. - Esquema de trituradora.

Caracterización del Caucho utilizado

En la Figura Nº VIII.127. se pueden observar las características del tamaño de molienda logrado y los códigos que la empresa Molicaucho le ha dado a esa producción. En la actualidad el uso que se les da a estas partículas es en la industria del juguete y del calzado. La propuesta de incorporar la producción a los asfaltos y dispersar las fracciones ha sido tomada por la empresa y la misma ha colaborado con la provisión del caucho.

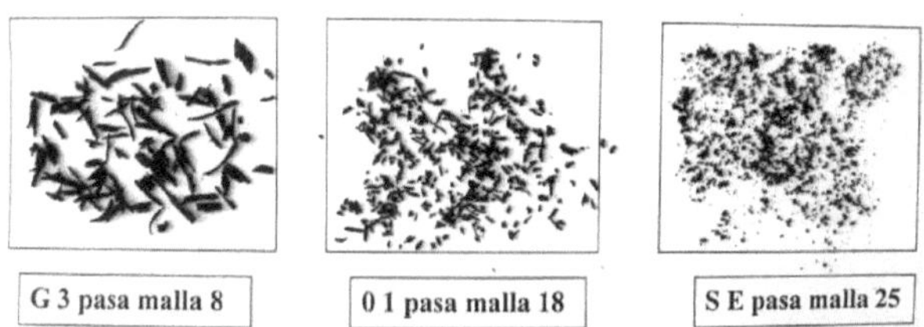

Figura Nº VIII.127. - Tamaños de las moliendas de caucho.

Se selecciona el menor tamaño de molienda que pasa el 100% la malla 25 de ASTM (710 micrometros). Este tamaño es el menor que se ha podido lograr con la tecnología descripta. Menores tamaños implicaría sumar un sistema de molienda criogenético con nitrógeno no disponible en el país, a escala industrial.

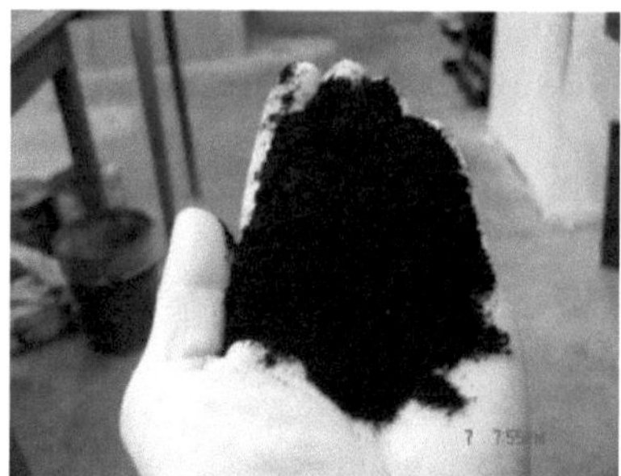

Figura Nº VIII.128. - Caucho.

Composición del caucho

La cinética de degradación de materiales puede ser estudiada mediante la técnica de termogravimetría TGA. Mide la pérdida de peso de una muestra en función del tiempo y la temperatura (Miranda Rosa C.; 2006).

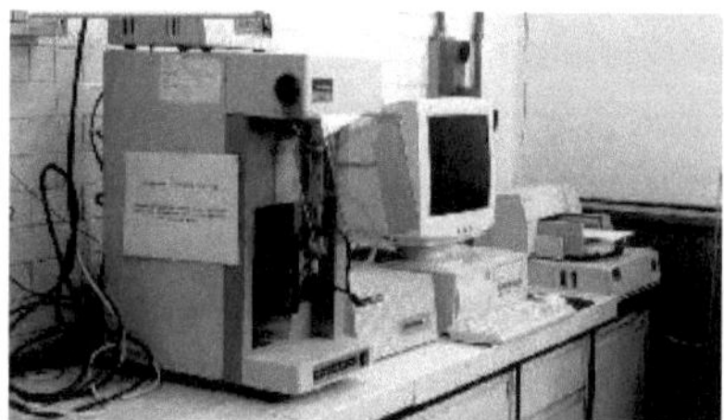

Figura Nº VIII.129 a). - TGA 7 Perkin- Elmer. (Fuente: Miranda Rosa C.; 2006)

Esta tecnica nos permite determinar los componentes principales y sus proporciones de:

- NR: caucho natural
- SR: Caucho sintético
- BR: Caucho poli-butadieno
- PLZ: Aditivos y plastificantes

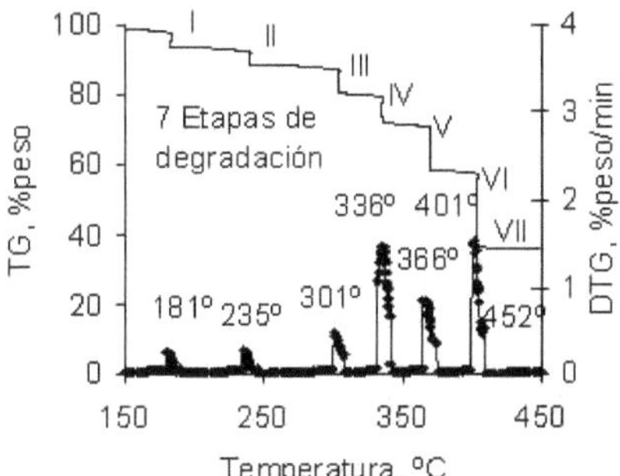

Figura Nº VIII.129 b). Curvas TG y DTG de la pirólisis de cubiertas usadas por el método de cuasi-isotermas. (Fuente: Yang, 1993).

Los resultados obtenidos por el método cuasi-isotérmico son presentados en la Figura Nº VIII.129 b). Los datos experimentales muestran 7 picos principales:

- 1º y 2º: pérdida del 11 % peso y pueden ser asignados a la volatilización de plastificantes
- 3º y 4º: picos corresponden al NR y BR, respectivamente con un 9 % peso de cada uno.
- 5º: es asignado a la descomposición de la mezcla NR con SBR (13 % peso).
- 6º y 7º: con una contribución del 24 % peso representan al BR.

El residuo final de la muestra es del 35 % peso, el cual corresponde a carbón fijo y un 5 % en peso de cenizas.

C. CARACTERIZACIÓN DEL SISTEMA ASFALTO - CAUCHO

El proceso de incorporación del caucho en el cemento asfáltico que se ha realizado, es el descripto en el capitulo V.

Se selecciona el menor tamaño de molienda que pasa el 100% DE la malla 25 de ASTM (710 micrometros). Menores tamaños implicarían sumar un sistema de molienda criogenético con nitrógeno no disponible en el país.

El porcentaje de caucho incorporado en la experiencia es del 8 % en peso sobre el peso del ligante.

% de caucho: 8 % en peso del ligante asfáltico

El porcentaje se ha determinado haciendo las siguientes consideraciones:

a) La mayor cantidad que garantice estabilidad en la dispersión: Se ha observado microfotografía de la dispersión y el ensayo de estabilidad al almacenamiento.
b) Un porcentaje que permita un comportamiento similar a un AM3 según la clasificación de la norma IRAM 6596/00. Se destaca la palabra "similar" pues las expectativas son utilizarlo como referencia de entorno. Los parámetros centrales considerados son penetración, punto de ablandamiento, recuperaciones elásticas, ductilidad (Stuart K. D., 1993).

Datos operativos del dispersor

Tabla Nº VIII.33. – Valores óptimos operativos a escala de laboratorio.

Parámetro	Unidad	Valor
Velocidad máxima de mezclado	rpm	7500
Temperatura máxima de mezclado	ºC	190
Posición del cabezal desde el fondo	Cm	2
Tiempo máximo de mezclado	Minutos	45
Volumen	Lts	2
Asfalto base		CA-20
Porcentaje óptimo de caucho triturado	%	8
Tamaño caucho: tamiz Nº25	mm	< 0.71

El cemento asfáltico con el NFU obtenido es como el que se presenta en la siguiente figura:

Figura Nº VIII.130. - Asfalto modificado con caucho.

En la siguiente tabla se presenta la caracterización realizada al asfalto - caucho. Estas determinaciones se realizaron siguiendo la metodología descripta en el capitulo IV en cada uno de ellos y su correspondiente norma IRAM.

Tabla Nº VIII.34. - Caracterización del asfalto modificado con 8 % caucho.

Ensayo	Unidad	CA – 20 + 8% caucho #25
Penetración	1/10 mm	70
Punto de ablandamiento	ºC	55
Recuperación elástica Lineal	%	21
Recuperación elástica torsional	%	33
Viscosidad (60 ºC)	dPa s	-
Viscosidad (135 ºC)	mPa s	1210
Viscosidad (150 ºC)	mPa s	620
Viscosidad (170 ºC)	mPa s	285
Viscosidad (190 ºC)	mPa s	120
Punto de Inflamación	ºC	235
Indice de penetración		0,1
Módulo de corte G* (60º C)	kPa	5.86
Angulo de fase δ	º	70.1
Corte Dinámico Factor G*/ sen δ	kPa	6.23

Actual encuadre normativo en Argentina

En nuestro país la utilización de asfaltos modificados es una practica que normalmente se utiliza en aquellas mezclas que lo requieran, producto de las solicitaciones en servicio de aquellas. Dichos asfaltos poseen una normativa que establece una clasificación de éstos, esta norma es la IRAM 6596 y su ultima versión data del año 2000.

Los asfaltos modificados con polimeros reciclados tales como los NFU, no poseian una normativa que permita clasificarlos mediante los ensayos normalmente utilizados.

Es por todo esto que el grupo de trabajo donde se ha desarrollado la presente investigación ha participado en los ultimos cuatro años en la discusión de un proyecto de norma que permitiese la clasificacion de estos, materializandose en la IRAM 6673 "Asfalto con incorporación de caucho reciclado por vía humeda para uso vial", saliendo a discusión publica en el mes de junio de 2012.

En la siguiente tabla se presenta los requisitos que deben cumplir los asfaltos con incorporacion de caucho reciclado molido, que ha sido propuesta en la IRAN 6673.

Tabla Nº VIII.35. – Requisitos de los asfaltos con incorporación de caucho molido. (Fuente: IRAM 6673)

Requisito	Unidad	AC 1		AC 2		Método
		Mínimo	Máximo	Mínimo	Máximo	
Penetración (25 °C; 100 g; 5 s)	0,1 mm	35	50	50	80	IRAM 6576
Punto de ablandamiento	°C	60	-	55	-	IRAM 6841
Solubilidad en tricloroetileno	%	92	-	92	-	IRAM 6585
Recuperación elástica torsional	%	15	-	15	-	IRAM 6830
Viscosidad rotacional a 170 °C	mPa.s	-	800	-	600	IRAM 6837
Punto de inflamación	°C	235	-	235	-	IRAM-IAP A 6555
Ensayo de estabilidad al almacenamiento						IRAM 6840
Diferencia de punto de ablandamiento	°C	-	10	-	10	IRAM 6841
Ensayo de calentamiento en película delgada rotativa						IRAM 6839
Penetración (respecto de la penetración original) retenida	%	55	-	55	-	IRAM 6576
Pérdida de masa	%	-	1	-	1	IRAM 6839

Obtención de la curva reológica del sistema asfalto - caucho

Las mismas consideraciones realizadas para el asfalto base se hacen aquí para el sistema disperso asfalto-caucho; teneindo en cuenta las viscosidades de la tabla NºVIII.34.

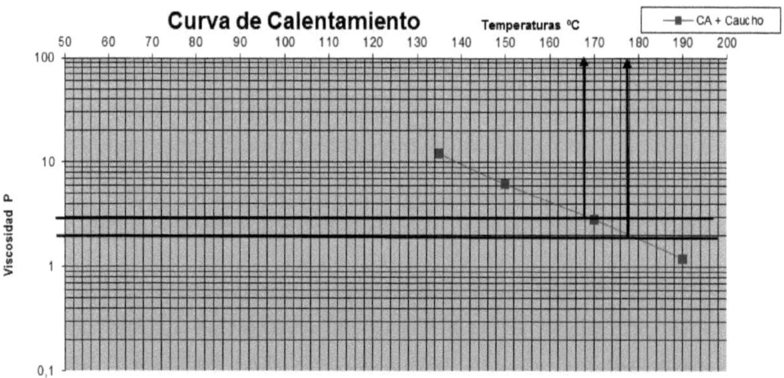

Figura Nº VIII.131. - Variación de la viscosidad con la temperatura en el asfalto caucho al 8 %.

Requisitos de los ligantes para microconcretos discontinuos en caliente

En el capitulo VI se mencionó que según las "Especificaiones técnicas generales para microconcretos asfalticos discontinuos en caliente para capas de rodamiento", de la comisión permanente del asfalto versión 01 del 2006; el ligante asfáltico a utilizar según Norma IRAM 6596 debe ser un AM3 pudiendo utilizarse también como alternativa un ligante asfáltico del tipo AM2 correspondiente a la misma normativa; y que el presente trabajo propone sustituir ese asfalto por otro modificado con NFU.

Este requisito de utilizar asfalto modificado, implica la determinacion de otras caracteristicas como la estabilidad al almacenamiento. La valoración de ésta no solo se especifica en la IRAM 6596 de asfltos modificados como se vió en la tabla Nº IV.17, sino que en el proyecto de norma IRAM 6673 de asfalto con caucho, también establece la valoración del mismo.

Estabilidad al almacenamiento: estabilidad de la dispersión

Para verificar que la micro dispersión permanezca en el tiempo se realiza el ensayo de estabilidad al almacenamiento, no sólo para conservar las propiedades del ligante sino para garantizar las condiciones de trabajabilidad en el tiempo, con el objeto de que no se taponen los sistemas de bombeo de las usinas asfálticas y de los equipos regadores, según se ha indicado en el Capítulo IV (Polybitume C, El Primer Bmp Nfu, 2002).

Según la metodologia descripta en el capitulo IV, la duracion del ensayo es de 5 dias (120 hs) a 165 ºC. Los valores obtenidos son los que se presentan a continuación:

Tabla Nº VIII.36. – Estabilidad al almacenamiento a 5 días del asfalto – caucho.

ESTABILIDAD AL ALMACENAMIENTO	ENSAYO	IRAM 6596	IRAM 6673
Dif. de penetración (1/10 mm)	12	5	-
Dif. Punto de ablandamiento (ºC)	15	10	10

Los limites de la IRAM 6596 corresponden a asfaltos modificados tipo AM, especificando valores máximos de diferencia de punto de ablandamiento y de penetración, este último no lo establece la IRAM 6673; por lo que el fijado en la 6596 se lo utiliza como marco de referencia.

Como se observa en la tabla anterior, los valores obtenidos no cumplen con lo especificado en ambas normas; por lo que se desarrolla el mismo ensayo de estabilidad, modificando la cantidad de dias de duracion a 3.

Tabla Nº VIII.37. – Estabilidad al almacenamiento 3 días del asfalto - caucho.

ESTABILIDAD AL ALMACENAMIENTO	ENSAYO	IRAM 6596	IRAM 6673
Dif. de penetración (1/10 mm)	4	5	-
Dif. Punto de ablandamiento (ºC)	7	10	10

Los valores obtenidos para 3 dias muestran que la diferencia del punto de ablandamiento cumple con lo especificado para los asfalto - caucho en la IRAM 6673, y tomando como referencia la IRAM 6596 de los tipo AM, tambien cumple con la diferencia de penetración.

Se puede decir entonces que la dispersión asfalto-caucho se mantiene estable por un periodo máximo de 3 días por lo que la utilización debe hacerse en ese periodo, desde que se adiciona el caucho.

Inconvenientes por exceso de caucho

Reutilizar los NFU resenta la ventaja desde lo ambiental; pero un exceso del mismo en la dispersion en los asfaltos puede presentar desventajas técnica, energética y ecológicas. Si se incorpora demasiado NFU la viscosidad puede subir y las temperaturas necesarias de fabricación (mezclado), extensión y compactación pueden sobrepasar los 200ºC, ocasionando:

1. Una mezcla muy viscosa puede producir serios problemas de puesta en obra.
2. Cualquier incremento de temperatura en la fabricación implica mayor consumo de combustible, aproximadamente 1 litro de combustible cada 20ºC que subamos la temperatura de fabricación por tonelada de mezcla en caliente.
3. A medida que se quema más combustible se emite más CO_2 a la atmosfera.
4. Mientras mayor es la temperatura de la mezcla en caliente, mas vapores y gases son liberados y por tanto mayores riesgos en su manipulación.

Comparativa de los parámetros determinados en los ligantes asfálticos.

Obtenida la caracterizacion del asfalto base, del asfalto – caucho se elabora el asfalto tipo AM-3 con la dispersión del políemro SBS en el mismo asfalto base.

La proporción de SBS para la dispersión es del 3% en peso del cemento asfáltico y los ensayos realizados en la caracterización son los mismos.

En la tabla siguietne se presenta la caracterizacones de los tres ligantes, resumiendo todos los parametros determinados en cada uno de ellos.

Tabla VIII.38. - Comparacion entre distintos asfaltos de sus parametros.

CA: cemento asfáltico base CA-20
CA + caucho: cemento asfáltico modificado con 8% de caucho reciclado de neumático
CA + SBS: cemento asfáltico modificado con 3% de estireno – butadieno – estireno

Ensayo	Unidad	C.A. base	C.A. + Caucho (8%)	C.A. + SBS (3%)
Penetración	1/10 mm	79	70	66
Punto de Ablandamiento	ºC	47	55	71
Recuperación Elástica Lineal	%	16	21	90
Recuperación Elástica Torsional	%	8	33	72
Viscosidad (60 ºC)	dPa s	21	-	-
Viscosidad (135 ºC)	mPa s	412	1210	4020
Viscosidad (150 ºC)	mPa s	207	620	1510
Viscosidad (170 ºC)	mPa s	98	285	440
Viscosidad (190 ºC)	mPa s	53,2	120	201
Punto de Inflamación	ºC	231	235	237
Índice de penetración		-0,9	0.1	3,0
Módulo de Corte G* (60º C)	kPa	2,30	5.86	4.71
Angulo de fase δ	º	83	70.1	65.0
Corte Dinámico Factor G*/ sen δ	kPa	2,32	6.23	5.20
Estabilidad al almacenamiento				
Dif. Penetración	1/10 mm	-	4	2
Dif. Punto de ablandamiento	ºC	-	7	2

En la tabla podemos observar que la penetración disminuye y que el punto de ablandamiento aumenta en los dos asfaltos modificados respecto del asfalto base; situándose el asfalto - caucho en una situación intermedia con respecto al modificado con SBS; también la recuperación elástica y torsional aumentan respecto del asfalto base.

La penetración del asfalto – caucho disminuye respecto del asfalto base pero la cantidad no es significativa, tal que no se ha rigidizado demasiado, esto además se evidencia en la viscosidad y mas precisamente a 170 ºC donde se encuentra en el renago establecido por la norma IRAM 6673.

Ademas, la estabilidad de la dispersión dada en el ensayo de estabilidad al almacenamiento se encuentre dentro de los rangos habituales, y como se mencionó la utilización debe hacerse dentro de los 3 dias.

Todas estas variaciones en estos parámetros permiten deducir que se ha mejorado la condición del asfalto base, obteniendo uno de mayor elasticidad y mejores prestaciones, sin cambiar de tipo de ligante.

Es importante mencionar los valores arrojados del módulo de corte y el ángulo de fase. Cuando se mencionó el comportamiento reologico en el capitulo IV, se estableció que a mayor δ mayor será la diferencia de fase entre la tensión aplicada y la deformación, asimismo mientras mas pequeño δ mas cerca estaremos de la fase elástica. Por lo tanto, en particular se observa en los valores obtenidos que el G* aumenta en los dos asfaltos modificados y el δ disminuye, respecto del asfalto base; por lo que se puede estimar que se ha obtenido un ligante asfáltico de mayor resistencia y mas elástico para un mismo rango de temperatura.

Los resultados obtenidos para el asfalto con SBS en penetración, punto de ablandammiento, recuperación elastica por torsion, punto de inflamación y estabilidad al almacenamiento, permiten clasificarlo como un AM3 según la tabla Nº IV.17. Ahora, con los resultados del asfalto – caucho de penetración, punto de ablandamiento, recuperación elastica torsional, viscosidad a 170 ºC, punto de inflamacion y estabilidad al almacenamiento permiten clasificarlo como un AC2 según la taba Nº VIII.34.

La norma IRAM 6673 establece que el uso para un AC2 es en carpetas drenantes, o de alto contenido de vacios. La clasificación obtenida para el asfalto – caucho usado en la presente investigación, como se ha mencionado, es AC2. Por lo tanto el asfalto obtenido es el apropiado para la elaboración de un microconcreto discontinuo en caliente, ya que este puede ser también considerado como una carpeta asfaltica drenante.

Comparativa de las curvas de calentamiento.

En la figura siguiente se presenta la comparación entre las curvas de calentamiento entre los tres asfaltos caracterizados y utilizados para elaborar los microconcretos propuestos en la presente investigación.

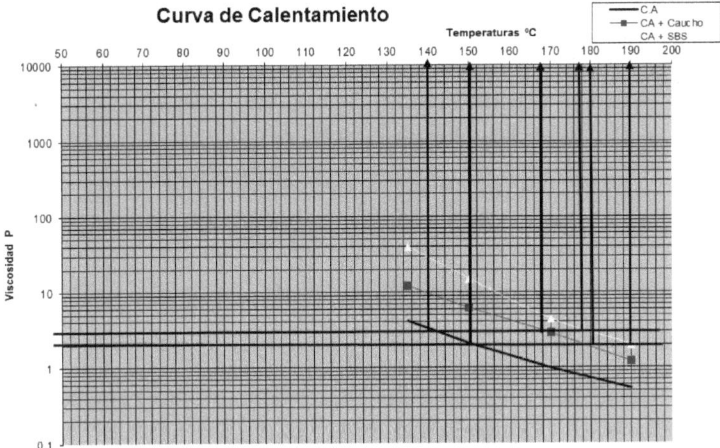

Figura VIII.132. – Curvas de calentamiento.

Las temperaturas de mezclado y compactado correspondiente a 2 y 3 poise que se extren de la figura anterior, se expresan en la tabla siguiente:

Tabla VIII.39. - Temperaturas de mezclado y compactación.

	Mezclado 2 poise (ºC)	Compactación 3 poise (ºC)
CA - 20	145	136
C.A. + Caucho	180	168
C.A.+ SBS	190	178

Las temperatura de trabajo adoptadas para una mayor practicidad fueron de 145 – 135ºC para el CA - 20; 170 – 180ºC para el asfalto modificado con caucho y 190 – 180 ºC para asfalto modificado con SBS.

Las temperaturas obtenidas garantizan que se dé cumplimiento a las viscosidades necesarias para que los recubrimientos del mastic asfáltico sobre los agregados sean lo necesarios para garantizar la durabilidad de la mezcla asfáltica.

D. AGREGADOS

Es fundamental conocer el origen de los agregados a la hora de considerarlos en una mezcla asfáltica. La resistencia, la adhesividad y la durabilidad de los mismos, están asociado a su origen.

Los tamaños de agregados que se utilizó y su procedencia son:

- Piedra triturada 6 – 12mm (Tandil - Bs. As.).
- Arena de trituración 0 – 3mm (Tandil - Bs. As.)
- Cal hidráulica (Sarmiento - Bs. As).

Los requisitos de los agregados del MAC F10 fueron mencionados en el capitulo VI, a continuación se determinan los parametros de los mismos mediante los ensayos de agregados con sus normas IRAM establecidas en las tablas Nº VI.20. y VI.21.

Agregado grueso

Comercialmente el agregado grueso es conocido como piedra partida 6 - 12, indicando los tamaños mínimos y máximos respectivamente. Los valores obtenidos en su caracterización se presentan en la siguiente tabla:

Tabla Nº VIII.40. – Caracterización del agregado grueso.

Parámetro	Valor
Peso específico ($g*cm^{-3}$)	2,70
Absorción (%)	0,3
Desgaste Los Ángeles (%)	22
Índice de lajas (%)	24
Índice de agujas (%)	20
Partículas con dos ó más caras de fractura (%)	100
Adherencia AASHTO 182 (%)	>95

Agregados finos

Los agregados finos están constituidos por dos fracciones la triturada y el filler de aporte.

Fracción triturada: Comercialmente denominada arena de trituración 0:3.

Tabla Nº VIII.41. – Caracterización de la fraccion triturada 0:3.

Parámetro	Valor
Peso específico (g*cm^{-3})	2,69
Equivalente de arena (%)	70
Plasticidad de la fracción que pasa el tamiz IRAM 0,425	0
Plasticidad de la fracción que pasa el tamiz IRAM 0,075 mm	0
Relación Vía Seca-Vía Húmeda, de la fracción que pasa el tamiz IRAM 0,075	62

Filler de aporte: Se utiliza como filler de aporte cal hidráulica hidratada marca Sarmiento.

Densidad Aparente (DA) en tolueno: DA = 0,6 gr/cm^3

Se muestran a continuación equipamiento utilizado para las distintas determinaciones realizadas.

Figura Nº VIII.133. – Determinación de peso específico de los agregados gruesos.

Figura Nº VIII.134. – Determinación de peso específico de los agregados finos. Volumenómetros de Lechatelier.

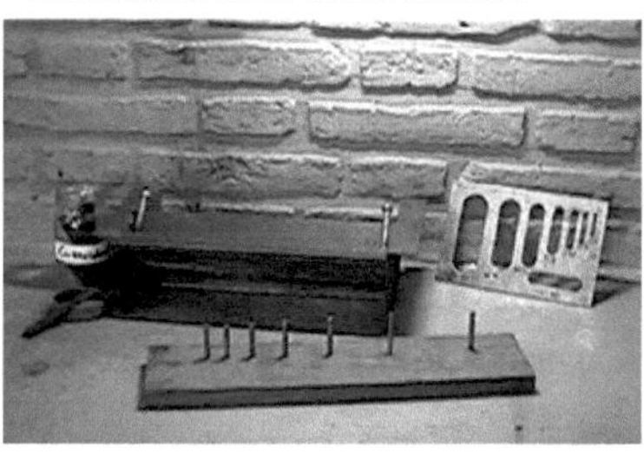

Figura Nº VIII.135. – Determinación de índice de lajas, agujas y cubicidad en agregado gruesos.

Figura Nº VIII.136. – Tamices para la determinación de las granulometrías de los agregados finos y gruesos y tamizador automático.

FigurFigura Nº VIII.137. – Máquina de desgaste Los Ángeles, abrasión enagregados gruesos.

Figura Nº VIII.138. – Ensayo de equivalente arena.

Granulometría de los agregados finos, gruesos y filler

Para realizar la composición de mezcla de todos los agregados, es necesario conocer la granulometría y proporción de cada uno de ellos.

Figura Nº VIII.139. – Cuarteo, granulometría vía seca y húmeda.

Las granulometrías realizadas de todos los agregados intervinietes, se presentan en la siguiente tabla.

Tabla Nº VIII.42. – Granulometría de los agregados y filler de aporte.

Tamiz	Abert. (mm)	6:12	0:3	Filler (cal)
1/2	12700	99,9%	100,0%	100,0%
3/8	9500	91,8%	100,0%	100,0%
1/4	6250	37,4%	100,0%	100,0%
4	4750	0,0%	96,3%	100,0%
8	2360	0,0%	71,5%	100,0%
30	600	0,0%	27,4%	100,0%
200	75	0,0%	11,8%	89,1%

Una vez obtenida las granulometrías de cada uno de los agregados se establecen sus proporciones, para realizar la mezcla; siendo:

- Piedra partida 6 – 12: 66,0%.
- Arena de trituración 0 – 3: 29,0%.
- Cal: 5,0%.

En la siguiente tabla se presentas las granulometrías anteriores, el porcentaje interviniente de cada uno de los tamaños de la serie de tamices, las proporciones de la mezcla de los agregados y los entornos limites que se menciono en el capitulo VI en "requisitos de los materiels del MAC F10".

Tabla Nº VIII.43. - Proporciones granulométricas de agregados, de la mezcla y entorno.

GRANULOMETRIA DE LOS AGREGADOS					MEZCLA DE AGREGADOS					
Tamiz	Abert.	6:12	0:3	cal	6:12	0:3	cal	C. Min	Mezcla	C. Max
					66,00%	29,00%	5,00%			
½	12700	99,9%	100,0%	100,0%	65,93%	29,00%	5,00%	100	99,93	100
3/8	9500	91,8%	100,0%	100,0%	60,60%	29,00%	5,00%	75	94,60	97
¼	6250	37,4%	100,0%	100,0%	24,68%	29,00%	5,00%	40	58,68	65
4	4750	0,0%	96,3%	100,0%	0,00%	27,93%	5,00%	25	32,93	40
8	2360	0,0%	71,5%	100,0%	0,00%	20,74%	5,00%	20	25,74	35
30	600	0,0%	27,4%	100,0%	0,00%	7,96%	5,00%	12	12,96	25
200	75	0,0%	11,8%	89,1%	0,00%	3,42%	4,46%	7	7,88	10

Para lograr un adecuada macrotextura, siendo este uno de los parámetro propuestos para estudio cuando se realiza un microconcreto con un asfalto con caucho; es necesario la discontinuidad granulométrica en el tamiz Nº 4 como puede observarse en la figura Nº VIII.140. No siempre es posible obtener curvas granulométricas de mezcla de agregados directamente y que encuadren en las curvas límites, es por ello que en algunas ocasiones en necesario la extracción de determinados tamaños de partículas de alguno de ellos.

Para lograr dicha discontinuidad, se tamizó todo el material por el tamiz Nº 4, descartando delagregado grueso todos aquellos tamaños pasantes del tamiz Nº4, y en el agregado fino descartando todos aquellos tamaños retenidos en el tamiz Nº4. Esto se observa en la tabla anterior, donde el agregado 6:12 presenta un 0.0% pasante a partir del tamiz Nº 4 y el agregado 0:3 presenta un 100% pasante desde el tamiz ½" hasta el ¼".

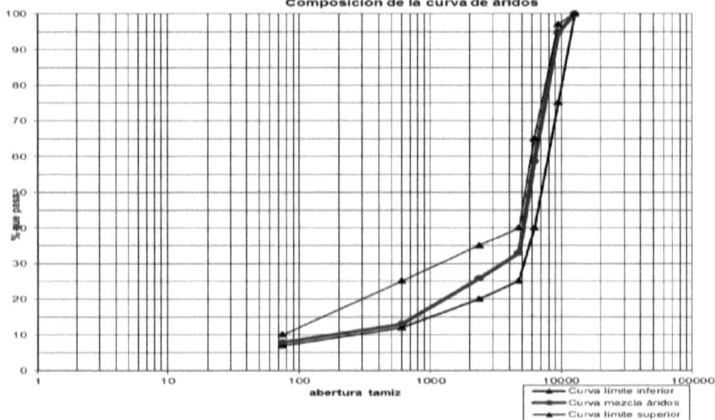

Figura Nº VIII.140. - Curvas granulométricas de la mezcla y entorno.

Solo a los efectos comparativos se expone a continuación gráficos de curvas límites y mezclas de agregados de trabajos estudiados en la recopilación de antecedentes; en donde se puede observar que la curva adoptada de la mezcla se encuentra dentro de los entornos de las otras experiencia y que la curva propuesta es similar a la utilizada en la ruta Nº 7 La Paz - Santa Rosa en Mendoza; donde la dirección de la investigación tuvo participación.

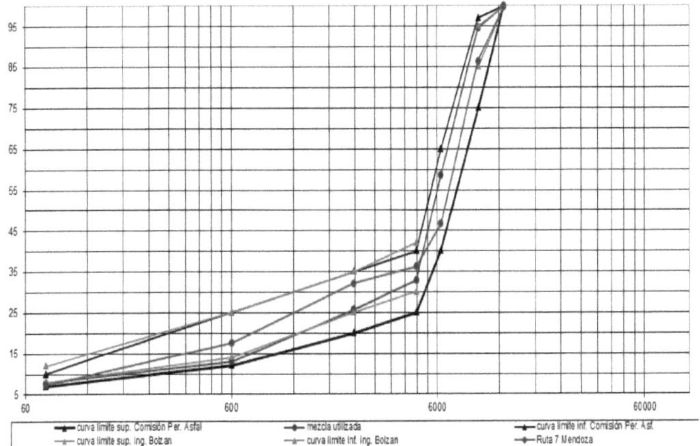

Figura Nº VIII.141. – Comparación de curva de mezcla y su entorno con la de los antecedentes.

VIII.3. DISEÑO DEL MAC F10 CON ASFALTO CAUCHO

Como se ha mencionado en otros capítulos, los factores que gobiernan el diseño y el comportamiento de las mezclas delgadas son: la granulometría de los agregados, contenido y tipo de ligante, adherencia, permeabilidad o impermeabilidad de la mezcla, facilidad de compactación, textura y resistencia al deslizamiento y durabilidad en el tiempo. Por otra parte el diseño de tales mezclas comprende dos aspectos que las diferencian de otras mezclas: el diseño de la textura superficial, y de la estructura interna de la mezcla.

En la metodología establecida en el capítulo VI para el diseño del microconcreto discontinuo en caliente MAC F10, se propone las dos siguientes etapas, en las cuales se mencionan los ensayos y/o acciones realizadas:

A. En laboratorio

- Método Marshall.
- Test de Lottman.

B. En obra

- Determinación de las características de superficie
    - ➢ Modelo de deterioro

- ✓ Elaboración de probetas: de base rígida y de un tamaño que permita observar las características de superficie.
- ✓ Medición de macrotextura puntual con parche de arena sobre las probetas.
- ✓ Medición de microtextura puntual con péndulo ingles sobra las probetas.
- ✓ Simulación del tránsito según las características de tiempo, temperatura, frecuencia, carga establecidas es el capítulo VII.
- ✓ Medición de macrotextura puntual con parche de arena sobre las probetas en la zona de simulación.
- ✓ Medición de microtextura puntual con péndulo ingles sobra las probetas en la zona de simulación.

Se desarrolla y se presenta los resultados de cada una de las etapas de la metodología de diseño y los métodos, ensayos y/o pasos antes enunciados, comenzando por la etapa de laboratorio.

A. En laboratorio

Método Marshall

Según la metodología Marshall, se realizaron diferentes mezclas con proporciones de agregados y variaciones en el contenido de ligante asfáltico de a 0,2 %, comenzando con un contendió mínimo de 5.2 % en peso de ligante asfáltico sobre el total de la mezcla.

Se hicieron tres dosificaciones de:

- Tres (3) probetas Marshall por dosificación para la totalidad de los ensayos Marshall y seis (6) para test de Lottman correspondiente al porcentaje óptimo de ligante.
- Mezclas disgregadas residuales a efectos de densidades rice, y verificación de porcentajes de ligante y curvas granulométricas.

Se presentan los resultados obtenidos de los parámetros propuestos por esta metodología, en la dosificación del microconcreto con asfalto – caucho.

Tabla VIII.44. - Dosificación por método Marshall; con asfalto – caucho.

Ligante asfáltico (%)	Densidad Marshall (g/cm³)	Densidad Rice (g/cm³)	Vacíos (%)
5,2	2,322	2,443	5,0
5,4	2,327	2,440	4,6
5,6	2,319	2,432	4,6

Ligante Asfáltico (%)	Estabilidad (kg)	Fluencia (mm)	Vacíos del Agregado Mineral (%)	Relación Betún Vacíos
5,2	806	4,0	17,0	71,0
5,4	875	4,2	17,1	73,7
5,6	648	4,6	17,6	73,5

Determinando los parámetros propuestos por esta metodología, se pueden conformar los grafios de cada uno de ellos en función del porcentaje de ligante, y obtener las siguientes figuras que permiten determinar cuál es el porcentaje óptimo de ligante asfaltico. En éstos pueden observarse en alguna de sus esquinas el formato teórico para ese tipo de curva; ellos son:

- Estabilidad vs. % de ligante
- Fluencia vs. % de ligante
- Vacíos vs. % de ligante
- Vacíos del agregado mineral vs. % de ligante
- Relación betún vacíos vs. % de ligante

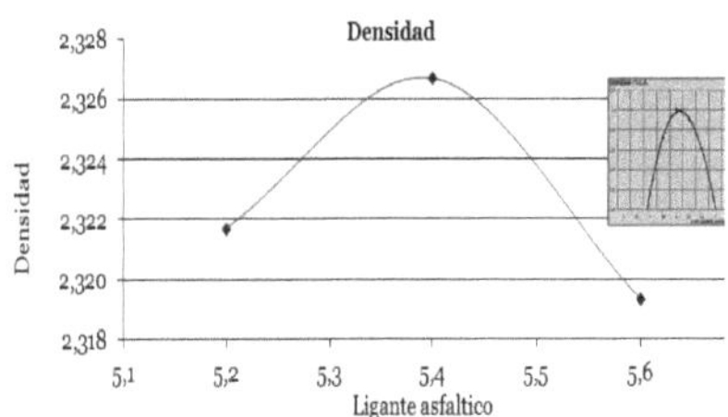

Figura VIII.142. - Densidad vs. % asfalto.

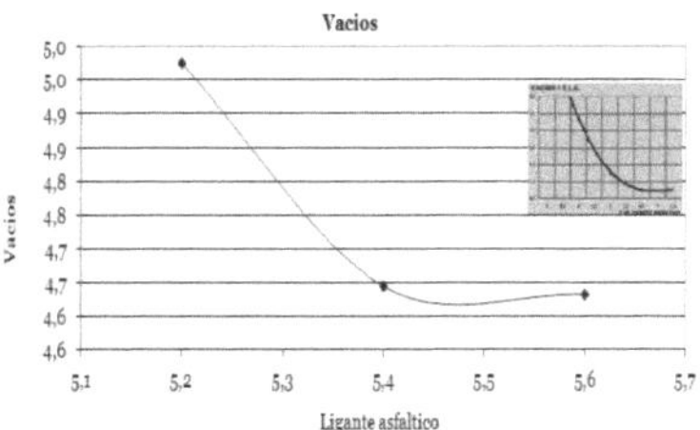

Figura VIII.143. - Vacíos vs. % asfalto.

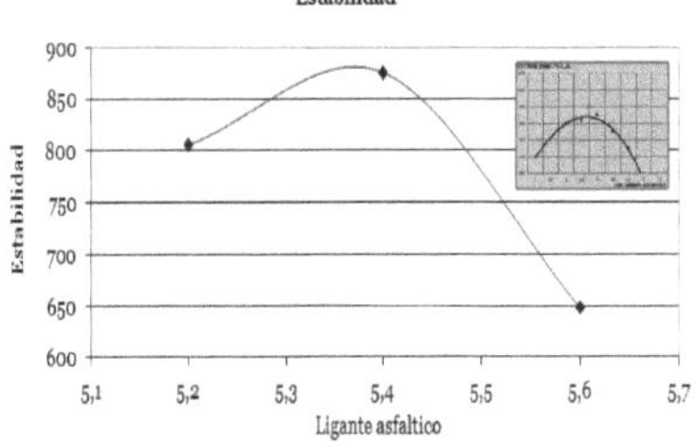

Figura VIII.144.-Estabilidad vs. % asfalto.

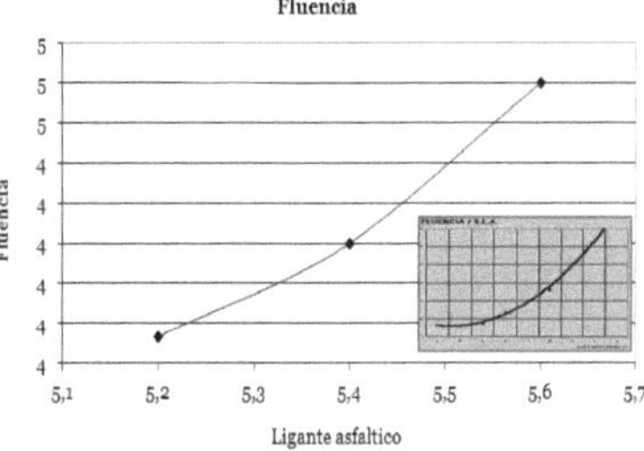

Figura VIII.145.-Fluencia vs. % asfalto.

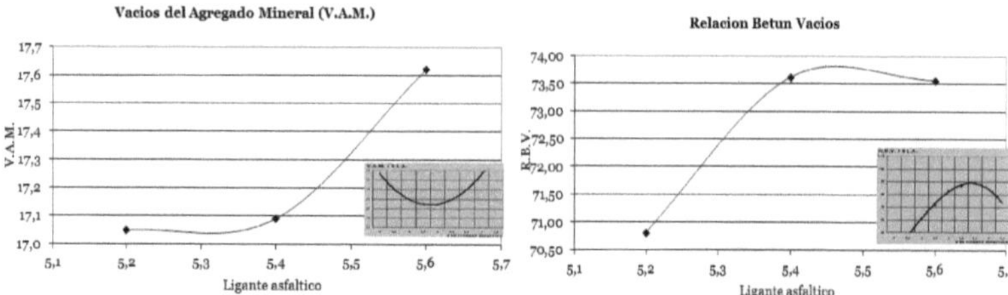

Figura VIII.146. - V.A.M. vs. % asfalto. *Figura VIII.147. - R.B.V. vs. % asfalto.*

De igual manera que los anteriores, se presentan a continuación las tablas y sus figuras, correspondiente a la dosificación del microconcreto realizado con asfalto modificado con SBS, o tipo AM3.

Tabla VIII.45. - Dosificación por método Marshall; con asfalto con SBS o tipo AM3.

Ligante asfáltico (%)	Densidad Marshall (g/cm³)	Densidad Rice (g/cm³)	Vacíos (%)
5,2	2,322	2,456	5,1
5,4	2,348	2,455	4,37
5,6	2,346	2,453	4,35

Ligante Asfáltico (%)	Estabilidad (kg)	Fluencia (mm)	Vacíos del Agregado Mineral (%)	Relación Betún Vacíos
5,2	991	3,9	17,2	71
5,4	1093	4,1	17,1	75
5,6	1024	4,6	17,7	74

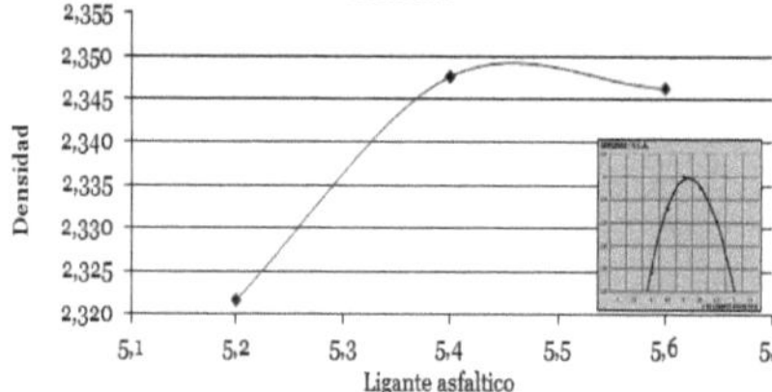

Figura VIII.148. - Densidad vs. % asfalto. *Figura VIII.149. - Vacíos vs. % asfalto.*

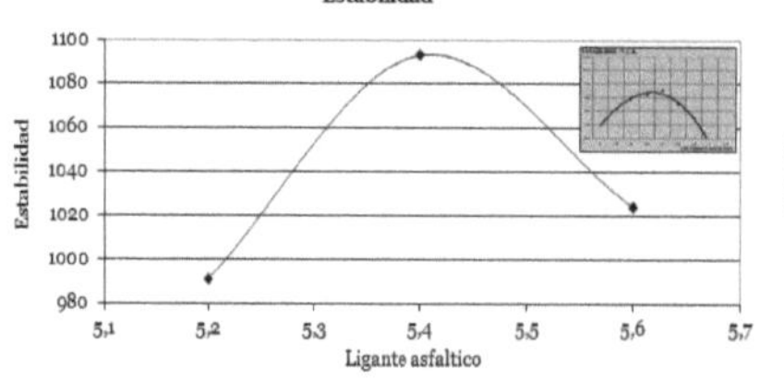

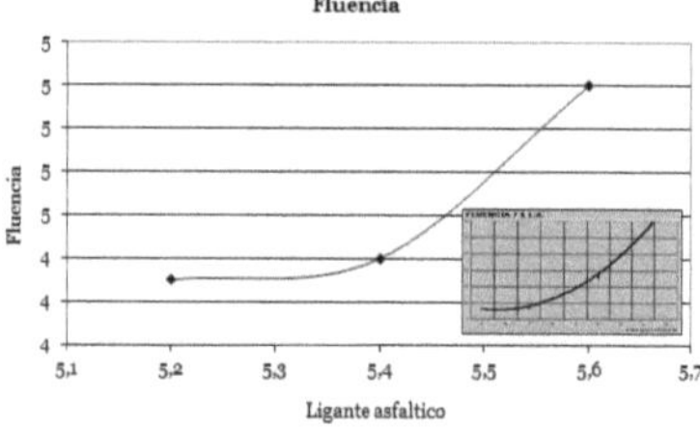

Figura VIII.150. - Estabilidad vs. % asfalto. *Figura VIII.151. - Fluencia vs. % asfalto.*

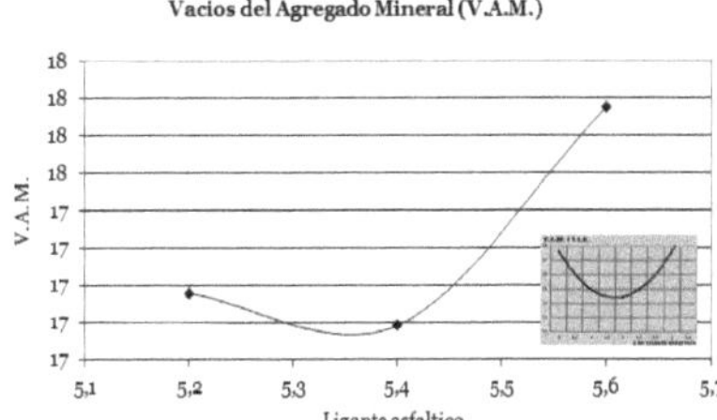

Figura VIII.152. - V.A.M. vs. % asfalto.

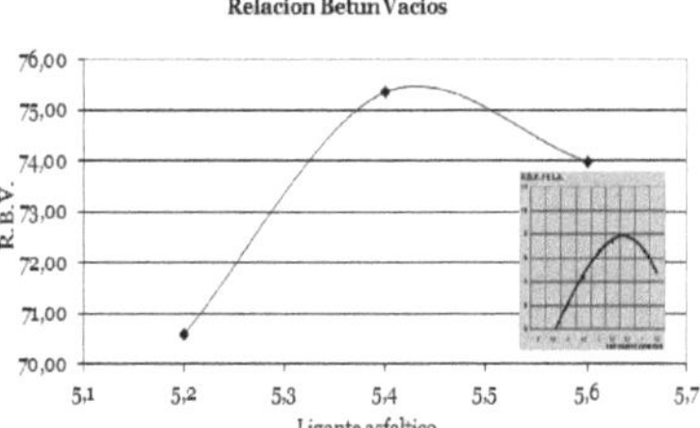

Figura VIII.153. - R.B.V. vs. % asfalto.

En función de los resultados obtenidos, se adopta como porcentaje óptimo de cemento asfáltico, el valor correspondiente a 5,4% de asfalto, tanto para el modificado con NFU como con SB tipo AM3. Este porcentaje surge de la interpretación de los gráficos, siendo visible la mejor performance del 5.4% comparando con los gráficos teóricos ubicados en las esquina de cada uno de ellos.

Proporciones de la mezcla asfáltica

Habiendo determinado el porcentaje óptimo de cemento asfáltico, se presenta en la siguiente tabla los valores finales más satisfactorios para una dosificación óptima.

Tabla VIII.46. - Porcentajes de materiales en la mezcla asfáltica.

Material	Nomenclatura	Porcentajes en mezcla
Piedra triturada	6:12	62,44
Arena de trituración	0:3	27,43
Cal	cal	4,73
Asfalto modificado (caucho – SBS)	Asfalto - caucho – AM3	5,4

A continuación las siguientes figuras muestran el procedimiento de la metodología Marshall seguida para la obtención de los resultados expuestos en la tabla Nº VIII.43 y VIII.44.

Figura Nº VIII.154. – Acondicionamiento y mezcla de agregados con adición del asfalto-caucho, y compactación.

Figura Nº VIII.155. - Desmolde de probetas Marshall.

Figura Nº VIII.156. – Ensayo Marshall.

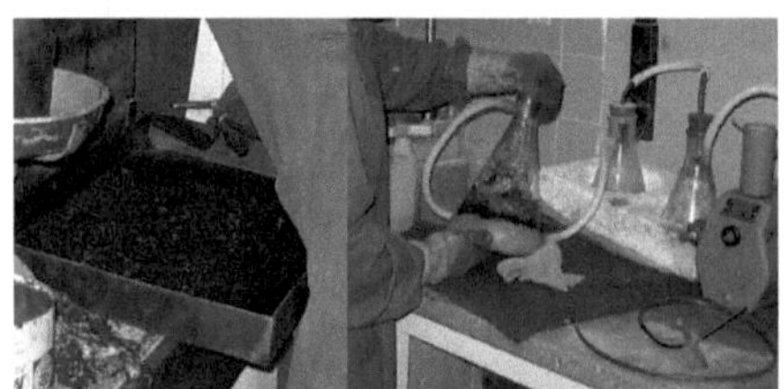

Figura Nº VIII.157. - Determinación de Densidad Rice.

A continuación se presentan los resultados obtenidos en el microconcreto realizados con el cemento asfáltico con caucho y con SBS, correspondiente al porcentaje óptimo de 5,4; en forma más sintética para una mejor comparación entre ambos.

Tabla VIII.47.-Comparativa de parámetros del método Marshall entre los distintos cementos asfálticos.

Mezcla Asfáltica	Densidad Marshall (g/cm^3)	Densidad Rice (g/cm^3)	Vacíos (%)
Modificado con 8% de Caucho	2,327	2,440	4,64
Modificado con SBS tipo AM3	2,348	2,455	4,37

Tabla VIII.48. - Comparativa de parámetros del método Marshall entre los distintos cementos asfálticos.

Mezcla Asfáltica	Estabilidad (kg)	Fluencia (mm)	Vacíos del Agregado Mineral (%)	Relación Betún Vacíos
Modificado con 8% de Caucho	875	4,2	17,1	73,7
Modificado con SBS tipo AM3	1093	4,1	17,1	75,4

Comparando los valores de los parámetros obtenidos para microconcreto con caucho y con AM3, ambos presentan valores similares y se observa:

- Mayor densidad para microconcreto con AM3.
- Menores vacíos para microconcreto con caucho.
- Mayor estabilidad el microconcreto realizado con asfalto con AM3, esto puede traducirse en que la mezcla presentaría mayor resistencia a las solicitaciones. En los microconcretos, su función se considera de recubrimiento y aporte de condiciones de superficie, no siendo la resistencia el parámetro buscado.

Respecto de los requisitos mencionados en el capítulo VI en la tabla Nº VI.24; todos los parámetros cumplen con dichas exigencias en ambas mezclas elaboradas.

Test de Lottman

El presente ensayo se realizó tanto para la mezcla realizada con asfalto modificado con caucho como con el modificado con SBS. Para esto, se confeccionaron (6) seis probetas con cada una de las mezclas, de las cuales (3) tres fueron ensayadas en seco o sin acondicionar, y las otras (3) tres restantes se ensayaron acondicionadas; repitiéndose esto para ambas mezclas. El acondicionamiento, para las (3) probetas según lo expuesto en capítulos anteriores, consiste en saturación por vacío, luego se las somete a ciclos de congelación (-5ºC) y deshielo (5ºC) y posteriormente las (6) serán ensayadas a tracción indirecta. Para ello, se somete a las probetas a compresión axil aplicando una carga estática a velocidad constante de deformación.

Figura Nº VIII.158. - Cámara de saturación y ensayo en prensa Marshall con mordaza de tracción indirecta.

Los resultados obtenidos en este ensayo se presentan en la siguiente tabla.

Tabla VIII.49. - Ensayo Test de Lottman.

Test de Lottman			
Mezcla Asfáltica	Tracción indirecta (g/cm²)		Calculo del TSR (tensile strength ratio; > al 80%)
	Probeta s/ acond. Resistencia Seca R_s	Probeta acond. Resistencia húmeda R_h	
Modificado con 8% de Caucho	8,0	7,6	92,4
Modificado con 3% de SBS	10,9	10,1	94,7

Recordando que con el Test de Lottman se mide la perdida de cohesión y la degradación por fractura de partículas de agregados por efecto de heladas; podemos decir que la mezcla obtenida presenta una buena performance frente a estas acciones deteriorantes de las carpetas asfálticas, ya que supera ampliamente el valores recomendado del 80% mencionado en la tabla VI.24.

B. En obra

Terminada la etapa de laboratorio cuyos parámetros cumplen con las Especificaciones Técnicas de la Comisión Permanente del Asfalto para un MAC F10; se continúa con la metodología. En esta etapa se considera el aporte de la presente investigación que es el modelo predictivo de comportamiento de la textura superficial, utilizando el equipo de Wheel Tracking Test. Se exponen en la siguientes tablas los resultados de valoración de las características de superficie (macrotextura y microtextura) antes y después de la simulación del tránsito en las probetas, propuestas como reemplazo de la obra en el modelo de deterioro, como se describió en el capítulo VII.

Tabla N° VIII.50. - Determinación de macrotextura antes y después de la simulación de tránsito.

		Ensayo Parche de Arena. IRAM 1555		
		Antes Wtt	Después Wtt	% Disminución
Material	Probeta	h (altura) (mm)	h (altura) (mm)	
Caucho	1	0,953	0,557	41,52
	2	1,196	0,610	48,98
	3	1,124	0,580	48,34
AM3 (SBS)	1	0,948	0,478	49,57
	2	1,212	0,800	33,98
	3	1,183	0,801	32,29

Para una mejor visualización de los resultados obtenidos se presenta la siguiente tabla que muestra los promedios de disminución en la macrotextura en las mezclas elaboradas con los dos tipos de ligantes asfalticos.

Tabla Nº VIII.51. - Comparación de macrotextura antes y después de la simulación de tránsito.

	Antes Wtt h (mm)	Después Wtt h (mm)	% Promedio Disminución
Caucho	1,10	0,582	47,1
AM3 (SBS)	1,114	0,693	37,8

Se observa que los valores se encuentran dentro de los requisitos fijados en las especificaciones técnicas de mezclas asfálticas en caliente de bajo espesor de la Comisión Permanente del asfalto, mencionadas en el capítulo VI, donde establece que la altura del parche de arena debe ser el mínimo absoluto mayor a 0,80 y el promedio del lote mayor a 1,10.

Figura Nº VIII.159. - Determinación de la macrotextura con parche de arena.

De los valores obtenidos se interpreta:

- Una mayor macrotextura antes y después de la simulación en el microconcreto elaborado con asfalto AM3.
- Una marcada disminución de la macrotextura después de la simulación de tránsito, del orden del 40% en ambas mezclas.
- Una diferencia porcentual aproximada del 20%, en el promedio, a favor de la mezcla elaborada con SBS.

Si bien era previsible una mejor performance en eta última; la diferencia entre ambas no es significativa. Por esto es de esperar que el comportamiento de los microconcretos elaborados con asfalto - caucho se comporten, en servicio, aproximadamente similar a los elaborados con AM3 (SBS), siendo este normalmente utilizado en los microconcretos discontinuos en caliente.

Continuando con la determinación de las características de superficie del MAC F10, se expone a continuación los resultados obtenidos en la valoración de la microtextura antes y después de la simulación del tránsito.

En el capítulo VI se describió la metodología de ensayo con el péndulo ingles correspondiente a la norma IRAM 1555 para la determinación del coeficiente de rozamiento, dicha norma establece una corrección del coeficiente determinado en función de la temperatura de la zapata del equipo, de la superficie ensayada y la temperatura del agua; la misma se ha tenido en cuenta en los valores expresados en la siguiente tabla.

Tabla N° VIII.52. - Comparación de microtextura antes y después de la simulación de tránsito.

		Ensayo Péndulo Ingles. IRAM 1850			
		Antes Wtt		Después Wtt	% Disminución
Material	Probeta	Promedios Mediciones	Coef. Resist. Desliz.	Coef. Resist. Desliz.	
Caucho	1	95,2	0,942	0,892	5,30
	2	87,2	0,862	0,817	5,20
	3	85,2	0,842	0,804	4,50
AM3 (SBS)	1	73,6	0,726	0,704	3,03
	2	82,8	0,818	0,796	2,72
	3	78,4	0,774	0,749	3,25

Para una mejor visualización de los resultados obtenidos se presenta la siguiente tabla que muestra los promedios de disminución en la microtextura en las mezclas elaboradas con los dos tipos de ligantes asfalticos.

Tabla N° VIII.53. - Comparación de microtextura antes y después de la simulación de tránsito.

	Antes Wtt Coef. Res. Desliz	Después Wtt Coef. Res. Desliz	% Promedio Disminución
Caucho	0,882	0,838	5,0
AM3 (SBS)	0,773	0,750	3,0

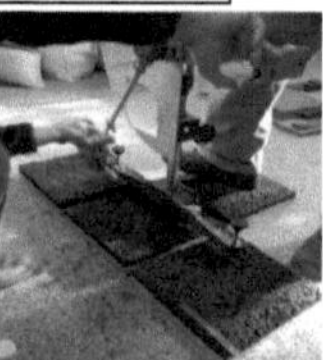

Figura Nº VIII.160. - Determinación de la microtextura con péndulo inglés.

Se observa que los valores se encuentran dentro de los requisitos mencionados en el capítulo VI, donde establece que el coeficiente de rozamiento debe ser mayor a 0,65.

De los valores obtenidos se interpreta:

- Una microtextura mayor, tanto antes como después de la simulación, del microconcreto con asfalto – caucho.

- Una mayor disminución porcentual en el microconcreto elaborado con asfalto – caucho.
- Una diferencia porcentual aproximada del 40%, en el promedio, a favor de la mezcla elaborada con SBS.

Sintetizando:

Abordar el diseño de las mezclas delgadas comprende el estudio del contenido y tipo de ligante, la granulometría de los agregados y de la mezcla de ellos, adherencia, permeabilidad o impermeabilidad de la mezcla, facilidad de compactación, textura y resistencia al deslizamiento y durabilidad en el tiempo.

Respecto de los ligantes, las especificaciones argentinas establecen que la elaboración de un microconcreto debe realizarse con asfalto modificado. Normalmente en nuestro país se usa el asfalto tipo AM3, que se utiliza como blanco de comparación en el presente trabajo; tanto éste último como el modificado con caucho han sido caracterizados y clasificados mediante la determinación de los parámetros establecidos en los requisitos de la normativa de cada uno de ellos.

El resto de los materiales intervinientes como el caucho y los agregados también se caracterizaron. Del caucho estableciendo su procedencia, composición, tamaños disponibles de uso y el adoptado para la dispersión en el asfalto. De los agregados su características físicas, la granulometría de cada uno y la resultante de la mezcla de ellos.

En la mezcla la determinación de los parámetros mecánicos y volumétricos con la metodología Marshall y la pérdida de adherencia con Test de Lottman en lo que fue definida como la etapa de "laboratorio". En la segunda etapa "Obra" se aplicó el modelo predictivo de deterioro de las características superficiales. Con las determinaciones "antes" y "después del tránsito", se estableció los deterioros ocasionados en cada una de las mezclas y una comparación relativa entre ambas, permitiendo evaluar el comportamiento de las mismas frente a iguales solicitaciones.

En el próximo capítulo se presentan el análisis de los resultados de ambas etapas y conclusiones, que permitirán discernir la posibilidad de utilizar un polímero proveniente de un desecho (NFU) en la mezcla propuesta; presentando un doble beneficio de bajar el costo directo, respecto del AM3, y el costo ambiental de arrojar ese residuo.

Capítulo IX: DISCUSION DE RESULTADOS Y CONCLUSIONES

IX.1. INTRODUCCION

La discusión de resultados se presenta en forma de análisis de los parámetros determinados mediante los ensayos, luego su exposición en tabla para un mejor ordenamiento y comparación de los mismos.

La interpretación de estos parámetros tanto en los ligantes asfálticos y los microconcretos obtenidos con ellos, permiten valorar el impacto producido en el desempeño de un microconcreto discontinuo en caliente cuando se utiliza un asfalto modificado con caucho proveniente de los neumáticos fuera de uso. Esto se ha logrado mediante la evaluación de los cambios en las propiedades físico mecánicas y de servicio del microconcreto modificado con caucho, comparando el desempeño del mismo con el de un microconcreto convencional, es decir elaborado con un asfalto tipo AM3.

De dicho análisis precedente se enuncian las conclusiones arribadas y las propuestas de innovaciones tecnológicas en el área del reciclado y de materiales viales, la valoración de las características estudiadas en el presente trabajo en un tramo experimental a los fines de correlacionar lo obtenido en escala de laboratorio con lo real, y otras como técnicas de compactación y la disminución del ruido en este tipo de mezclas.

IX.2. DISCUSION DE RESULTADOS

Se presenta a continuación la siguiente tabla, que se expuso en el capítulo VIII, donde se muestran los resultados obtenidos en la caracterización de los ligantes asfálticos utilizados en la experiencia del presente trabajo, a los fines de interpretar los mismos y comparar con la normativa.

Tabla IX.54. - Comparacion entre distintos asfaltos de sus parametros.

CA: cemento asfáltico base CA-20 CA + caucho: cemento asfáltico modificado con 8% de caucho reciclado de neumático CA + SBS: cemento asfáltico modificado con 3% de estireno – butadieno – estireno				
Ensayo	Unidad	C.A. base	C.A. + Caucho (8%)	C.A. + SBS
Penetración	1/10 mm	79	70	66
Punto de Ablandamiento	ºC	47	55	71
Recuperación Elástica Lineal	%	16	21	90
Recuperación Elástica Torsional	%	8	33	72
Viscosidad (60 ºC)	dPa s	21	-	-
Viscosidad (135 ºC)	mPa s	412	1210	4020
Viscosidad (150 ºC)	mPa s	207	620	1510
Viscosidad (170 ºC)	mPa s	98	285	440
Viscosidad (190 ºC)	mPa s	53,2	120	201
Punto de Inflamación	ºC	231	235	237
Índice de penetración		-0,9	0.1	3,0
Módulo de Corte G* (60º C)	kPa	2,30	5.86	4.71
Angulo de fase δ	º	83	70.1	65.0
Corte Dinámico Factor G*/ sen δ	kPa	2,32	6.23	5.20
ESTABILIDAD AL ALMACENAMIENTO				
Dif. Penetración	1/10 mm	-	4	2
Dif. Punto de ablandamiento	ºC	-	7	2

A la luz de las experiencias realizadas se pueden observar en el proceso de caracterización desarrollado las siguientes particularidades:

- La penetración disminuye y el punto de ablandamiento aumenta en los dos asfaltos modificados respecto del asfalto base; situándose el asfalto - caucho en una situación intermedia con respecto al modificado con SBS; también la recuperación elástica y torsional aumentan respecto del asfalto base.
- La penetración del asfalto – caucho disminuye respecto del asfalto base, no siendo significativa la cantidad, tal que no se ha rigidizado demasiado, esto además se evidencia en la viscosidad y más precisamente a 170 ºC donde se encuentra en el rango establecido por la norma IRAM 6673 "Asfalto con incorporación de caucho reciclado por vía humeda para uso vial", encontrándose en discusión pública.
- La estabilidad de la dispersión dada en el ensayo de estabilidad al almacenamiento se encuentre dentro de los rangos habituales, y como se mencionó la utilización debe hacerse dentro de los 3 dias.

- En los valores obtenidos el G* aumenta en los dos asfaltos modificados y el δ disminuye, respecto del asfalto base; por lo que se puede estimar que se ha obtenido un ligante asfáltico de mayor resistencia y más elástico para un mismo rango de temperatura.
- Los resultados obtenidos para el asfalto con SBS permiten clasificarlo como un AM3 según la tabla Nº IV.17; y con los del asfalto – caucho permiten clasificarlo como un AC2 según la taba Nº VIII.345.

Respecto de los agregados:

- Para lograr una adecuada macrotextura, siendo este uno de los parámetro propuestos para estudio cuando se realiza un microconcreto con un asfalto con caucho; es necesario la discontinuidad granulométrica en el tamiz Nº 4, esto no siempre es posible obtenerlo en mezcla de agregados directamente y que encuadren en las curvas límites, es por ello que fue necesario la extracción de determinados tamaños de partículas de alguno de ellos.

A continuación se presenta la siguiente tabla resumen de los resultados obtenidos en cada uno de los parámetros del método Marshall, Test de Lottman y macrotextura y microtextura antes y después de la simulación del tránsito; para realizar una comparación entre ambas mezclas y con los valores límites establecidos en las especificaciones Técnicas de la Comisión Permanente del Asfalto.

Tabla IX.55. – Comparación de sus parámetros entre las mezclas con distintos asfaltos.

	Unidad	S/ Esp. Técnicas. Comisión Perm. Asf.	Mezcla c/ NFU		Mezcla c/ AM3 (SBS)	
Densidad Marshall	g/cm³	NA	2,327		2,348	
Densidad Rice	g/cm³	NA	2,440		2,455	
Vacíos	%	4-7	4,64		4,37	
Estabilidad	KN	> 7.5	8,75 KN		10.93 KN	
Fluencia	mm	NA	4,2		4,1	
VAM	%	> 17	17,1		17,1	
Rel. B/V	%	65-75	73,7		75,4	
Cal	%	> 1	4.73		4.73	
Ligante	%	> 5.2%	5.4 %		5.4 %	
Rel. Filler/Ligante	-	< 1.6	74,5/54= 1,38		1,38	
TSR	%	> 80	92,4		94,7	
Compactación	%	97 (no de las esp. Técnicas)	93,0		95,0	
			Antes Wtt	Después Wtt	Antes Wtt	Después Wtt
Macrotextura	mm	> 1.10	1,10	0,582	1,114	0,692
Microtextura	-	> 0.65	0,882	0,838	0,773	0,750

Comparando los valores de los parámetros obtenidos para microconcreto con caucho y con AM3, ambos presentan valores similares y se observa:

- La densidad Marshall alcanzada con el asfalto modificado con 8 % de NFU, es menor que la que se obtiene con el asfalto modificado con AM3 (SBS). Esto es posible se deba al efecto de amortiguación que genera el polvo de caucho triturado en la mezcla asfáltica.
- Menores vacíos para el microconcreto con AM3.
- Mayor estabilidad en la mezcla realizada con asfalto AM3, esto puede traducirse en que la mezcla presentaría mayor resistencia a las solicitaciones. En los microconcretos, su función se considera de recubrimiento y aporte de condiciones de superficie, no siendo la resistencia el parámetro buscado.
- La relación filler/asfalto admitiría mayor cantidad de filler, por encontrarse debajo del valor establecido en las especificaciones.
- Los valores obtenidos volumétricos y mecánicos cumplen con lo exigido en las especificaciones para este tipo de mezclas discontinuas.

- Ambas mezclas presentan buena cohesión ya que supera ampliamente el valores recomendado del 80% en el Test de Lottman.
- La densidad se determinó geométricamente, siendo menor en la mezcla elaborada con asfalto – caucho que con AM3.
- La macrotextura se encuentra dentro de los requisitos establecidos en las especificaciones técnicas de la comisión permanente del asfalto, siendo el promedio de la altura del lote mayor a 1,10 mm.
- La macrotextura es mayor antes y después de la simulación del tránsito en la mezcla elaborada con asfalto AM3 respecto de la elaborada con asfalto – caucho. Ambas mezclas, presentan una disminución del orden del 40% y una diferencia entre ellas en el promedio porcentual, del orden del 20 %, estas disminuciones se analizarán más adelante en las conclusiones. Sin embargo ambas pérdidas mantienen entornos razonables de serviciabilidad dadas las condiciones de temperatura de 60°C a las que se han sometido en el modelo de ensayo de Wheel Tracking Test. En ambos casos resultan ser superiores a los valores habitualmente exigidos para planificar una próxima intervención superficial debido al deterioro de la macrotextura, siendo este umbral de h= 0,5 mm.
- La microtextura se encuentra dentro de los requisitos establecido en la tabla Nº VI.28, donde el coeficiente debe ser mayor a 0,65.
- La microtextura es mayor tanto antes como después de la simulación, en el microconcreto con asfalto – caucho, presentando ésta mayor disminución porcentual respecto de la elaborada con AM3; y una diferencia entre ellas en el promedio porcentual del orden del 40%. El análisis de estas disminuciones se analizarán en las conclusiones.

IX.3. CONCLUSIONES

En función de lo expuesto en los capítulos de la presente investigación y del análisis de resultado precedente, pueden enunciarse las siguientes conclusiones:

Conclusión 1

- Existe en Argentina disponibilidad de caucho procedente de recuperaciones de neumáticos suficientes como para abastecer a la industria vial del país. Si se considera la cantidad disponible de neumáticos en el país de 100000 tn/año, mencionado en el capítulo III, podrían pavimentarse aproximadamente 44 mil kilómetros. Esta cantidad de kilómetros se determina en base a un tramo de ruta de 3 cm de espesor y 7.30 metros de ancho, y tomando como útil todas las partes del neumático. Se ha descrito en particular la sencillez de contar con caucho proveniente del pulido que se le realiza a los neumáticos que van a ser recapados.

Conclusión 2

- De acuerdo a lo expuesto se puede lograr política de reciclado, tales como reducción de un residuo, menor costo de tratamiento y beneficio sobre el producto logrado en cuanto a su mejora técnica.
- La incorporación del caucho en las obras viales en distintas regiones de Latinoamérica ha permitido el diseño de productos y mezclas con un adecuado nivel de prestación. La reducción de los vertederos de neumáticos usados se puede disminuir sustancialmente.

Conclusión 3

- La caracterización en forma completa del ligante asfáltico y su modificador como lo es el caucho reciclado de neumáticos fuera de uso, permiten realizar las siguientes consideraciones:
- Análisis químico de las fracciones que componen el ligante. La presencia de fracciones resinosas y aceites, que garanticen que el comportamiento del asfalto sea tipo "sol" facilita la microdispersión del caucho en el ligante asfáltico.
- Viscosidad a diferentes temperaturas. El empleo de un viscosímetro rotacional permite observar el comportamiento del ligante a diferentes temperaturas y discernir las condiciones de bombeo del mismo y su capacidad para recubrir el árido.

- Comportamiento reológico del ligante. Este ensayo permite estimar la performance del sistema asfalto-caucho en las condiciones ambientales del proyecto. La utilización del reómetro de corte, y la consiguiente determinación del módulo complejo de corte y del ángulo de fase, aseguran herramientas a la hora de interpretar las respuesta visco elástica del asfalto puro y/o modificado.
- Caracterización del caucho reciclado. Se deben considerar las tipologías de polímeros que constituyen la muestra, y el resto de compuestos que dan estructura al neumático.

Conclusión 5

La cantidad de caucho a incorporar se ha definido en 8 %, ha surgido de la "tensión" entre la estabilidad de la dispersión y el máximo grado de modificación para garantizar la mejor performance desde el punto de vista reológico; esto ha sido valorado con los siguientes parámetros:

- La estabilidad de la dispersión. El ensayo de estabilidad al almacenamiento ha demostrado que estimando como máximo una adición del 8 %, no se cumple con los valores exigidos para 5 días de exposición del ligante a 165 ºC. Es por ello que con esa máxima adición se ha podido asegurar un tiempo máximo de tres días de estabilidad en condiciones de dispersión de laboratorio.
- La recuperación elástica por torsión. Este parámetro significativo a la hora de valorar la eficiencia del proceso de modificación. Los valores logrados del orden del 30 % fueron un gran aliciente, máxime si se considera que se partió de valores del orden del 10 %.
- Viscosímetro rotacional. Su inclusión ha permitido ver como se modifican las viscosidades y la mejora de la susceptibilidad térmica del ligante modificado.
- Todas las variaciones en los parámetros del ligante, permiten deducir que se ha mejorado la condición del asfalto base, obteniendo uno de mayor elasticidad y mejores prestaciones, sin cambiar de tipo de ligante; demostrando ser el equipo dispersor una herramienta que permite la microdispersión.

- Su uso es posible en asfaltos utilizados en microconcreto discontinuas en caliente, dado que se ha obtenido un asfalto con baja susceptibilidad térmica y propiedades viscoelásticas acordes a las exigibles para este tipo de mezclas.
- La norma IRAM 6673 establece que el uso para un AC2 es en carpetas drenantes, o de alto contenido de vacíos. La clasificación obtenida para el asfalto – caucho, como se ha mencionado, es AC2. Por lo tanto el asfalto obtenido es el apropiado para la elaboración de un microconcreto discontinuo en caliente, ya que éste puede ser también considerado como una carpeta asfáltica drenante.

Conclusión 6

Terminado el análisis del sistema de microdispersión "asfalto – caucho", se continua con las conclusiones del diseño de la mezcla asfáltica.

- La menor densidad Marshall obtenida en el microcncreto con asfalto – caucho, se presume es por el efecto de amortiguamiento que produce éste en el momento de la compactación. De hecho el 8 % fue el porcentaje máximo admitido entre los valores de modificación óptimos del ligante asfáltico y las pérdidas de densidad en las mezclas, siendo estas dos valoraciones, grado de modificación alcanzado por el asfalto versus densidad de las mezclas, dos valores que se tensionan entre sí. Es por esto que la menor densidad obtenida produce un mayor porcentaje de vacíos.
- Las determinaciones realizadas sobre los moldeos realizados de 30 x 30 cm, han permitido evaluar la macrotextura y la microtextura.
- Es posible aplicar el modelo de solicitación del ensayo de Wheel Tracking Test, como modelo de carga y solicitación para el deterioro de la macrotextura y de la microtextura de un microconcreto discontinuo en caliente como el de la experiencia, ya que se evidencian cambios en estas propiedades de significación, que si bien no se pueden asociar al ciclo real de deterioro de la calzada, sí permite establecer correlaciones comparativas entre

diferentes mezclas hasta tanto se establezcan relaciones con los modelos a escala real en la calzada de la obra.

- Como se analizara los valores obtenidos, el asfalto modificado con caucho proveniente de la trituración de neumáticos usados permite desarrollar microaglomerados con valores de macrotecxtura y microtextura iniciales similares a los de una mezcla realizada con polímero virgen.
- Luego de someter las probetas de 30 x 30 cm. en el equipo de Wheel Tracking Test, se observó que al someterlas a un proceso de 3 pasadas, a efectos de generar un área de valoración adecuada, las dos variables evaluadas se encuentran dentro de un rango de apreciación esperable.
- La macrotextura de las mezclas con NFU se deterioran más rápidamente que en un microaglomerado con polímero virgen, influyendo esto en la capacidad de evacuación del agua de la superficie de la calzada. Sin embargo los valores en ambos casos, antes y después del proceso de deterioro, son aun satisfactorios.
- La menor macrotextura en el microconcreto con caucho que en el realizado con polímero virgen; es posible se deba a la mayor cantidad de vacíos obtenidos en la mezcla con adición de NFU. La pérdida de macrotextura en la mezcla realizada con asfalto modificado con caucho de neumático fuera de uso, es mayor que en el microaglomerado convencional; también se puede inferir que esto sea debido al mayor porcentaje de vacíos de la mezcla o la menor densidad obtenida por éste.
- En calzadas con agua en la superficie, el área sobre la que efectivamente se genera adherencia es mucho más reducida que estando seca, por lo que el agarre es más reducido. Únicamente en la parte trasera de la huella participan los dos mecanismos principales de generación de fricción (adhesión e histéresis). En la región intermedia apenas hay contacto directo entre superficies, por lo que sólo la histéresis puede proporcionar algo de adherencia. Para mejorar esta última, se debe disminuir la cantidad de agua sobre la calzada y esto se logra con una adecuada macrotextura que permanezca dentro de las especificaciones tanto antes de las

solicitaciones como después, siendo el umbral el mencionado de h=0.5 mm; y una cantidad de vacíos que permita una evacuación más rápida del agua como es el caso de estos microconcretos.

- En lo que respecta a la velocidad de circulación y el diseño del neumático, a mayor velocidad, menor es el tiempo disponible para desplazar el agua hacia los laterales y, por tanto, mayor la superficie que "flota" sobre el agua y menor la que efectivamente proporciona agarre. Si la velocidad es excesiva y el neumático es incapaz de evacuar la suficiente cantidad de agua como para que se llegue a producir contacto con el suelo, toda la huella se encontrará cubierta por una película de agua y el neumático ofrecerá una direccionalidad y capacidad de tracción prácticamente nulas. Este fenómeno es llamado aquaplaning, y una alternativa para controlarlo es, además de limitar las velocidades de circulación, si la película de agua presente en la calzada desaparece disminuye casi por completo el riesgo del aquaplaning, estando vinculada a la macrotextura como se mencionó en el punto anterior.

- En cuanto a la microtextura, la responsable de disminuir la distancia de frenado en condición de pavimento mojado, se ha visualizado a través del coeficiente de rozamiento, una mejor performance en las mezclas realizadas con asfalto modificado con NFU. Esto se presume se debe a las condiciones de aspereza que el mastic adquiere con el polvo de neumáticos depositado sobre la superficie de los agregados gruesos de la misma; obteniendo un microconcreto elaborado con asfalto – caucho más friccional que el elaborado con AM3.

- La mayor pérdida de microtextura en el microconcreto con asfalto – caucho, se presume sea factible por poseer una menor adherencia esta mezcla expresada en el Test de Lottman; siendo más rápido el proceso de desprendimiento de las partículas que producen la microtextura.

- Es decir, tanto la macrotextura como la microtextura en niveles adecuados, podrán ser obtenidas con microaglomerados discontinuos, permitiendo una mejor adherencia del neumático con la superficie en seco como mojado, en consecuencia disminuirá las distancias de frenado, las proyecciones de agua (Spray) y el aquaplaning, debido a un mejor y más rápido drenaje del agua de la superficie. Además, en el caso de la adherencia en superficie mojada, como se mencionó antes, si la película de agua es menor o se evacua más rápidamente de la superficie de rodadura, el área de contacto entre el neumático y la calzada es mayor, influyendo de manera positiva en la adherencia.

- La adherencia neumático – pavimento es el factor fundamental que interviene en la seguridad de la circulación. Es por ello la importancia de mantener en el tiempo las características de macrotextura y microtextura en el microconcreto; romper la película de agua procedente de la lluvia para mejorar el contacto entre neumático y calzada y contribuir al drenaje del agua superficial.

Conclusión 7

- Se ha mencionado como es la situación inicial y como varia con la simulación de transito la macrotextura y microtextura en los puntos anteriores en las dos mezclas estudiadas, siendo en una más beneficiosa que en la otra pero que se mantienen ambas en ciertos parámetros satisfactorios para las dos tipos de mezclas. Por lo que si se obtienen mezclas de similares características las ventajas de utilizar caucho es, además de presentar similares parámetros reológicos, mecánicos, volumétricos y superficiales, se incorpora un polímero reciclado en sustitución de uno virgen presentando beneficios ambientales ya que se está reciclando los NFU para mejorar las propiedades de un material ampliamente utilizado en las construcciones civiles.
- Comparando los costos de los dos microconcretos determinados en el anexo I, se puede observar que a igualdad de todas las variables tenidas en cuenta para el cálculo de los mismos, el microconcreto elaborado con caucho es menor que el elaborado con polímero SBS, siendo pequeña la diferencia entre ambos.
- Por lo que a igualdad de prestaciones y costos en ambas mezclas, es posible sacar de circulación residuos que no poseen una disposición final medioambientalmente satisfactoria, además el

ahorro de asfalto que se produce ya que éste se sustituye en un 8% por neumáticos triturados, es decir este ahorro de asfalto se traduce en un beneficio ambiental por tener el asfalto su origen en el petróleo. Cuantificar los beneficios económicos que se obtienen, por la disposición inadecuada de los NFU es muy difícil, ya que provoca perjuicios en la sociedad por trasmitir enfermedades, impacto visual negativo, etc; en el sector privado, en empresas, en industrias, generándole a éstas costos de disposición no siempre satisfactorios; y en el sector público con una disposición final como el enterramiento, que por lo general acarrea los inconvenientes de mayores volúmenes en los vertederos controlados, costos de operación de estos vertederos y costos de operación por los trastornos ocasionados por un residuo que no es de fácil compactación y manipulación.

- Es evidente que estas variables enumeradas son importantísimas y de un costo socio – económico elevado, aunque de difícil cuantificación, por lo que se demuestra la conveniencia socio – económica de la utilización de mezclas elaboradas con asfalto modificado con caucho.

- Comparando las mezclas realizadas con asfaltos modificados, es importante mencionar que las mismas presentan el mismo porcentaje de ligante asfáltico; las características de los agregados, así como las proporciones empleadas son las mismas; los procesos de aditivación del asfalto son exactamente los mismos; el proceso de realización de la mezcla es el mismo, requieren el mismo consumo de combustible en planta y los equipos utilizados para la puesta en obra son los mismos en ambos casos. En lo que difiere es en la obtención del aditivo y en el porcentaje a utilizar de éste, por lo tanto la única diferencia desde el punto de vista económico radica en el costo de obtención del agente modificador, el cual depende del esfuerzo requerido para su obtención. En definitiva será éste, junto con las diferencia mecánicas obtenidas con el empleo de uno u otro agente modificador, el que imponga el precio final de la mezcla asfáltica modificada.

IX.4. CAMPOS DE APLICACION DEL MAC F10

El desarrollo e introducción de las mezclas asfálticas de bajo espesor proporciona al ingeniero de mantenimiento un variado menú de posibilidades en la renovación de superficies de calzada y protección de las estructuras. Asimismo, provee una variedad de posibilidades para pavimentos nuevos, particularmente los denominados pavimentos perpetuos, en los cuales la capa superior es la única que se renueva a lo largo de la vida de servicio. El empleo de las mezclas delgadas resulta costo-efectiva cuando se aplican sobre pavimentos sanos o con presencia de fallas de bajo a mediano nivel. En este sentido el mantenimiento preventivo se ve altamente beneficiado.

El objetivo fundamental de la técnica de los microaglomerados en caliente es dar al usuario una calidad de servicio equivalente a la de los aglomerados convencionales para capa de rodadura, ofreciendo economías importantes cuando lo que se desea obtener es únicamente la regeneración de las características superficiales de la carretera.

Principales campos de aplicación:

- Trabajos de conservación de calzadas con buena capacidad estructural no deformados en los que se persigue como objetivo principal la renovación de sus características superficiales.
- Vías de circulación rápida y tránsito elevado que presentan curvas de radio pequeño, como por ejemplo autovías y autopistas.
- A veces, la utilización de estas capas viene motivada por alguna limitación técnica o económica para la ejecución de capas más gruesas: vías urbanas o túneles en los que no sea posible aumentar la cota de la rasante, estructuras en las que no sea posible aumentar la carga soportada, vías en las que sea difícil o costoso encontrar agregados de calidad para capa de rodadura o en las que se busquen especiales características superficiales.
- Otra aplicación consiste en servir de capa de rodadura en carreteras con calzadas de hormigón, tanto en trabajos de conservación tras 10 ó 15 años de servicio, como en obras de nueva construcción; mejorando notablemente la calidad de la regularidad superficial, las condiciones de adherencia y, sobre todo,

el confort del usuario al eliminar el clásico "golpeteo" que produce el paso del vehículo por la junta de las losas.

Indudablemente el mejor uso que se puede hacer de una mezcla de bajo espesor, es el de aplicarla a tiempo y en el lugar apropiado. Esto es, aplicar el tratamiento adecuado en el momento justo y siempre recordando que a tiempo, el tratamiento apropiado es la mejor solución. Esto significa que la estructura del pavimento debe estar todavía en buen estado, y sus condiciones superficiales no deben ser críticas; permitiendo así, utilizar estos sistemas tanto en tratamientos preventivos como en correctivos de la superficie del pavimento. También se los puede emplear en tratamientos de emergencia, pero en este caso la eficacia, el costo-efectividad, se ve sensiblemente reducido y puede llegar a ser nulo.

IX.5. PROPUESTAS

- La experiencia positiva del proceso de investigación que garantiza un uso del caucho triturado con una mejora en las propiedades de las mezclas asfálticas diseñadas y los valores del modelo propuesto permiten impulsar un proyecto de un tramo experimental.
- Correlacionar los valores alcanzados en laboratorio, tanto para las condiciones iniciales, como después del deterioro, con valores de deterioro percibidos en una obra, con condiciones climáticas y de tránsito de la región donde se realice ésta.
- Valorar los parámetros estudiados en estas mezclas para una dosificación donde la relación filler/asfalto sea mayor, siempre respetando el límite de las especificaciones técnicas, para analizar dos aspectos: primero su influencia en la densidad y cómo repercute ésta en la macrotextura y segundo en la variación de la microtextura, esperando una mejor performance de ambas.
- Proponer implementar el uso del caucho en las mezclas asfálticas por su impacto ambiental positivo y las mejoras propiedades de las mismas.
- La componente fundamental del ruido es el producido por el impacto del neumático con la superficie de rodadura, la cual se produce por las vibraciones del neumático y del aire confinado entre el pavimento y el neumático. Por lo tanto el ruido

dependerá del diseño del neumático y de la textura del pavimento y el contenido de vacíos que éste posea. Por todo esto es la importancia de futuros estudios en la verificación de disminución del nivel sonoro en este tipo de microconcreto elaborado con asfalto – caucho, teniendo en cuenta, no solo el diseño de la mezcla en cuanto a la macrotextura, sino la puesta en obra ya que de ella depende características como la megatextura, que influye notoriamente en la contaminación sonora.

- Profundizar en las técnicas de compactación a escala de laboratorio para alcanzar densidades mayores o iguales que el mínimo sugerido a los fines de verificar si la influencia de una mejor densidad produce algún cambio en la variación de la macrotextura tanto antes como después de la simulación del tránsito.

ANEXO I

ANÁLISIS COMPARATIVO DE COSTOS DE ELABORACION Y COLOCACION DE UN MAC F10

A continuación se determinan los costos de elaboración y colocación de los microconcretos discontinuo Tipo MAC F10 elaborados uno con asfalto tipo AM3 y otro con asfalto modificado con caucho. Por último la determinación de los precios de ambos por tonelada y por metro cuadrado puestos en obra.

Para determinar los costos se tienen en cuanta las variables generales que intervienen en el cálculo como consumos de equipos, tiempos de trabajo, duración del juego de cubiertas, valor de la hora de mano de obra, distancias en km a los proveedores de materiales, precio de venta de materiales e insumos como agregados, combustibles asfaltos, etc.

Con las variables antes definidas se calculan los costos de transporte de los agregados y asfaltos teniendo en cuenta las distancias, el tiempo empleado en los viajes, los equipos y mano de obra afectados a esta tarea. Con el costo de transporte, el precio de venta por lo proveedores y los desperdicios por manipuleo y acopio se determina el costo de del material por tonelada puesto en planta de elaboración de mezcla asfáltica.

El análisis y determinación de precio por tonelada y metro cuadrado de un microconcreto discontinuo tipo MAC F10 se aborda separando la elaboración de la colocación. En ambas intervienen los costos de materiales de la mezcla los equipos y la mano de obra, teniendo en cuenta cada uno de estos como incide en el costo de la tonelada de la mezcla tanto en la elaboración como en la colocación. Luego con la determinación del coeficiente resumen que incluye los gastos generales, costos indirectos, beneficio, impuestos, etc., se impacta dicho coeficiente por el costo determinado para la elaboración y colocación y se obtiene el precio por tonelada y por metro cuadrado para ambos MAC F10.

DEFINICIÓN DE VARIABLES DE CÁLCULO PARA EL ANÁLISIS DE PRECIO.

CONCEPTO	UNIDAD	VALOR
Conservación del equipo	%	70
Reparaciones y repuestos	% de amortización	75
Cantidad de horas trabajadas p/día	hs/día	8
Precio del juego de cubierta	$/juego	3000
Duración del juego de cubierta	km/juego	120000
Consumo gas-oil Maq. y Equipo	lts/HP.Hs	0,12
Consumo gas-oil Camiones	lts/HP.Hs	0,08
Lubricantes	% de combustibles	20

(Los valores expuestos se obtienen de relevamiento en empresa local)

Valores adoptados de mano de obra, incluido cargas sociales

CONCEPTO	UNIDAD	VALOR
Oficial especializado	$/Hs	25,82
Oficial	$/Hs	21,99
Ayudante	$/Hs	18,61
Vigilancia y capatacia	% de M.O	10,00

(Los valores expuestos se obtienen según U.O.C.R.A. noviembre 2012)

Valores adoptados de distancias medias de transporte

CONCEPTO	UNIDAD	VALOR
Villa Allende	Km	40
Destileria La Plata	Km	800

Valores adoptados de precios de combustibles

CONCEPTO	UNIDAD	VALOR
Gas-oil	$/Lt	7,10

(Los valores expuestos se obtienen de relevamientos locales)

Valores adoptados de precios de materiales a granel

CONCEPTO	UNIDAD	VALOR
Asfaltos		
Asfalto convencional CA-20	$/Tn	3000,00
Asfalto caucho	$/Tn	3500,00
Asfalto modificado (SBS)	$/Tn	4250,00
Filler		
Cal	$/Tn	1360,00
Arena de trituración		
Villa Allende 0 - 3 mm	$/Tn	47,32
Arena de trituración		
Villa Allende 6-12 mm	$/Tn	97,07

(Los valores expuestos se obtienen de relevamiento y consulta a empresas locales y refinerías)

Una vez obtenidos los consumos, rendimientos, costo de mano de obra y precios de materiales, etc., se determina el costo del transporte de los materiales de la siguiente manera:

ANALISIS DE COSTO DE TRANSPORTE

MATERIALES COMERCIALES - ANALISIS AUXILIAR DE TRANSPORTE

Denominación: TRANSPORTE DE 0-3 Y 6-12 — **Cantidad:** Tn

Origen:	Villa Allende	D.M.T.	40,00 km
	Capacidad de carga:		20,00 Tn
	Velocidad promedio:		50,00 km/h
	Horas de trabajo:		8,00 hs/día
	Tiempo de Cargado:		10,00 min
	Tiempo de Viaje:		48,00 min
	Tiempo de Descarga:		10,00 min
	Tiempo de Espera:		15,00 min
	Tiempo de Almuerzo		30,00 min
		Totales:	113,00 min
	Rendimiento/hora:		10,62 Tn/hs
	Rendimiento/día:		84,96 Tn/día
	Rendimiento/día:		3398,2 Tn km/día

Equipo:

		H.P.	($) Valor
Valor de Equipos: 1	Camión con batea	200	670000,0
		$	670000,0

Rendimiento:		3398 Tn km/día
Amortización:	Valor de eq. x conservación. x hs/día / hs de amortización	375,20 $/día
Reparación y repuestos:	75,00 % de la amortización	281,40 $/día
Gas-oil:	Q lts/HP hs x Q HP x hs/día x $/lts	908,80 $/día
Lubricantes:	20,00 % gas-oil	181,76 $/día
Cámaras y cubiertas:	Q juegos x $ juego x Q km x Q viajes x Q viaje/día / Q tiempo de duración de un juego	152,92 $/día
	Costo diario equipo:	1900,08 $/día
	Costo Unitario equipo:	**0,559 $/Tn km**

Mano de Obra:

	Rendimiento de M.O.:		3398 Tn km/día
0	Oficial Especializado	0,0 $/día	
1	Oficial	176 $/día	
0	Ayudante	0,0 $/día	
		176 $/día	
0	Vigilancia y Capacitancia	0,0 $/día	
	Costo Diario M.O.:		**175,92 $/día**
	Costo Unitario M.O.:		**0,052 $/Tn km**
	Costo Diario Transporte:		**2076,00 $/día**
	Costo Unitario Transporte:		**0,611 $/Tn km**

(Los valores expuestos de equipamiento se obtienen de relevamiento en empresa local)

De igual manera se procede para los materiales asfalticos.

MATERIALES COMERCIALES - ANALISIS AUXILIAR DE TRANSPORTE			
Denominación:	TRNASPORTE DE MATERIALES ASFALTICOS		**Cantidad:** Tn
Origen:	Destilería La Plata	D.M.T.	800,00 km
	Capacidad de carga:		25,00 Tn
	Velocidad promedio:		70,00 km/h
	Horas de trabajo:		8,00 hs/día
	Tiempo de Cargado:		30,00 min
	Tiempo de Viaje:		685,71 min
	Tiempo de Descarga:		20,00 min
	Tiempo de Espera:		80,00 min
	Tiempo de Almuerzo		30,00 min
		Totales:	845,71 min
	Rendimiento/hora:		1,77 Tn/hs
	Rendimiento/día:		14,19 Tn/día
	Rendimiento/día:		11351 Tn km/día
Equipo:			
Valor de Equipos:		H.P.	($) Valor
1	Camión con batea	200	670000,0
		$	670000,0
Rendimiento:			11351 Tn km/día
Amortización:	Valor de eq. x conservación. x hs/día / hs de amortización		375,20 $/día
Reparación y repuestos:	75,00 % de la amortización		281,40 $/día
Gas-oil:	Q lts/HP hs x Q HP x hs/día x $/lts		908,80 $/día
Lubricantes:	20,00 % gas-oil		181,76 $/día
Cámaras y cubiertas:	Q juegos x $ juego x Q km x Q viajes x Q viaje/día / Q tiempo de duración de un juego		408,65 $/día
	Costo diario equipo:		2155,81 $/día
	Costo Unitario equipo:		**0,190 $/Tn km**
Mano de Obra:			
	Rendimiento de M.O.:		11351 Tn km/día
0	Oficial Especializado	0,0 $/día	
1	Oficial	176 $/día	
0	Ayudante	0,0 $/día	
		176 $/día	
0	Vigilancia y Capacitancia	0,0 $/día	
	Costo Diario M.O.:		**175,92 $/día**
	Costo Unitario M.O.:		**0,015 $/Tn km**
	Costo Diario Transporte:		**2331,73 $/día**
	Costo Unitario Transporte:		**0,205 $/Tn km**

(Los valores expuestos de equipamiento se obtienen de relevamiento en empresa local)

DETERMINACIÓN DEL COSTO DEL MATERIAL

Con el precio de los materiales y el costo de transporte se determina el costo del material puesto en la planta de elaboración de mezclas asfálticas, de la siguiente manera:

Denominación:	**PROVISION DE ARENA DE TRITURACION 0-3 mm**				
Origen:	Villa Allende		D.M.T.	40,00 km	
	Costo s/camión:		Lugar:	Villa Allende	47,32 $/Tn
	Transporte a planta:	40,00 km	x 0,611 $/Tn Km		24,44 $/Tn
				S:	71,76 $/Tn
	Manipuleo y acopio:	2,00 %			1,44 $/Tn
				S:	73,19 $/Tn
	Desperdicio:	6,00 %			4,39 $/Tn
				$:	**77,58 $/Tn**

Denominación:	**PROVISION DE ARENA DE TRITURACION 6-12 mm**				
Origen:	Villa Allende		D.M.T.	40,00 km	
	Costo s/camión:		Lugar:	Villa Allende	97,07 $/Tn
	Transporte a planta:	40,00 km	x 0,611 $/Tn Km		24,44 $/Tn
				S:	121,51 $/Tn
	Manipuleo y acopio:	2,00 %			2,43 $/Tn
				S:	123,94 $/Tn
	Desperdicio:	6,00 %			7,44 $/Tn
				$:	**131,37 $/Tn**

Denominación:	**PROVISION DE ASFALTO CONVENCIONAL**				
Origen:	Destilería La Plata		D.M.T.	800,0 km	
	Costo s/camión:		Lugar:	Destilería La Plata	3000,0 $/Tn
	Transporte a planta:	800,00 km	x 0,205 $/Tn Km		164,33 $/Tn
				S:	3164,33 $/Tn
	Manipuleo y acopio:	0,50 %			15,82 $/Tn
				S:	3180,15 $/Tn
	Desperdicio:	1,00 %			31,80 $/Tn
				$:	**3211,95 $/Tn**

DETERMIANCION DEL PRECIO DE LOS MICROCONCRETOS

Datos:

Cantera:		Dist. De Planta a obra:	80,00	Km
Espesor:	0,030	Dist de Cantera a Planta:	40,00	Km
Densidad Mars.	2,400	Precio de Transporte áridos:	0,611	$/TnKm
Rend. Planta:	90,00 tn/hs	Precio de Transporte asfalto:	0,205	$/TnKm
Coef de Resumen:	1,658	Cantidad de Horas:	8,00	horas

1-ELABORACION DE LA MEZCLA. MAC F10 C/ ASFALTO - CAUCHO

A- MATERIALES

DESIGNACIÓN	Prec.Unit.	Unidad	Coef. Desp.	Cantidad	Unidad	TOTAL ($/tn)
Cal	1360,0	$/tn	1,03	0,05	tn/tn	66,26
Triturado 6-12	131,4	$/tn	1,00	0,62	tn/tn	81,98
Triturado 0-3	77,6	$/tn	1,00	0,27	tn/tn	21,26
Cemento Asf. caucho	3719,5	$/tn	1,01	0,05	tn/tn	201,86
Fuel-Oil 70-30	4,0	$/Lt	1,00	6,00	Lt/tn	23,80
Gas-Oil	7,1	$/Lt	1,00	1,33	Lt/tn	9,47
				TOTAL DE MATERIALES $/Tn	**404,6**	

1-ELABORACION DE LA MEZCLA

B- EQUIPOS

Rend. Planta: 90,00 Tn/hs Cantidad de horas 8,00

Designación	Cantidad	Potencia	Potencia	Precio	Precio	Costo Diario
Planta Asfáltica	1	200	200	$ 2.000.000	$ 2.000.000	
Cargador Frontal	1	160	160	$ 900.000	$ 900.000	
Grupo Electrógeno	1	130	130	$ 215.000	$ 215.000	
Equipo de Laboratorio	1	100	100	$ 80.000	$ 80.000	
	Totales		590		$ 3.195.000	

Amortización= Valor de eq. x conservación. x hs/día = $ 3.195.000 70,00 % 8,00 hs =1789

hs de amortización 10000 x 100

		h/d	$/lts		
Comb.: Gas-Oil	0,1 lts/hp.hs	8,00	7,100	590,00 HP	=3351
Lubricantes	30% de Combustible				=1005,4

Total Costo diario de Equipo $/día **6145,8**

Total costo de Equipo por toneladas $/tn **28,5**

(Los valores expuestos de equipamiento se obtienen de relevamiento en empresa local)

1- ELABORACION DE LA MEZCLA				
C- MANO DE OBRA				
Rendimiento	216,00	Tn/día		
DESIGNACIÓN	Cantidad	Precio	Cantidad	Costo Diario
Laboratorista	1	21,99	8,00	175,92
Plantista	1	25,82	8,00	206,56
Oficial	1	21,99	8,00	175,92
Ayudante	1	18,61	8,00	148,88
Vigilancia	0	3,00	8,00	0,00
	Total costo de Mano de Obra $/día			**707,28**
	Total costo de Mano de Obra $/tn			**3,27**

(Los valores expuestos de mano de obra se obtienen de relevamiento en empresa local)

COSTO DE LA ELABORACION (Equipo +Mano de Obra)		$/Tn	31,73
COSTO DE MATERIALES			404,62
COSTO DEL ITEM (Materiales +Costo de elaboración)		$/Tn	436,35
PRECIO DEL ITEM (Costo del Item x Coef de Resumen).1	436,35	1,658	**723,3**

2- COLOCACION CON TERMINADORA						
A- MATERIALES	Rendimiento según espesor		0,030	Sup = 13,9 m2/tn		
DESIGNACIÓN	Prec.Unit.	Cantidad	Unidad	Cantidad	Unidad	TOTAL $/tn
Riego	3,7	1,20	Lt/m2	13,9	m2/tn	61,99
Kerosene	10,0	0,01	Lt/Lt	13,9	Lt/tn	1,39
				Total Materiales $/tn		**63,4**

(Los valores expuestos de equipamiento se obtienen de relevamiento en empresa local)

2- COLOCACION CON TERMINADORA						
B- EQUIPOS	Rendimiento Di	216,00	Tn/día			
Designación	Cantidad	Potencia HP	Potencia cantidad	Precio unitario	Precio total	Costo Diario
Regador Asfalto	1	195,00	195,00	$ 300.000	$ 300.000	
Terminadora	1	107,00	107,00	$ 430.000	$ 430.000	
Rodillo	1	72,00	72,00	$ 335.000	$ 335.000	
Aplanadora	1	107,00	107,00	$ 310.000	$ 310.000	
Camión Volcador	1	120,00	120,00	$ 275.000	$ 275.000	
	Sumatoria		601,00		$ 1.650.000	
Amortización =Valor de eq. x conservación. x hs/día = / hs de amortización			$ 1.650.000	30 % / 10000 x 100	0,00 hs	=660,0
Comb: Gas-Oil	0,1 lts/hp.hs	hs/d 8,00	$/lts 7,100	601,00 HP		=3413,7
Lubricantes	30% de Combustible					=1024,1
			Total Costo diario de Equipo $/ día			**5097,8**
			Total costo de Equipo por toneladas $/tn			**23,60**

(Los valores expuestos de mano de obra se obtienen de relevamiento en empresa local)

2- COLOCACION CON TERMINADORA					
C- MANO DE OBRA		Rendimiento	216,00	Tn/día	
DESIGNACIÓN		Cantidad	Precio	Cantidad	Costo Diario
Capataz		1	25,82	8,00	206,560
Oficial		3	21,99	8,00	527,8
Ayudante		3	18,61	8,00	446,6
Vigilancia		0	2,50	8,00	0,0
		Total costo de Mano de Obra $/día			**1181,0**
		Total costo de Mano de Obra $/tn			**5,47**

COSTO DE LA EJECUCION (Equipo + Mano de Obra+ Flete)		$/Tn	77,94
COSTO DE MATERIALES			63,38
COSTO DEL ITEM (Materiales + Costo de Ejecución)		$/Tn	141,32
PRECIO DEL ITEM (Costo del Item x Coef de Resumen)2	141,321	1,658	**234,27**

COEFICIENTE DE RESUMEN		
DESIGNACION	Porcentaje	Coeficiente
Costo Directo	100,00	1,000
Gastos Generales	15,00	0,150
Gastos Indirectos e Imprevistos	5,00	0,050
Gastos Financieros	2,00	0,020
Beneficio	15,00	0,150
Coef. Base		1,370
Impuesto IVA	21,00	0,288
Otros Impuestos	0,00	0,000
Coef. De Referencia		**1,658**

PRECIO FINAL POR ITEM

1- ELABORACION DE MEZCLA

DESIGNACION	COSTO	COEFIENTE	PRECIO
A- Materiales	404,619	1,658	670,74
B- Equipos	28,453	1,658	47,17
C- Manode Obra	3,274	1,658	5,43
D- Fletes		1,658	0,00
	436,346		
ELABORACION DE MEZCLA PRECIO		$/Tn	**723,33**

2- COLOCACION CON TERMINADORA

DESIGNACION	COSTO	COEFIENTE	PRECIO
A- Materiales	63,380	1,658	105,07
B- Equipos	23,601	1,658	39,12
C- Manode Obra	5,467	1,658	9,06
D- Fletes	48,873	1,658	81,02
Total	141,321		
COLOCACION C/ TERM. PRECIO		$/Tn	**234,27**

PRECIO FINAL

PRECIO DEL ITEM 1+2	CON IMPUESTOS E IVA	**$/Tn**	**957,6**
PRECIO $/M2		**$/m2**	**68,9**

Con la misma metodología se calcula el precio por tonelada y por metro cuadrado para la mezcla elaborada con asfalto tipo AM3, solo se modifican en el cálculo aquellos valores propios de este tipo de mezcla como el asfalto AM3, obteniéndose:

PRECIO FINAL			
PRECIO DEL ITEM 1+2	CON IMPUESTOS E IVA	**$/Tn**	**1047,1**
PRECIO $/M2		**$/m2**	**75,4**

Comparando los costos de los dos microconcretos, se puede observar que a igualdad de todas las variables tenidas en cuenta para el cálculo de los mismos, el microconcreto elaborado con caucho es menor que el elaborado con polímero SBS. Si bien la diferencia entre ambos no es grande, por lo que casi a igualdad de costos directos, se puede sacar de circulación residuos que no poseen una disposición final medioambientalmente satisfactoria, además el ahorro de asfalto que se produce ya que este se sustituye en un 8% por neumáticos triturados, es decir este ahorro de asfalto se traduce en un beneficio ambiental por tener el asfalto su origen en el petróleo.

En estas últimas variables ambientales es difícil de cuantificar los beneficios económicos que se obtienen, tanto en el ahorro de petróleo como en la disposición inadecuada de los neumáticos; ya que este tipo de disposición de los neumáticos provoca perjuicios en la sociedad por trasmitir enfermedades, impacto visual negativo, etc; y el enterramiento acarrea los inconvenientes de mayores volúmenes de vertederos controlados, costos de operación de estos vertederos y por los trastornos ocasionados por un residuo que no es de fácil compactación y manipulación.

Es evidente que estas variables enumeradas son importantísimas y de un costo socio – económico de muy difícil cuantificación, por tanto si podemos determinar que los costos directos prácticamente son iguales entre los microconcretos elaboradas con asfaltos con caucho y con SBS y las prestaciones estructurales y características de superficie presentan similares comportamientos, se evidencia la conveniencia socio – económica de la utilización de este tipo de mezclas elaboradas con asfalto modificado con caucho.

ANEXO II

LISTADO DE TABLAS

LISTADO DE FIGURAS

LISTADO DE FORMULAS

BIBLIOGRAFIA

AGNUS J., IOSCO O (1999). Durabilidad de Mezclas Asfáltica Preparadas con Ligante Modificados con Polímeros. Comisión de Investigaciones Científicas. LEMIT.

AREIZAGA J., M. CORTÁZAR, J.M. ELORTZA J.J., IRUIN ED (2001). Polímeros.

ARIAS PAZ (1995). Manual del automóvil, Editorial Muriel S.A.

ASKELAND DONALD R (2001). Ciencia e Ingeniería de los Materiales, tercera edición.

ASPHALT INSTITUTE (1993). Manual del asfalto. Bilbao. Ediciones Urmo.

ASPHALT INSTITUTE (1997). Mix Design Methods For Asphalt Concrete and Other Hot-Mix Types. The Asphalt Institute, Lexington, Kentucky.

ASPHALT INSTITUTE (1997). Performance Graded Asphalt Binder Specification and Testing. Superpave Series No.1 (SP-1).

AVILÉS LORENZO, PÉREZ GIMENEZ, FÉLIX EDMUNDO. UNIVERSITATPOLITÈCNICA DE CATALUNYA (2002). Estudio de la tenacidad de los microaglomerados reciclados en caliente mediante el ensayo BTD. Efecto del tipo y contenido de betún.

BACHETTA, GUSTAVO (2001). Consumos de asfaltos en Argentina. Memorias de la XXIX Reunión del Asfalto.

BAUMANN ANDREAS, PETER BELGER UND WILFRIED DUESBERG, GAS AKTUELL (2000) Stoffliche Verwertung von Altreifen Gummiabfällen. Magazine Nº56.

BERGARECHE E.(2004). Optimización de la composición y procesado de betunes modificados con polímeros reciclados Universidad del País Vasco/ Euskal Herriko Unibertsitatea (UPV/EHU).

BIEL, T. D. Y LEE, H. (1994). Use of Recycled Tire Rubbers in Concrete, Infrastructure: New Materials and Methods of Repair, Third Materials Engineering Conference, San Diego, California.

BOLETÍN DE RECURSOS NATURALES (1998). http://www.creces.cl/

BOLETÍN DE RECURSOS NATURALES (2003). http://www.creces.cl/

BOLZÁN, P., (2002). Pavimentación asfáltica en bajos espesores

BOTASSO G. (2002). Curso de Postgrado Nuevas Mezclas Asfálticas. LEMaC Centro Investigaciones Viales UTN Reg. La Plata.

BOTASSO G., GONZALEZ R., RIVERA J., REBOLLO O. (2005). Utilización de cauchos en mezclas asfálticas. Congreso Ibero latinoamericano del asfalto. Costa Rica. LEMaC Centro Investigaciones Viales UTN Reg. La Plata.

BOTERO JORGE H., MILTON O. VALENTÍN, O. MARCELO SUÁREZ, JEANNETTE SANTOS, FELIPE J. ACOSTA, ARSENIO CÁCERES, MIGUEL A. PANDO (2006). Gomas trituradas: Estado del arte, situación actual y posibles usos como materia prima en Puerto Rico. Depto. de Ing. General, Universidad de Puerto Rico- Mayagüez, Mayagüez.

BOUKADIR D., J.C. DAVID, R. GRANGER Y J. VERGNAUD (1981). Preparation of a convenient filler for thermoplastics by pyrolysis of rubber pow-der recovered from tyres. Journal of Analytical and Applied Pyrolysis. 3, 83-89.

BRESCIA, FRANK (1977). Nueva Editorial Interamericana S.A. D.F. México.

BRÙLÉ B, POTTI J.J. (2002). Hacia una propuesta de especificaciones de betunes modificados basada en criterios de comportamiento. Revista Carreteras nº 121.

CAICEDO, B., OCAMPO, T. (2005). Universidad de Los Andes. Experiencia colombiana sobre el empleo de caucho reciclado proveniente de llantas usadas.

CARRASCO ORLANDO (2001). Factibilidad técnico económica de distintos usos del caucho proveniente de neumáticos usados.

CARSWELL J., BP INTERNACIONAL F. CRUZ, BP OIL ESPAÑA, S.A. (2005). Misión y Ventajas De Los Betunes Modificados Con Polímeros España.

CATÁLOGO DE NEUMÁTICOS MICHELÍN (2000).

CHIMAN A., L.SANABRIA, L.HERNANDEZ, L.CHIMAN (2004). Evaluación de las Propiedades de Asfaltos Modificados con Polímeros Activados. Corporación para la Investigación y Desarrollo en Asfaltos en el Sector de Transporte e Industrial Corasfaltos.

CHRIS HAMMER (2004). Contractor's Report to the Borrad Designing Building Products Made With Recycled Tires. The Elements Division of BNIM Architects Terry A. Gray, T. A. G. Resource Recovery.

COOPER K. E., S. F. BROWN and G. R. POOLEY (1985). The Design of Agrégate Gradings for Asphalt Basecourses. Proceedings, The Association of Asphalt Paving Technologists. Vol. 54.

CORTÉ J. F. ET AL (1994). Investigation of Rutting of Asphalt Surface Layers: Influence of Binder an Axle Loading Configuration. Transportation Research Record No. 1436.

DEL POZO, J. (1998), Experiencia de ACESA en las mezclas discontinuas en caliente para capas finas. Revista Carreteras, Vol. 96, p. 34-45.

ELDIN, N. N. Y SENOUCI A. B. (1993) Rubber-Tire Particles as Concrete Aggregates, Journal of Materials in Civil Engineering, ASCE, Vol. 5, No. 4, pp. 478-496.

EN POCAS PALABRAS (2006). El Plan Gira: El Programa De Neumáticos Fuera De Uso. Observatorio de Medio Ambiente. Comunidad de Madrid.

ENCYCLOPEDIA OF MATERIALS SCIENCE AND ENGINEERING (1999). MIT Press Pergamon, Cambridge.

ENGINEERING PLASTICS, Vol.2, (1999). Engineered Materials Handbook, Asm International.

FLORY P.J., (1994). Principles of Polymer Chemistry., Cornell University Press N.Y

FOUSTER, JUAN (1985). Química. Universidad Nacional Abierta. Estudios Profesionales I. Impresos Urbina. Caracas. Venezuela.

FRIEDENTHAL ESTEBAN (2004). Tecnología Básica del Caucho. CITIC (Centro de Investigaciones Tecnológicas de la Industria del Caucho). España.

GARNICA ANGUAS P., DELGADO ALAMILLA H., GÓMEZ LÓPEZ J., GONZÁLEZ MADRIGAL A. (2004) Comportamiento de mezclas asfálticas modificadas con SBR Publicación Técnica No 254 Sanfandila, Qro, Instituto Mexicano del Transporte.

GEBHARD, SCHRAMAN, HAAKE (1994). A practical approach to rheology and rhemetry.

GOLEEN S. W., PROCESS CONSULTING SERVICES, INC., HOUSTON, TEXAS; S. CRAFT, CHEMPRO, INC., LAPORTE, TEXAS; AND D. C. VILLALANTI, TRITON ANALYTICS CORP., HOUSTON, TEXAS (2005). Refinery analytical techniques optimize unit performance. USA.

GORDILLO, J. (1997). Microaglomerados en caliente. Evolución, tipos, características ycampos de aplicación. Revista Carreteras, Vol. 91, p. 24-43.

H. PLACHER Proceedings San Antonio Texas (2003). Identification of chemical types in asphalts strongly adsorberd at the asphalt aggregate interface and their relative displacement by water.

HERBERT F LUND. (2003) Manual Mc Graw-Hill de Reciclaje, Volumen I.

HERVÁS RAMÍREZ LORENZO (2006) Los residuos urbanos y asimilables. Capitulo IX: Los neumáticos fuera de uso. Junta de andalucia. Comunidad Europea. Fondo Europeo de cohesión.

INFO ABOUT RECYCLING (2002). Institute Of Scrap Recycling Industries http://www.isri.org

INTERNATIONAL TIRE AND RUBBER ASSOCIATION FOUNDATION, INC. (2005). Louisville, Kentucky.

INTI (2005). Saber Como. Reciclado y disposición final de neumáticos. http://www.inti.gov.ar/sabercomo/sc28/inti7.php

INTI (2006). Reciclado y Disposición Final de Neumáticos.

JAIME GORDILLO (2001). Betunes y Betunes Modificados en España.

KAMEL N.I., MILLER L.J. (1994). Transportation Research Record No. 1454. Comparative Performance of Pavement Mixes Containing Conventional and Engineered Asphalts.

KENNEDY TW, HUBER CA. HARRIGAN E T, COMINSKY R J, HUGHES C S, VON QUINTIS H Y J S MOULTHROP (1994). Prestaciones superiores de los pavimentos asfálticos (SUPERPAVE): los resultados del Programa de Investigación sobre Asfaltos del SHRP. Programa de Investigación sobre Carreteras Estratégicas, SHRP-A- 410. Washington DC.

KRAEMER C., MIGUEL ANGEL DEL VAL, (1996). Firmes y Pavimentos

KRAEMER, C., MORILLA, I., DEL VAL, M.A. (1999), Carreteras II. Colegio de Ingenieros de Caminos, Canales y Puertos, Madrid.

LESAGE M., J Y L PLANQUE (1996). Congreso de Euroasfalto y Enrobitume, Estrasburgo, En qué casos podemos utilizar con seguridad las propiedades reológicas de los betunes para pronosticar las prestaciones de un aglomerado asfáltico.

LINDEN F. and J. VAN DER HEIDE (1987). "Some Aspects of the Compaction of Asphalt Mixes and its Influence on Mix Properties. Proceedings. The Association of Asphalt Paving Technologist, Vol. 56.

MAGALHÃES PINHEIRO JORGE HENRIQUE (2004). Universidade Federal Do Ceará Programa De Mestrado Em Engenharia De Transportes Incorporação De Borracha De Pneu Em Misturas Asfálticas De Diferentes Granulometrias (Processos Úmido E Seco). Fotaleza. Brasil.

MC CAHILL. 4º Eurobitumen Congress. Madrid 1989Surface dressing failures: A review of studies.

MECANISMOS FÍSICOS DE LA ADHERENCIA (2007). http://www.km77.com/tecnica/bastidor/adherencia/sumario1.asp

MIRANDA ROSA C., CIRO C. SEGOVIA Y CÉSAR A. SOSA (2006). Pyrolysis of Used Tires: Kinetic Study and Influence of Operating Variables. Universidad Autónoma de Nuevo León. Facultad de Ciencias Químicas. Depto. de Ing. Química.

NAVARRO, LINA; ALVAREZ, MARIO; GROSSO, JORGE; NAVARRO, URIEL (2004).

NEWSLETTERS DE AKSO NOBEL (2005). Rio de Janeiro, Brasil.

Nuevas prescripciones españolas sobre ligantes modificados (CEDEX 1995) Jornadas sobre nuevas especificaciones para productos bituminosos. Barcelona.

PADILLA RODRIGUEZ (2002). Comportamiento a la deformación permanente de las mezclas asfálticas en caliente UPC.

PAINTER P.C. AND M.M. COLEMAN (2002). Fundamentos de Ciencia de Polímeros. Un curso Introductoria., Technomic Publishing Co. Inc

PANORÁMICA ACTUAL DE LAS MEZCLAS BITUMINOSAS (2001). Asefema. España.

PEARSON, J. AND CARL G (2001). Asphalt Chemistry. USA.

PÉREZ JIMÉNEZ, F.E. (2002), Capas de rodadura: Mezclas porosas y micros en caliente. Jornadas para jefes de obra de PROBISA, 17, 18 y 19 de abril de 2002.

PERKINS CEDRON (1983) Perkins Cedron. Manual de Ingeniería de neumáticos.

PG3. Pliego de especificaciones técnicas del Ministerio de Fomento de España. (2001). www.carreteros.org.

PLIEGO DE ESPECIFICACIONES TÉCNICAS de mezclas asfálticas en caliente de bajo espesor de la Comisión Permanente del asfalto de Argentina Versión 01, año 2006

POLYBITUME C, EL PRIMER BMP NFU (2002). Grupo PROBISA. España

PROCESOS DE DESTILACIÓN FRACCIONADA. Respsol-YPF. 2004.

Progreso en cromatografía, ZECHMEISTER L. (1950)

RESIDUOS DE NEUMÁTICOS USADOS (2003). http://www.ambientum.com/revista/2001_27/2001_27_SUELOS/RESNEU MATICO7.ht

REVISTA CARRETERAS nº 121. BRÙLÉ B, POTTI J.J. (2002). Hacia una propuesta de especificaciones de betunes modificados basada en criterios de comportamiento.

RUBBER & PLASTIC NEWS (1998b). Road Work Ahead, Rubber and Plastic News, The Rubber Industry's Internacional Newspaper, Crain Publications.

RUBIO GUZMÁN (2002). Nuevos materiales para carreteras. Semana de la Carretera España. Asociación Española de la Carretera.

SCRAP TIRES CHARACTERISTICS, RUBBER MANUFACTURES ASSOCIATION (2001). http://www.rma.org/scraptires/characteristics.html

SCRAP TIRES CHARACTERISTICS, RUBBER MANUFACTURES ASSOCIATION (2001). http://www.rma.org/scraptires/characteristics.html

SEYMUR, R. B.; CARRAHER, C. E. (1995). Introducción a la Química de los Polímeros. Reverté: Madrid.

SHACKELFORD JAMES F., (2002) Ciencia de Materiales para Ingenieros., tercera edición.

STEVENS, M. P. (1990). Oxford University Press Polymer Chemistry, an Introduction., Oxford.

STUART K. D. (1993). Asphalt Mixtures Containing Chemically Modified Binders. Transportation Research Record. No. 1417.

SUBYAGA A., CUATTROCCHIO A. (2005) Partes fundamentales y reología de asfaltos para uso vial LEMaC Centro Investigaciones Viales UTN Reg. La Plata.

TADMOR ZEHEV AND COSTAS G. GOGOS. JOHN WILER AND SONS (1979). Principles of polymer processing.

THOMAS G. SPIRO WILLIAM M. STIGLIANI (2004). Química Medioambiental. http://hedatuz.euskomedia.org/4489/1/51492495.pdf

TROPAC FREDERICK (2001). Historia del caucho. Indonesia. Mc Graw Hill.

WILLIAM F. SMITH (2001) Fundamentos de la ciencia e ingeniería de los materiales. Tercera edición. Mc Graw-Hill.

XAVIER ELIAS CASTELLS (2000). Reciclaje de Residuos Industriales. Los neumáticos. Editorial Diaz De Santos. S.A. Madrid.

yes

I want morebooks!

Buy your books fast and straightforward online - at one of world's fastest growing online book stores! Environmentally sound due to Print-on-Demand technologies.

Buy your books online at
www.morebooks.shop

¡Compre sus libros rápido y directo en internet, en una de las librerías en línea con mayor crecimiento en el mundo! Producción que protege el medio ambiente a través de las tecnologías de impresión bajo demanda.

Compre sus libros online en
www.morebooks.shop

KS OmniScriptum Publishing
Brivibas gatve 197
LV-1039 Riga, Latvia
Telefax: +371 686 204 55

info@omniscriptum.com
www.omniscriptum.com

Printed by Books on Demand GmbH, Norderstedt / Germany